カラー彩色で蘇える

日本の戦艦

写真彩色＝山下敦史

昭和17年6～7月、徳山～呉間を公試運転中の「武蔵」艦橋の見張り所から撮影した前甲板の様子。広大な甲板には休憩時間のためか多数の乗組員（艤装員付）がくつろいでおり、背負い式に配置された46㎝主砲塔2基と15.5㎝副砲砲身が見える。第1主砲塔の右測距儀カバー上に置かれているのは、主砲砲弾吊り下げ用の仮設ダビッドの部品。木甲板に使われているのはタイワン檜である。

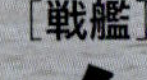
［戦艦］

金剛

「金剛」は日本海軍初の超ド級艦で、英国ヴィッカース社で大正 2（1913）年 8 月 16 日に完成し、日本に回航された。当時の最大砲である 14 インチ（35.56 センチ）砲を連装 4 基 8 門搭載、速力 27.5 ノットという世界でも最優秀の巡洋戦艦であった。写真は昭和 11（1936）年 11 月 14 日、第二次改装を終えて館山沖を 30.27 ノットで全力公試中の「金剛」。第二次改装の主目的は速力の向上にあり、そのために機関を換装し（13 万 6000 馬力）、艦尾を延長（全長 222 メートル）した。この大改装により艦容は一変し、近代的な高速戦艦に生まれ変わり、太平洋海戦で活躍することができた。昭和 19 年 11 月 21 日、台湾沖で米潜の雷撃を受け沈没。

［戦艦］

比叡

「金剛」型巡洋戦艦の2番艦以降は日本国内で建造され、2番艦「比叡」は横須賀海軍工廠で起工され、大正3（1914）年8月4日に完成した。昭和7（1932）年、「比叡」は軍縮条約により第4砲塔を撤去して練習戦艦に改装されたが、昭和11（1936）年末の軍縮条約切れをまって呉工廠で戦艦に復帰させるとともに近代化改装工事を行ない、高速戦艦に変身した。写真は開戦直前の昭和16年10月、大分県佐伯に碇泊する「比叡」。夕日を背景にシルエットで浮かび上がる「比叡」の姿は美しい。主砲は迎角をかけている。昭和17年11月13日、第三次ソロモン海戦で、米艦隊の集中砲火をあびて戦没した。

［戦艦］

榛名

「金剛」型巡洋戦艦の3番艦「榛名」は大正4（1915）年4月19日、神戸川崎造船所で完成した。完成後は、「金剛」型4隻からなる第二艦隊第三戦隊に編入された。写真は昭和9年8月28日、「金剛」型で最初に第二次改装工事を実施後、宿毛湾外で全力公試中の「榛名」で、このとき30.49ノットの高速を発揮した。ただし、写真に見られるように艦首部に大きく波をかぶるのが欠点でもあった。太平洋戦争では、僚艦「金剛」とともにガダルカナル島飛行場砲撃、サマール沖海戦では米護衛空母群を砲撃するなどで活躍し、呉で終戦をむかえた。

［戦艦］

霧島

「金剛」型4番艦「霧島」は大正4（1915）年4月19日、三菱長崎造船所で完成した。「霧島」の建造は3番艦「榛名」との競争となり、同日の竣工となったが、海軍当局が両社のメンツを考慮して竣工日を調整したものと思われる。写真は第二次改装完了から1年4ヵ月後の昭和13年10月、中国大陸の厦門に碇泊する「霧島」。艦首の向こうに見えるのは戦艦「伊勢」。本艦の第二次改装後の要目は、満載排水量3万9141トン、全長222.65メートル、最大幅31.01メートル、出力13万6000馬力、速力29.8ノット。「霧島」は昭和17年11月14日、第三次ソロモン海戦で米新型戦艦「サウスダコタ」、「ワシントン」の40センチ砲弾をあびて沈没した。

［戦艦］

扶桑

「扶桑」型戦艦（「扶桑」「山城」）は「金剛」型巡洋戦艦と対となるべく、ほぼ同時期に建造されたわが国初の超ド級戦艦である。35.6センチ連装砲塔6基12門を装備し、排水量は3万トンを超え、当時世界最大の戦艦となった。「扶桑」は大正4（1915）年11月8日、呉工廠で完成した。昭和5年4月から8年5月にかけて大改装工事を実施し、増設された艦橋のトップまでの高さは海面から50メートル以上になり、「扶桑」型の最大の特徴となった。このとき第3砲塔の繋止位置が前向きに変更されたため、艦橋基部がすぼまった形状になり、不安定な外観になった。写真は改装後の昭和8年5月10日、宿毛湾外にて24.68ノットで全力公試中の「扶桑」。昭和19年10月25日、スリガオ海峡夜戦で沈没。

［戦艦］

山城

「扶桑」型2番艦の「山城」は大正6（1917）年3月31日、横須賀海軍工廠で完成した。昭和5（1930）年10月から、水中・水平防御の改善、機関の換装、上構の近代化、兵装の改善を目的とした大改装工事を行なった。写真は改装工事後の昭和9（1934）年12月4日、館山沖標柱間を24.5ノットで全力公試中の「山城」。「扶桑」にくらべてスマートな艦橋構造物や3番砲塔の繋止位置が後ろ向きであるのが「扶桑」との識別点。昭和19（1944）年10月25日、「扶桑」とともにスリガオ海峡で戦艦、重巡、駆逐艦、魚雷艇多数と交戦したのち沈没。

［航空戦艦］

伊勢

「伊勢」型（「伊勢」、「日向」）は、当初、「扶桑」型の3、4番艦として建造されるはずであったが、着工が大幅に遅延したため、その間を利用して設計を大幅に改めたものである。主な改正点は主砲配置変更（3、4番砲塔を後部煙突後方に背負式に配置）、主砲・副砲の改善、防御力強化、速力の向上などである。「伊勢」は大正6（1917）年12月15日完成。昭和17年6月のミッドウェー海戦の結果、戦艦、重巡の空母改造計画が立てられ、「伊勢」型が改造されることになった。本格的な空母改造には時間がかかるため、5番、6番砲塔を撤去して、後部マストから後方を航空機運用施設とする航空戦艦（搭載機22機）とされ、改造工事は18年9月に完成した。写真は昭和19年10月25日、エンガノ岬沖で対空戦闘中の航空戦艦「伊勢」

［戦艦］

日向

「伊勢」型２番艦「日向」は、大正７（1918）年４月30日、三菱長崎造船所で完成した。昭和９（1934）年11月より近代化改装工事を実施、外観が一変した。２本あった煙突は大型の１本になり、艦橋も近代的な形状となった。写真は改装後の昭和11年７月28日、宿毛湾標柱間を全力公試中の「日向」。昭和17（1942）年５月、「日向」は主砲射撃訓練中、５番砲塔が爆発事故を起こした。このため５番砲塔は撤去され、このことがまず「伊勢」型の空母改造を決定させる要因となった。「伊勢」「日向」はともに呉で終戦をむかえた。

［戦艦］

長門

「長門」型（「長門」、「陸奥」）は八八艦隊計画の1番、2番艦である。「長門」は大正9（1920）年11月15日、呉海軍工廠で完成した。41センチ連装砲塔4基8門を搭載し、26.7ノットの速力を発揮する「長門」は出現当時、世界最強の高速戦艦であった。写真は昭和19年10月21日、レイテ沖海戦を前にボルネオのブルネイ泊地に碇泊する「長門」ほか栗田艦隊の主力艦。艦首の向こうに「大和」（左）と「武蔵」が見える。「長門」の艦橋トップには21号対空電探、カタパルトには零式観測機が搭載されている。

［戦艦］

陸奥

「長門」型2番艦「陸奥」は、大正9（1920）年7月9日、横須賀海軍工廠で完成した。写真は近代化改装工事後の昭和12（1937）年2月、横須賀で出動準備中の「陸奥」。この改装では缶の換装、バルジの装着、艦尾の延長、艦橋の刷新、主砲仰角の拡大、注排水装置の新設など、条約明け後の新型戦艦に対抗できるだけの性能をもつにいたった。画面からは近代化された艦橋構造物、舷側に並んだ14センチ副砲、右奥では九五式水偵の搭載作業を行なっているのが見える。「陸奥」は昭和18（1943）年6月8日、柱島にて第3砲塔付近で大爆発が起こり、船体が切断して沈没した。

［戦艦］

大和

「大和」型（「大和」「武蔵」）は、日本海軍が軍縮条約明け後の新戦艦計画から建造されたもので、最終的には排水量6万8000トン、世界最大の46センチ砲を3連装3基9門を搭載し、機関出力15万馬力という空前の大戦艦となった。写真は昭和16（1941）年10月20日、宿毛湾沖標柱間を27.46ノット（15万3550馬力）で全力公試中の「大和」。荒れた海上を高速航行するため、船体は飛沫に覆われている。このあと、12月7日には、山口県の周防灘にて46センチ砲の発射試験が行なわれたが（完成は12月16日）、太平洋戦争では昭和19年10月25日のサマール沖海戦まで敵艦に向かって主砲が火を吐くことはなかった。昭和20年4月7日、天一号作戦で沖縄に向かう途中、九州南西海面で米空母機の波状攻撃をうけ沈没した。

［戦艦］

武蔵

「大和」型2番艦「武蔵」は、昭和17年8月5日、呉海軍工廠で完成した。18年2月11日には「大和」にかわって連合艦隊旗艦となる。写真は18年2月から5月までの間、トラック島春島泊地に碇泊する「武蔵」。画面左に「大和」の艦首が見える。「武蔵」の艦橋トップの射撃指揮所は白く塗られ、測距儀上に21号対空電探のアンテナが見える。また艦橋前の甲板、第3砲塔上に白い天幕が張られているのが見てとれる。昭和19年10月24日、レイテ湾に向かう途中シブヤン海にて米空母機の波状攻撃をうけて沈没した。

「長門」の艦尾の第四砲塔に残る41センチ砲の砲口のアップ。「長門」はワシントン海軍軍縮条約下で日米英が保持を許された合計7隻の16インチ（約40センチ）砲戦艦「ビッグ7」の1隻である。多少の腐食と付着生物が見られるが、「ビッグ7」の由来となった41センチ砲の砲口は今なお原型を留めている。

海底のレクイエム

「長門」&「陸奥」の墓標

撮影&文＝戸村裕行

追加解説＝小高正稔

（右）「長門」艦首部のアップ。付着生物が多くディティールが判然としないが、写真右隅にむかって伸びているのが錨鎖のように見える。（左）「長門」の41センチ砲の砲身を横から見る。41センチは砲口サイズであり、砲身の外径は砲尾付近で67センチ超。ダイバーとの比較でもわかるように一抱えほどもあり、実際の印象としては41センチという名称よりも太く感じられるだろう。

アップのため直観的に撮影部位がわかりづらいが、主砲前部予備指揮所の内部を外側から見た「長門」の一枚。「長門」型の主砲射撃指揮所は艦橋トップにあるが、損傷等に備えた予備指揮所は艦橋中ほどと後部艦橋に置かれていた。開口部から見えているのは方位盤だろう。

主砲前部予備指揮所を側面から撮影した「長門」の一枚。一階層上の主・副測的所付近の可能性もあるが、ここでは撮影者の情報にしたがっている。天井には多数の配管がみえるが、これは通風や水回りではなく、配線を保護するためのものだろう。主砲予備指揮所の後ろには配線室があった。

群れ泳ぐ魚と41センチ砲の砲身が印象的な「長門」の一枚。ダイバーとの対比で41センチ連装砲塔の大きさがわかる。江田島の海上自衛隊第一術科学校にも「陸奥」の砲塔が現存するが、この砲塔は近代化改装時に換装されたもので、装甲や細部がビキニに沈む「長門」の砲塔とは異なっている。

「長門」

原爆実験の標的に供された「長門」は、ビキニ環礁水深50mに逆さまに眠っている。二度目の原爆実験後に浸水沈没した「長門」だが、「人知れず海面下に没した」という通説と異なり、米軍は浸水防止の作業を行なっていたともいう。実験結果の検証のためにも調査は必要であったはずで、沈没状況を確認できたか否かは別として、米軍が船体保持のための対処を全く行なっていなかったとは思えない。

「陸奥」

山口県・柱島40mに横たわるような状態で眠っている「陸奥」。一部の主砲塔や艦首、艦尾は引き揚げられ、その一部は広島県呉市の大和ミュージアムや陸奥記念館（艦首）などに現存、展示されているが、なお海底には船体の少なくない部分が残っている。国内に存在する戦争遺跡ではあるが、アマチュアダイバーがアプローチするには水深や潮流、透明度など難易度が高い。

「長門」の艦尾側の甲板部、壁にあった電気系統のBOX。「長門」の船体は上下逆さまの状態なので、これも天地逆に見ると正しい状態となる。

海底に横たわる「長門」の艦橋上部。傾斜沈没時に海底に接触した「長門」の艦橋は、射撃指揮所や戦闘艦橋など上部は崩壊しているが、艦橋中ほどの主砲予備指揮所などのフラットは原型を留めた状態で海底に横たわっている。

床から生えているように見えるためにわかりづらいが、上下が逆なので「長門」の天井の電球である。撮影者によると撮影場所は副砲砲廓内の部屋とのことで、兵員室の天井である可能性が高い。大正時代に建造された「長門」の艦内照明は基本的に蛍光灯ではなく電球であった。

「長門」の兵員室付近と思われる部屋に転がっていたボンベ。これが「長門」本来の装備品か、米軍接収後に持ち込まれたものか不明だが、軍艦艦内では艦内工作などの作業に用いるこの種のガスボンベは珍しいものではない。

（右）「長門」艦内の様子。これも天地逆に見るのが正しい状態である。撮影場所は判然としないが、艦内の機器類は比較的よい状態で残されているように見える。なお奥に見える白い円筒はダイバーのタンクで、艦由来のものではない。（左）これも「長門」の艦内を記録したもの。中央に見える丸い開口部からは外部が見えているようだ。開口部の右側に蓋が見え、周囲には固定用のケッチらしきものが確認できるので、舷窓か通風孔に類したものではないかと思われる。

海底のレクイエム

「長門」&「陸奥」の墓標

海底に横たわる「陸奥」の船体側面。船体のどの部位かは判然としないが、装甲が見えないので、おそらく船体水線下の外板を写していると思われる。部分的に外板が欠落しているが、これが沈没時に生じたものか、サルベージのさいのものかは、解説者には判別できなかった。

第一主砲近くの艦内で撮影された食器類。艦首部には兵員や中下級士官など居住区画が多くおかれる一方で、司令長官公室などは艦尾におかれた。これは艦尾から風をうける帆船時代の名残で、新しい「大和」型になると司令官などの居住区画も艦橋付近にまとめられることになる。

これも艦内の様子。ハンドルが見えるが撮影場所は艦橋側とかわからず、詳細は不明。大爆発を起こして沈没した「陸奥」だが、艦内は比較的原型を留めているようで、写真や観察の蓄積によって興味深い発見もあるかもしれない。

上部に「〇〇(不明二字)接続函」、下部に「呉海軍工廠電気部」と読める、電源関係の銘板とおぼしき「長門」のプレートのアップ。製造は「昭和10年」のように読め、新造時ではなく、その後の近代化改装にともなって装備されたものらしい。小さい銘板であるが、大正後期に竣工後、昭和20年まで20年以上にわたって日本海軍で運用された「長門」の生涯を物語るものである。

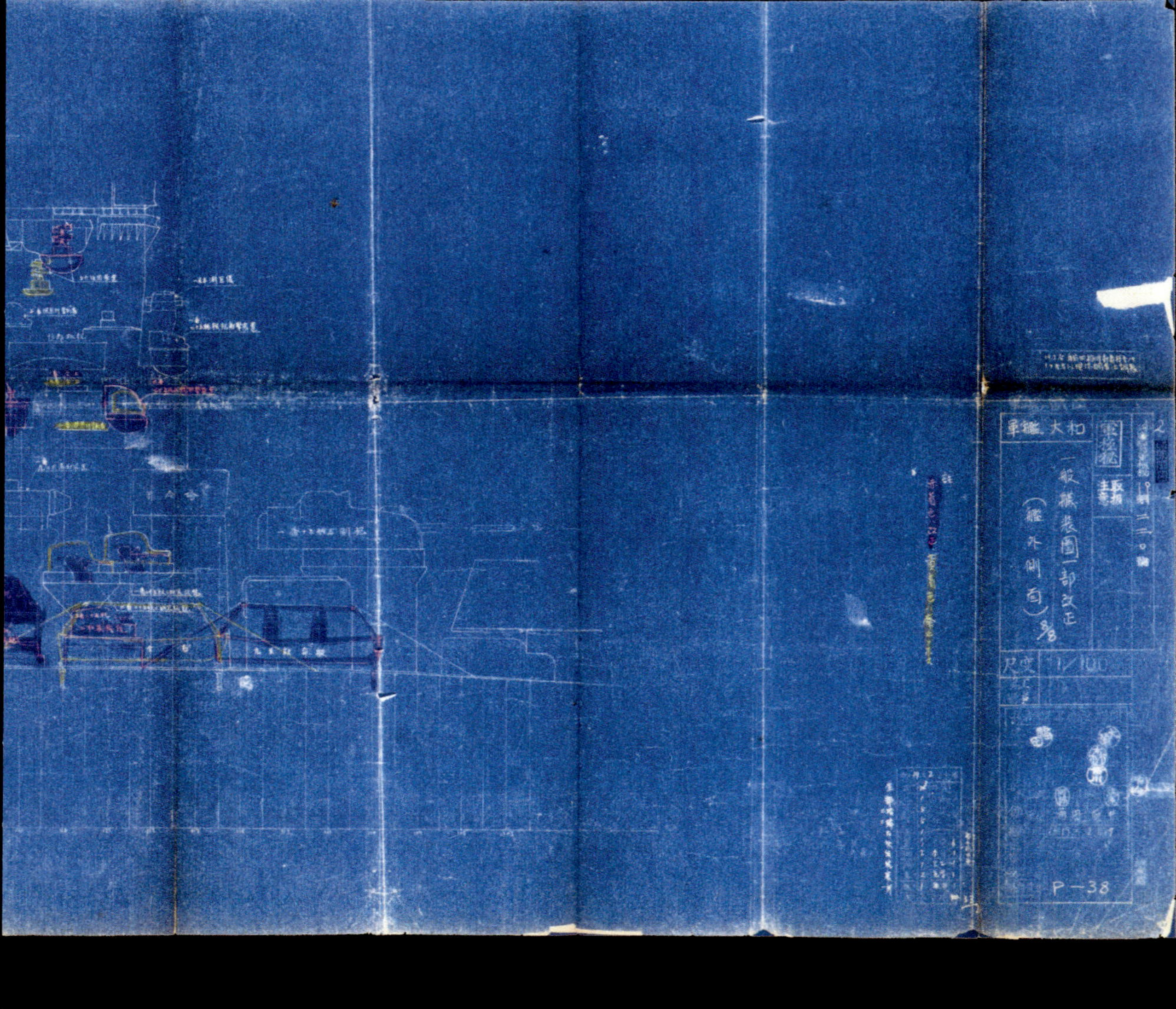

る史料の1つである。改装前の図面に改装か所が書き足される形で作図されており、線を黄色で着色した部分が改装にともなって撤去される部分であり、赤く着色されているのが追加される部分。この処理は基本的に同時期の旧海軍の図面に共通する処理である。舷側の2番、3番副砲を撤去して確保したスペースに追加される片舷3基の高角砲には爆風除けのシールドが描かれているが、これは従来からの高角砲のシールドを移設したもので、図面をよく見れば従来からの高角砲のシールドは黄色く着色されており、撤去が明示されている（シールドのみ撤去を示すために、シールドのない高角砲のシルエットが書き足されている）ことがわかる。一見すると高角砲全部にシールドを装備する計画であったように見えるが、カラーで記録された図面を見ることで正確な理解が得られる。

「大和」型戦艦青図集

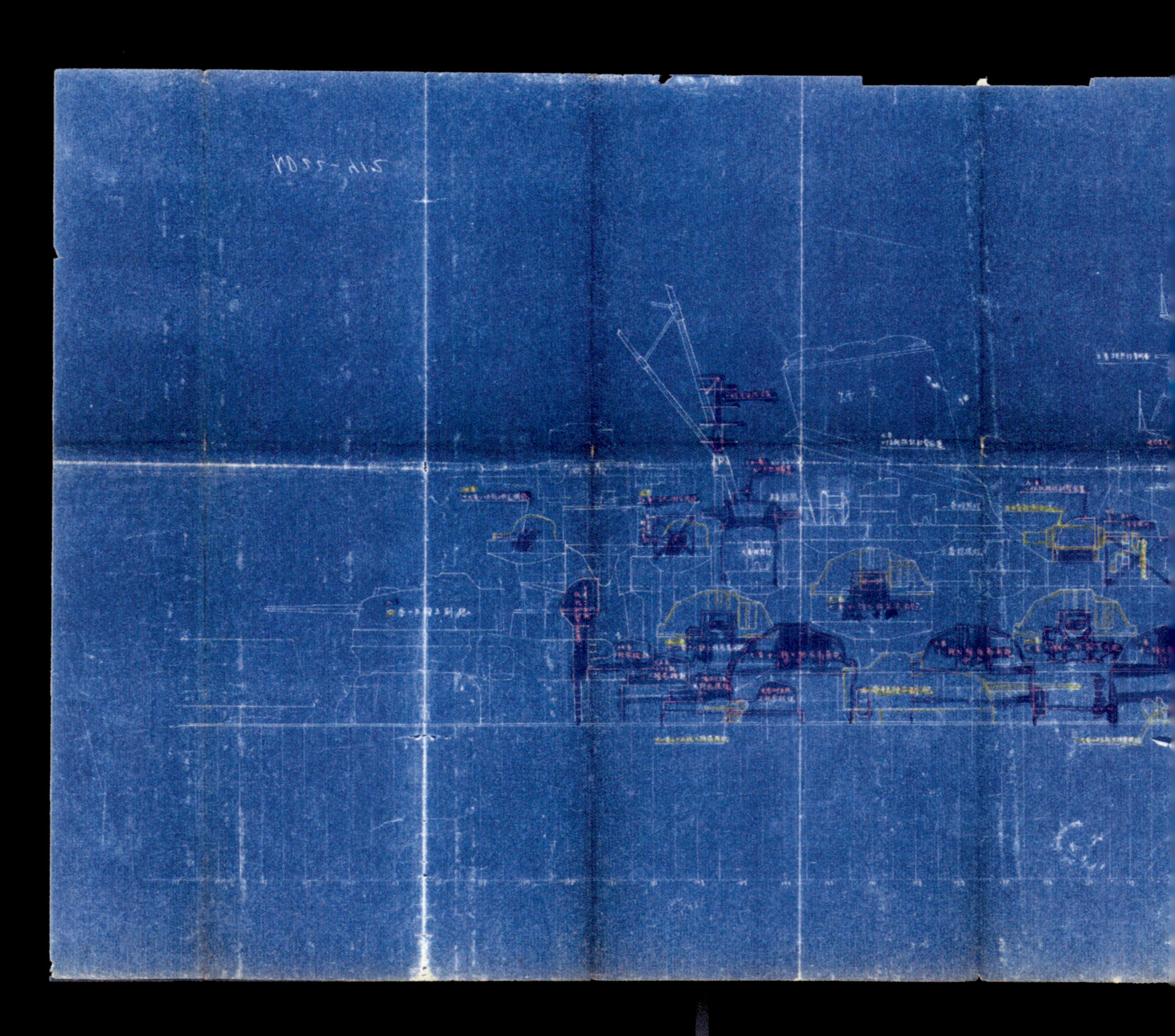

軍艦武蔵/軍艦大和 一般艤装図一部改正
〈（艦外舷側） 8/8 ①〉

「軍艦武蔵/軍艦大和　一般艤装図一部改正（艦外舷側）8/8」と題されたこの青焼き図面は、従来から知られた有名なもの。昭和19年に調製された対空兵装強化のための改装要領を示すもので、太平洋戦争後期の大和型戦艦の姿を検討する上で基本とな

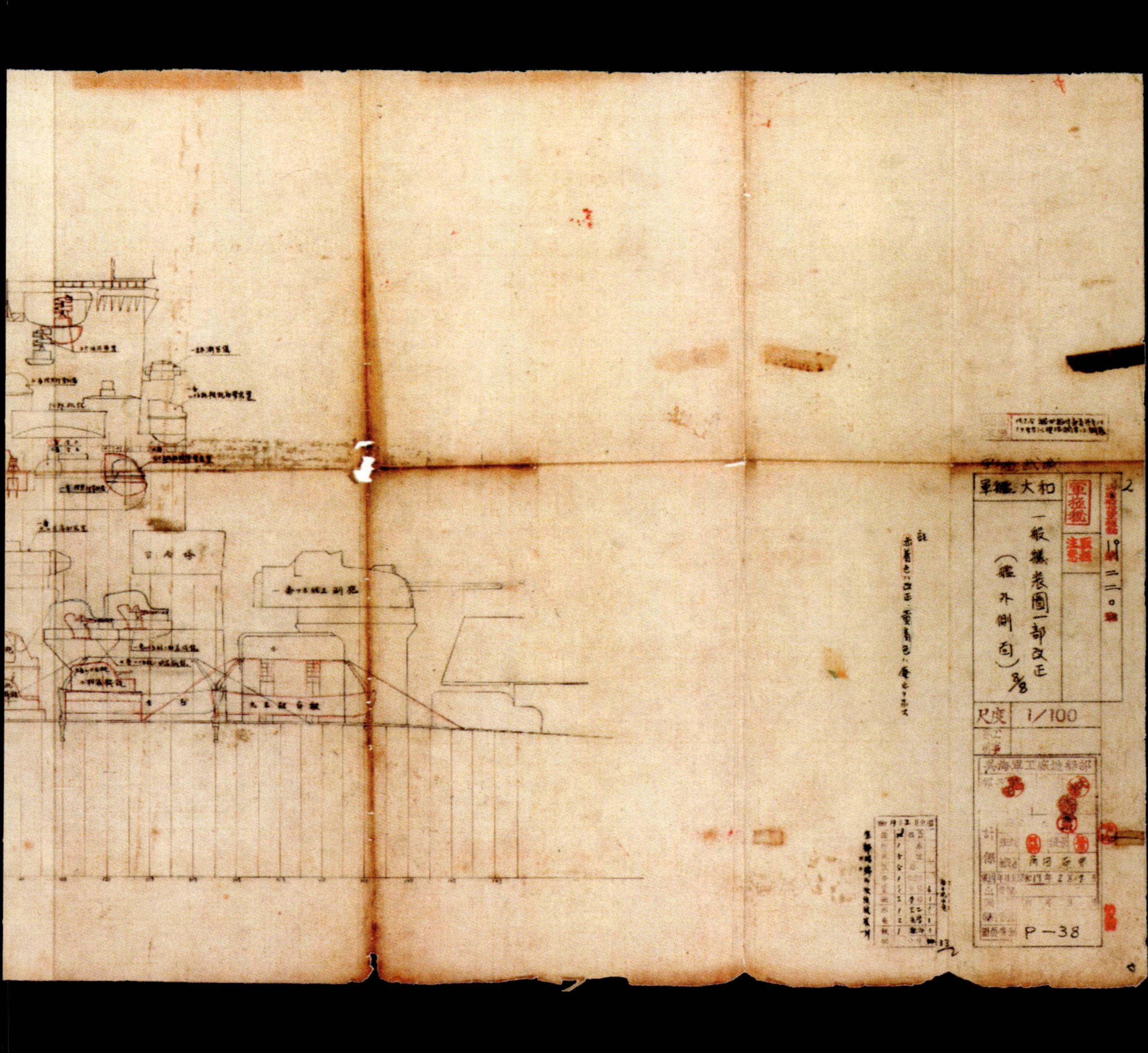

ちらの方が線そのものは拾いやすいかもしれない。副砲の撤去と高角砲の増備が目をひく対空兵装強化であるが、この時の改装では高角砲増備にともなう高射装置の増備、機銃と機銃射撃指揮装置の増備に加え、マストに対空警戒用の一三号電探の追加、艦橋上部の水上見張/水上射撃用の二二号電探の装備位置改正などが実施されている。また副砲の撤去と高角砲の装備にともない艦中央部舷側の装備品の位置の変更も実施され、係船用のボラードやカッターの搭載位置などが変更されている。これは増備された高角砲の射界や作業スペースとの兼ね合いによるものだろう。かなりマニアックな変化点だが、この図面の存在もあって、これらの変化は古くから熱心な艦艇ファンの間では認識されていた。

博物館展示の大型精密模型だけではなく、最近では市販のプラモデルなどにも反映されているので、身近な模型やイラストと比べて見ても面白いだろう。

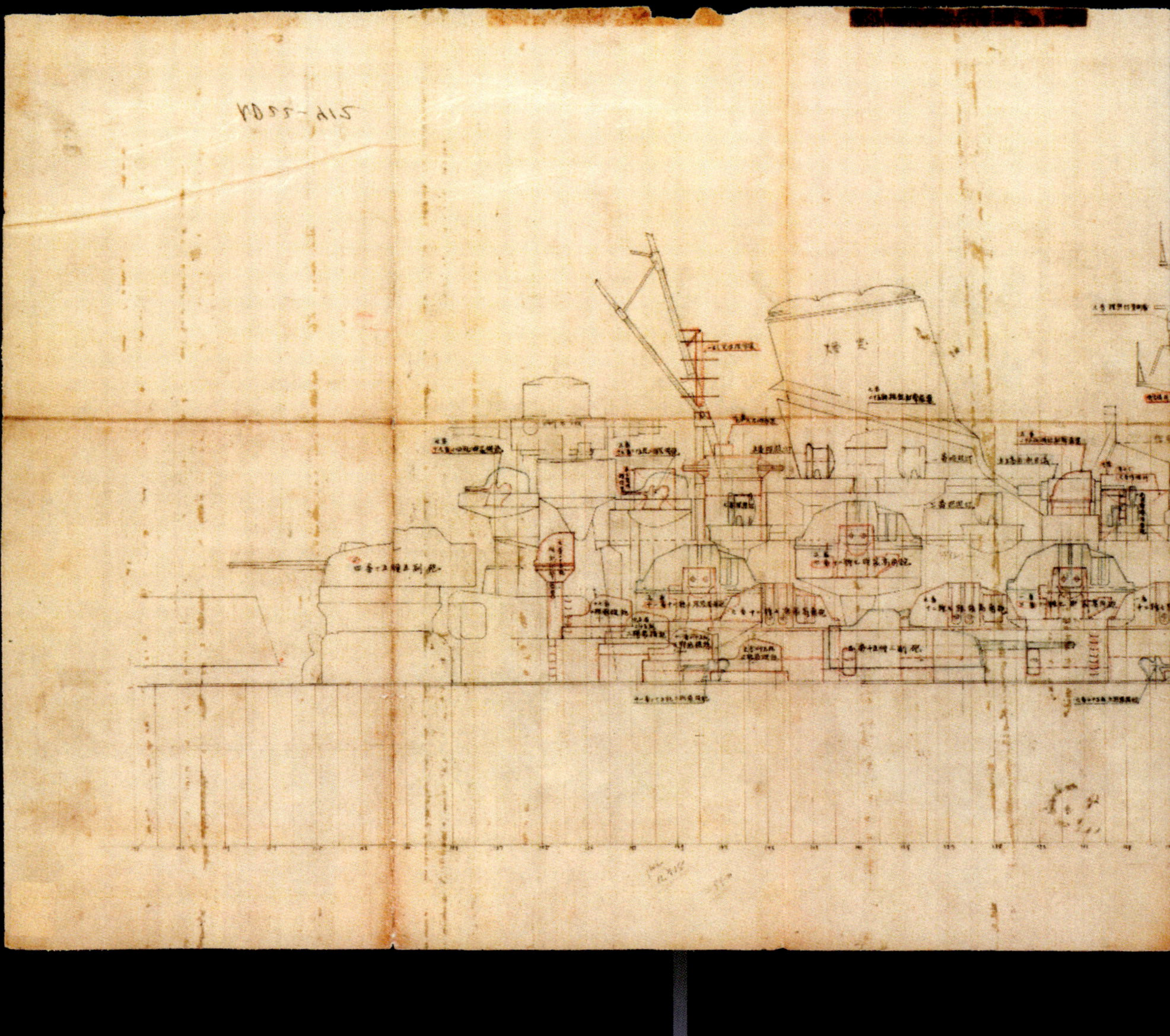

軍艦武蔵/軍艦大和 一般艤装図一部改正

〈（艦外舷側） 8/8 ② 〉

前掲の青図「軍艦武蔵／軍艦大和　一般艤装図一部改正（艦外舷側） 8/8」と同じ内容の絹図面。当然ながら図の表題なども「軍艦武蔵／軍艦大和　一般艤装図一部改正（艦外舷側） 8/8」と同一であるが、こちらは追加部分に赤く着色があるだけである。図面そのものは同一であるが、こ

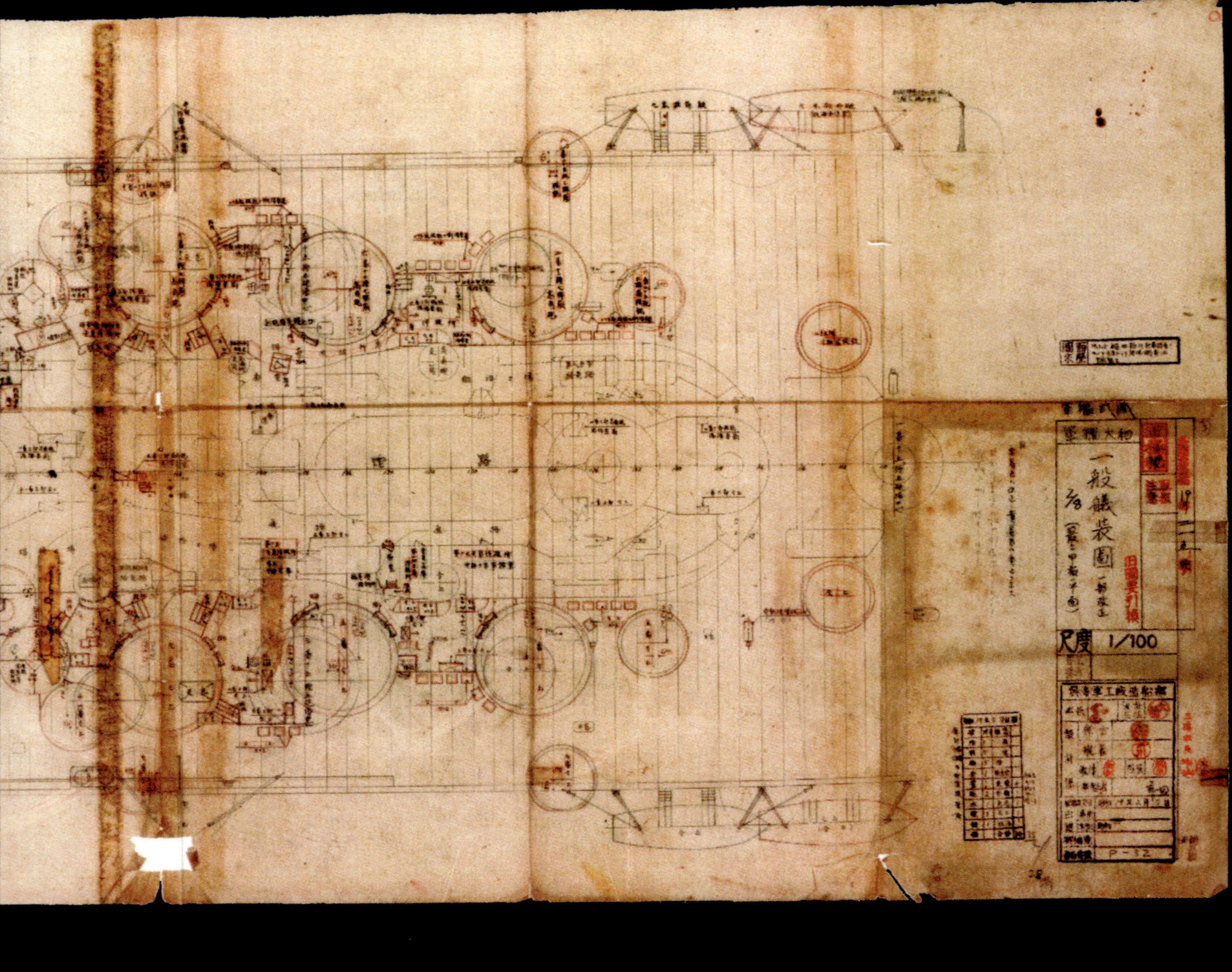

理解してもらってもよい。前掲の青図と異なり白っぽく見るのはコートした絹に清書された、いわゆる絹図であるため。内容は対空兵装強化にともなう改正箇所を示すもの。変更箇所の着色は確認できない（これは経時変化によるインクの退色のためかもしれない）もののの舷側副砲や増設される高角砲と干渉する機銃座の撤去（図では副砲バーベット、機銃座基部の円形のみが描かれている）したスペースに増備された高角砲と艦上構造物の位置関係などがよくわかる。この改装により「大和」は片弦6基12門の高角砲を装備することになり、同時に増設された対空機銃とあわせて日本戦艦としては最も強力な対空火力を得た。しかし図からも明らかなようにその高角砲、機銃火力は側方には全火力を発揮できるものの、首尾線方向に対して死角が多いものでもあり課題が残ったことも事実である。

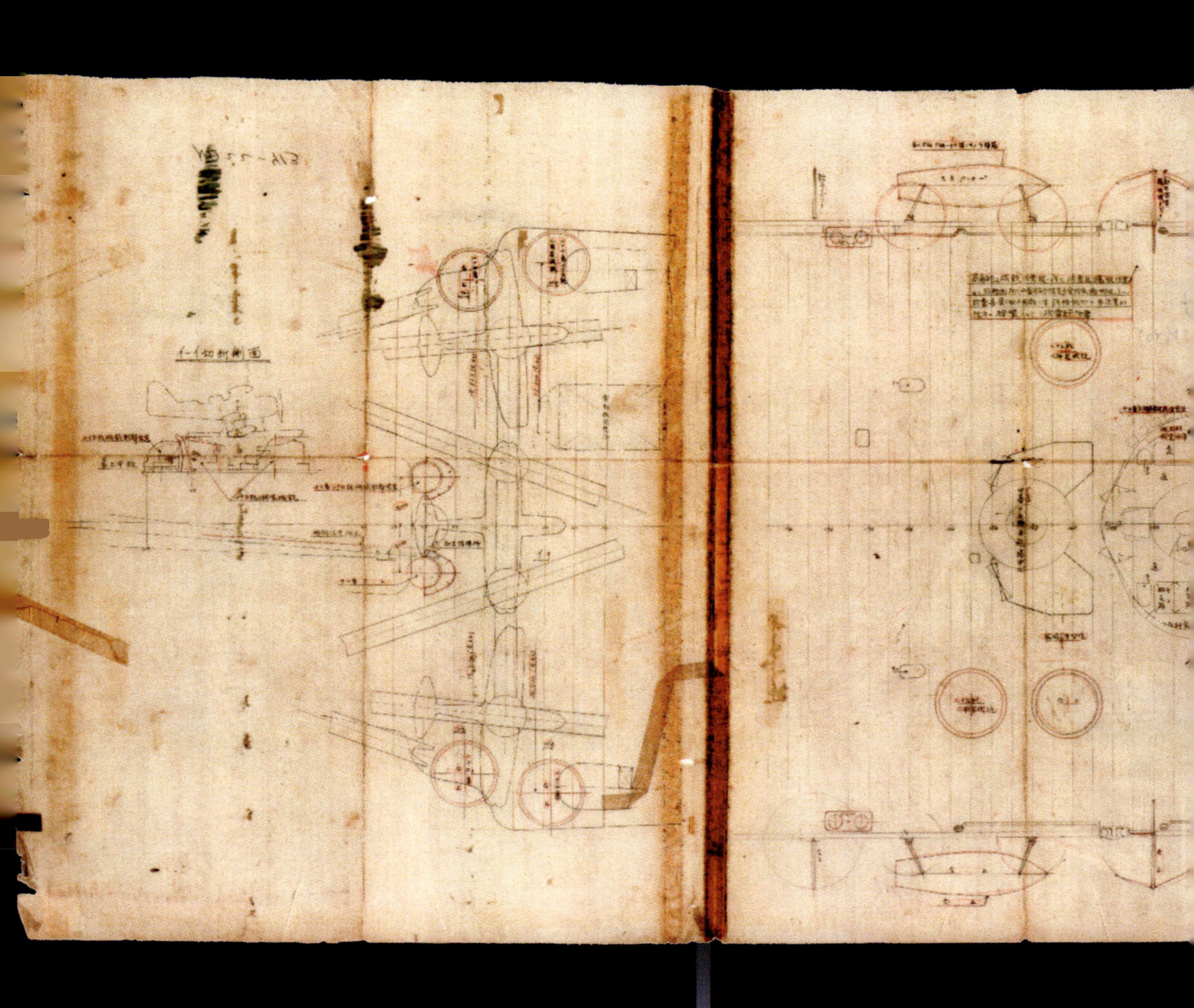

軍艦武蔵/軍艦大和 一般艤装図一部改正

「軍艦武蔵／軍艦大和　一般艤装図一部改正」の一連の図面のうちの1つで、「軍艦武蔵／軍艦大和　一般艤装図一部改正（最上甲板平面）2/8」と題されたもの。最上甲板は、文字通り船体最上部の一般的な意味で「甲板」と言われるところ。概ね上面図と

戦艦「大和」のカラー映像
米空母「ベニントン」飛行隊の「大和」攻撃

大分県宇佐市の「豊の国宇佐市塾」が米国立公文書館で発見、2024年5月に公開した戦艦「大和」のカラー映像。動く「大和」のカラー映像が確認されたのは初めてだ！

写真＆文＝豊の国宇佐市塾 **織田祐輔**

1945年3月19日、山口県岩国沖で空母「ベニントン」所属の第82空母航空群による爆撃を回避中の「大和」。艦中央部右舷側の海面で炸裂した爆弾の水柱により艦体の殆どが隠れてしまっている。写真上部には「大和」直衛に当たっていた駆逐艦の艦影が確認できる。

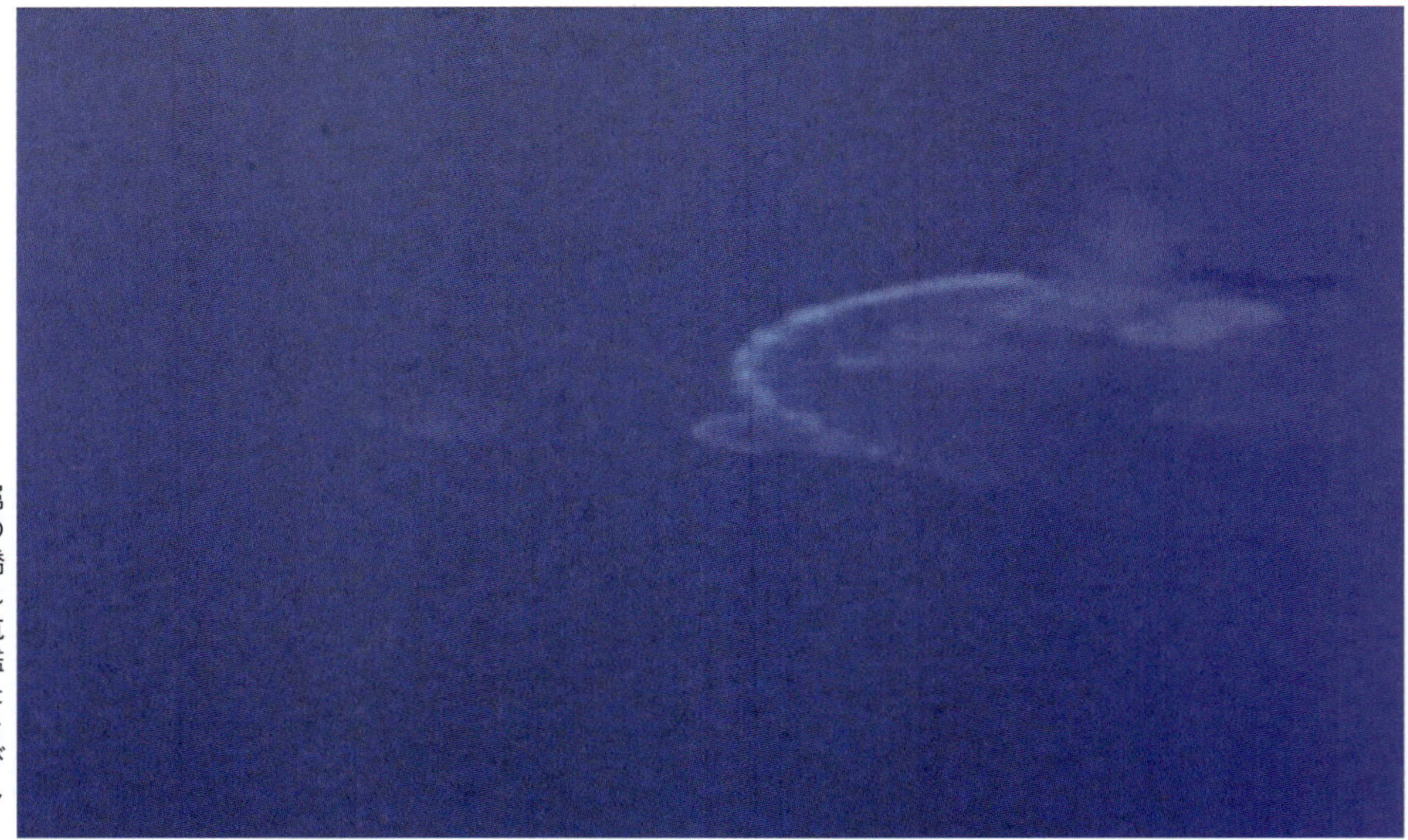

第82空母航空群所属機による爆撃の水煙の中から「大和」の艦橋より前方の船体が現れている。第82空母航空群は呉軍港在泊の艦船攻撃の向かっていたところ、偶然岩国沖を航行する「大和」及び護衛の駆逐艦を発見して攻撃を実施した。

◆最強の艨艟たち◆

12戦艦フォトブック

●英国で建造、同型艦3隻が国産化された「金剛」型から米戦艦を上回る攻撃力&防御力を兼ね備えた史上最大・最強の「大和」まで、世界の水準をつねにリードすべく建造された巨艦たちの系譜!

〈上〉ブルネイの「長門」。〈右〉「伊勢」(手前)と「扶桑」。〈下〉サマール沖の「大和」

同型艦3隻とともに高速戦艦として太平洋の戦場を縦横無尽に暴れ回った「金剛」。写真は昭和11(1936)年11月の館山沖における全力公試中の姿で、30.27ノットの速度を記録した

大正2(1913)年4月、英国アイリッシュ沖で公試運転中の「金剛」。見慣れた艦影と比較してシンプルなスタイルとなっている。主砲塔上部には対水上艦艇用の7.6cm砲が搭載されている

金剛

Kongo

↑昭和9年、連合艦隊旗艦当時の「金剛」。上部構造物の近代化や防御力を強化するなど艦形を一新した第1次改装後の姿であるが、重量増加による速力低下により艦種が巡洋戦艦から戦艦となっている

●36㎝主砲8門を搭載した世界最強の超弩級巡洋戦艦として英国にて誕生、後に国産建造される日本海軍巨大戦艦群の礎を築くこととなった！

↑36㎝主砲、舷側の15.2㎝副砲を装備した第1次改装工事中の「金剛」クローズアップ。煙突付近でカバーが掛けられているのは8㎝単装高角砲。→第2次改装工事中の「金剛」上部構造物。↓駆逐艦と共にドックに入渠中の「金剛」。写真下方は「高雄」型重巡洋艦

比叡

Hiei

●英国より金剛型の図面を導入して横須賀で竣工、練習戦艦を経てからの改装後は「大和」型戦艦のテストとして、貴重なデータをもたらした！

昭和10（1935）年度大演習時の「比叡」を前甲板より撮影したもの。艦橋前部の36㎝主砲は仰角を33度、最大射程を2万8000m（新造時は2万5000m）としている

↑昭和14年12月、第2次改装後の公試運転を実施する「比叡」。「金剛」型の最後に改装された本艦は艦橋構造物を建造中の「大和」型戦艦と同様とした

→大正3（1914）年3月、横須賀で撮影された竣工直前の「比叡」。本艦は同年8月に竣工、同型艦「金剛」「榛名」「霧島」とともに第2艦隊第3戦隊を編制した

↓練習戦艦時代の「比叡」。昭和5（1930）年締結のロンドン海軍軍縮条約によって練習戦艦となり、4番砲塔と舷側装甲を撤去した。その後本艦は観艦式で御召艦の任に就いている

大正3（1914）年1月撮影の「榛名」。本艦は神戸川崎造船所で建造され、民間造船所で発注された初の主力艦となった

昭和9（1934）年8月、第2次改装後に公試運転中の「榛名」。4番艦「霧島」とともに主砲塔側面は丸みを帯びており、「金剛」型同型艦との識別点となっている

昭和3（1928）年5月撮影の「榛名」（第1次改装後）。大正時代に1番砲塔の爆発事故を起こしているなどもあり、近代化改装は同型艦で最初に実施されている

榛名

Haruna

●「金剛」型3番艦として誕生した本艦は、4番艦の「霧島」とともに民間の造船所にて建造され、その建造競争は熾烈を極めていたという！

↑大正初期の演習時の「榛名」に施された白線波形の迷彩塗装

↑大正4（1915）年4月、竣工後即日佐世保へと向かう「霧島」

霧島

Kirishima

●三菱長崎造船所にて竣工した「金剛」型4番艦。後にガダルカナル方面の戦闘に従事し、米海軍の最新鋭戦艦2隻との死闘を繰り広げた！

↑昭和13（1938）年、英軍が中国アモイで撮影した第2次改装後の「霧島」

大正末に撮影された、停泊中の「霧島」。小改造が行なわれた艦橋構造物は複雑な形状となっている。写真左には戦艦「伊勢」、写真右には戦艦「長門」が碇泊している

昭和14年4月、九十九湾に碇泊する「霧島」。写真右に停泊するのは空母「赤城」で、同艦は本来巡洋戦艦として就役する予定であった

「榛名」より撮影の「霧島」。太平洋では真珠湾の南雲機動部隊護衛を皮切りに、インド洋、ミッドウェー、第2次ソロモン、南太平洋などの各海戦に参加した

昭和14（1939）年に宿毛湾で撮影された「扶桑」。巨大な艦橋構造物と煙突側の第3、4番主砲塔を配備する独特の艦型となっている

大正8（1919）年、呉で撮影の「扶桑」。本型の計画時には「金剛」型巡洋戦艦が参考になったという

↑真横より撮影の全速力で航行中の「扶桑」。昭和8（1933）年に近代化改装が施され、上部構造物の近代化と煙突の一本化、水中防御力の強化などが図られたが、速力は24ノットと低い状態であった。また3番砲塔上の航空機用カタパルトは、後に艦尾の延長工事の際に移された

扶桑

Fuso

●「金剛」型巡洋戦艦に続いて日本独自の設計により12門の36㎝主砲を搭載し、排水量が史上初の3万トンを超えた超弩級戦艦として就役した！

左↓戦艦「伊勢」（写真右）より撮影の「扶桑」による主砲射撃訓練。大戦中の「扶桑」は低速で艦隊行動が取れず、練習戦艦として内地にあった

昭和11（1936）年秋に撮影された近代化改装後の「山城」艦橋構造物。頂上には8m測距儀を搭載、演習中のためハンモックを巻いたマントレットが並べられている

●「扶桑」型の2番艦として就役、最後の出撃となったスリガオ海峡では、ライバル・米海軍戦艦群との悲劇的な戦いが待っていた！

↑昭和10(1935)年10月、近代化改装後の「山城」。基準排水量は3万4500トン、「扶桑」同様防御力や速力の強化が行なわれた。改装中に艦尾の延長工事を実施、カタパルトなど水上偵察機の施設を装備している

↓昭和10(1935)年東京湾に停泊の「山城」。後方は「扶桑」、「榛名」。本艦は同型艦「扶桑」と共に昭和19(1944)年10月のレイテ沖海戦に出撃、戦没した

昭和12（1937）年の近代化工事完了後の「伊勢」。36cm主砲を搭載した本型2隻24門、「扶桑」型2隻24門の計48門の火力に絶大な期待がかけられていた

伊勢

Ise

●「扶桑」型の3番艦として計画されたが、設計を変更した新戦艦として就役した。大戦中のミッドウェー海戦後に航空戦艦へと改装された！

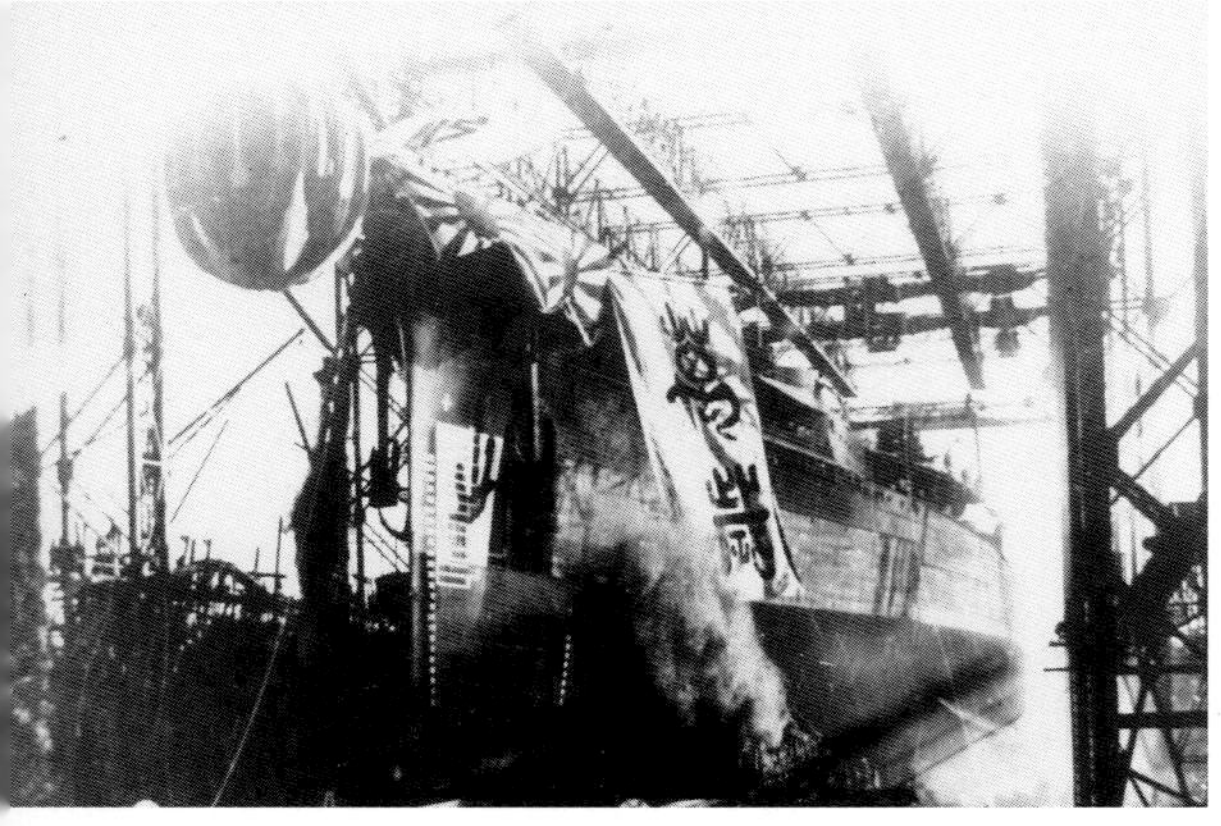

←大正5(1916)年11月12日、神戸川崎造船所で進水式をむかえた「伊勢」の船体

大正6(1917)年9月、紀伊水道を公試運転中の「伊勢」。本型は「扶桑」型の主砲配置や第一次世界大戦の戦訓から3番以降の主砲を背負式とした

↑昭和18年8月、航空戦艦に改造後、公試運転を行なう「伊勢」。昭和17（1942）年6月のミッドウェー海戦後、空母不足を補うため2番艦「日向」と共に5、6番砲塔を撤去して航空機用射出甲板と格納庫を新造、対空兵装も強化された

→昭和10（1935）年撮影の「伊勢」後甲板に設けられていた水上偵察機用施設。カタパルト上は九〇式水上偵察機

↓終戦後に撮影の「伊勢」。レイテ沖海戦後内地に戻った本艦は特別警備艦として防空砲台となったが昭和20（1945）年の米艦載機による空襲で大破着底、対空射撃中の主砲が空を向いた状態である

大正6(1917)年、佐世保に向けて航行中の「日向」(新造時)。本型は36㎝主砲12門、副砲は日本人の体格に合わせて14㎝砲(「金剛」、「扶桑」型の口径は15.2㎝)に変更されている

昭和15(1940)年12月、呉に停泊する近代化改装後の「日向」。「伊勢」と同様に上部構造物の近代化、防御力の強化と速力のアップ(23ノットより25ノット)などが行なわれた。艦尾には水上偵察機用設備(カタパルトとクレーン)が設けられている

日向

Hiyuga

●「伊勢」型2番艦として就役した本艦も航空戦艦に改装、搭載機の無い実戦においては強化された対空兵装が敵機の猛攻に威力を発揮した!

→砲撃訓練中の「日向」36㎝主砲。本艦は2度の砲塔爆発事故(大正1回、昭和1回)というアクシデントが発生している。↓昭和18(1943)年11月撮影の航空戦艦に改造された「日向」。2隻が参加したレイテ沖海戦では強化された対空兵装により米艦載機の攻撃を回避することができた

↑正面より撮影された洋上訓練中の「長門」。近代化改装後の姿で、重厚な印象を受ける。写真左は標的を曳航中の特設潜水母艦「靖国丸」

長門

Nagato

●戦艦8隻、巡洋戦艦8隻で編成の「八・八艦隊」の第一陣。超弩級戦艦として初めて41㎝主砲を搭載、その偉容は国民に長く親しまれた！

↑大正9（1920）年10月、公試運転中の「長門」。記録された26.7ノットのスピードは、「金剛」型巡洋戦艦に匹敵し、高速戦艦として期待された

←竣工間もない「長門」の艦橋構造物。太い主柱を6本の支柱が支えており、被弾に強いことから八・八艦隊の戦艦に採用されている

レイテ沖海戦を目前にした昭和19（1944）年10月21日、ブルネイに碇泊中の「長門」。近代化改装後の姿で、大戦中は二一号電探を搭載、対空兵装も強化されていた

昭和5（1930）年頃の「長門」。第1煙突の煙が艦橋構造物に流れるのを防ぐため、大きく後方に湾曲する形式に改めている

昭和16(1941)年撮影の前甲板より撮影の「陸奥」。戦前のネイバーホリデーの時代、米海軍(「コロラド」「メリーランド」「ウエストヴァージニア」、英国海軍(「ネルソン」「ロドネィ」)の40cm砲搭載戦艦と共に・最強戦艦＝ビッグセブンと称された

陸奥

Mutu

●帝国海軍の象徴として永く国民に親しまれた「長門」型2番艦。大戦中は実戦で巨砲の威力を発揮することなく、内地で謎の爆沈を遂げた！

↑大正10（1921）年10月、全力公試運転中の「陸奥」。建造中ワシントン海軍軍縮条約で米英国より廃艦を要求されたが完成していると主張、本艦の完成を認める代わりに米国はコロラド級戦艦3隻、英国はネルソン級2隻の40cm主砲搭載戦艦が認められたいきさつがある

→新造時の「陸奥」艦橋部分をクローズアップしたもの。第1煙突には煙防止用のファンネルキャップが装着されているが、根本的な解決策にはならなかった

↑大正14（1925）年5月撮影の「陸奥」。「長門」同様に第1煙突の湾曲化がなされている。また「長門」型戦艦の速力は26.5ノットであるが、実際よりも低い23ノットと公表されていた

→近代化改装直後の「陸奥」。「長門」や他の戦艦同様の強化がなされたが排水量の増大により速力は25ノットに低下している

↑「長門」のフェアリーダーより撮影した「陸奥」。→爆沈から27年後の昭和45（1970）年8月、柱島の海底より引き揚げられた「陸奥」4番砲塔

大和

Yamato

●最大の46㎝主砲を搭載、排水量共に史上最大の戦艦として就役、米海軍に質の面で対抗するため、日本建艦技術の粋が集められて造られた！

昭和16（1941）年10月20日、時化模様の宿毛沖で全力予行運転を実施中の「大和」。当時の排水量は6万9166トン、出力は15万3550馬力で27.46ノットの速度を記録している

同年10月30日に行なわれた公試運転中の「大和」。大型の艦橋構造物や煙突をピラミッド状に配している。艦尾には水上偵察機施設が備えられた

↑昭和19年10月のレイテ沖海戦で米艦載機の猛攻を受ける「大和」。敵機を回避中で、写真右は黒煙を上げつつ旋回中の2番艦「武蔵」。↓写真は昭和20年3月、安芸灘にて米艦載機の猛攻を回避中の姿

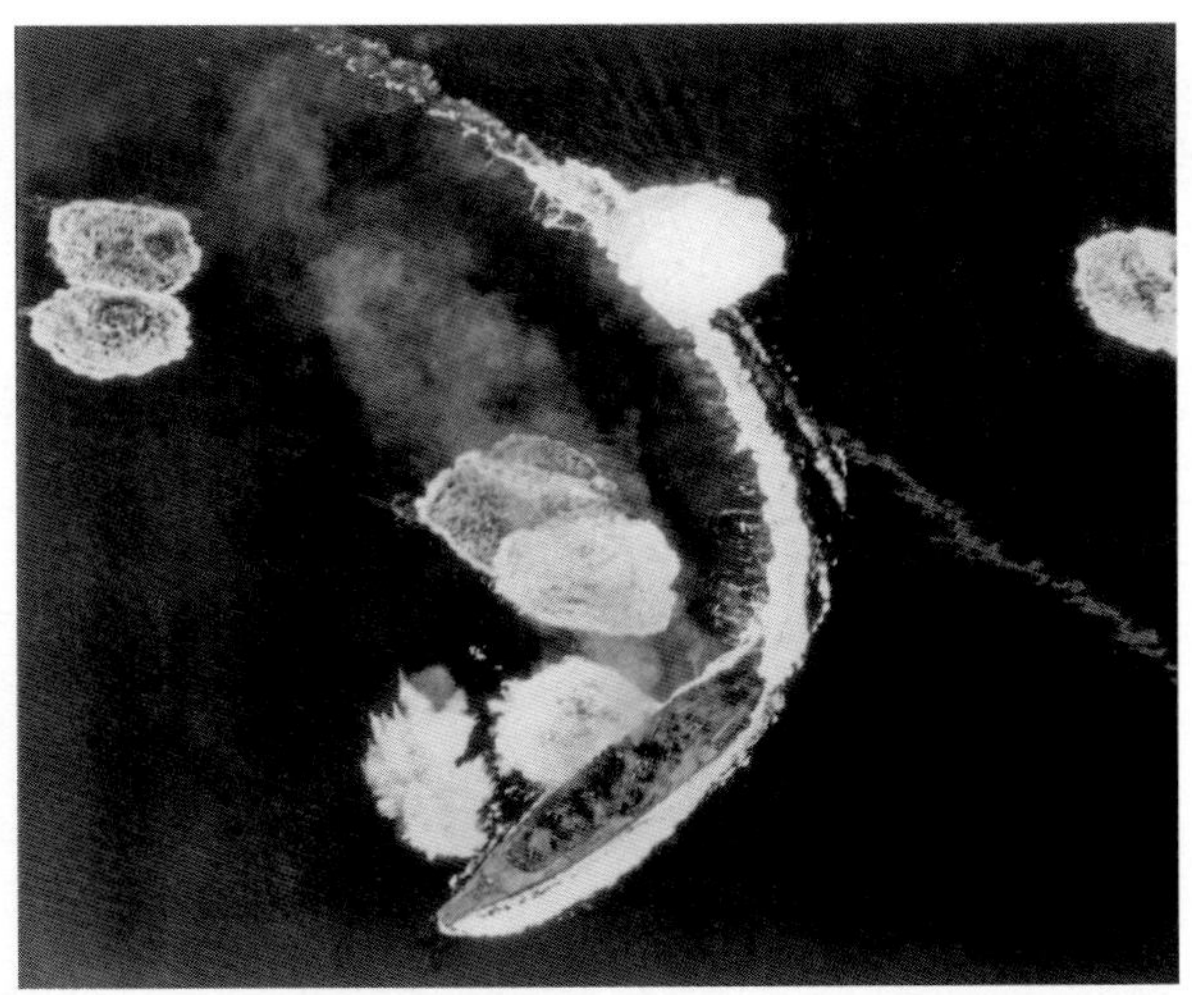

↑レイテ沖海戦で奮戦中の「大和」。両舷に搭載の15.5㎝副砲を撤去、12.7㎝高角砲や多数の対空機銃を搭載した姿で米艦載機の攻撃を切り抜けたが、航空機が主役となった太平洋の戦場における戦艦の姿を物語っている

←昭和20（1945）年4月、沖縄に上陸した米軍を攻撃するため出撃した「大和」は延べ1000機の米艦載機の攻撃を受けた。写真は後部に被害を受けた本艦で、2番砲塔や舷側に25㎜機銃を増設して対空兵装を強化している。しかし激闘から2時間後、その姿を没することとなった

前甲板より撮影の「武蔵」主砲塔群と艦橋構造物。昭和17（1942）年6月頃の公試運転中の姿で、「大和」型戦艦の特徴である波形甲板上の乗組員と比較して巨大さがわかる

↑「武蔵」檣楼部より撮影の後部。特徴あるメインマストと煙突が確認できる。写真奥にはマストに隠れて航空機用クレーンが、艦尾両舷は水上偵察機用カタパルト・呉式2型5号改射出機が確認できる

←第2番砲塔（写真左側）付近の甲板より見上げた「武蔵」艦橋構造物。パゴタ状となっていた「長門」以前の戦艦と違い、近代的な塔型となっている。主砲塔上で砲身を見せているのは15.5㎝副砲

武蔵

Musashi

●日本海軍が最後に就役させた「大和」型2番艦——栗田艦隊の主力として出撃したレイテ沖海戦では、米艦載機の猛攻を一手に引き受けた！

↑昭和19（1944）年10月、レイテ沖海戦直前にブルネイ湾を出撃する「武蔵」。本艦の全容を捉えた貴重な写真である

↑シブヤン海で米艦載機の攻撃を受ける「武蔵」。激しい攻撃を受けており、水柱や弾幕に包まれている

↑南方の泊地に停泊する「武蔵」。艦橋頂部の15メートル測距儀上には二一号電探が装備されている

←駆逐艦「磯風」から撮影された艦首より沈み始めている「武蔵」最後の姿。本艦は魚雷20本、爆弾17発を受けた後に航行不能となり、漂流を続けていたが海底に没した。本艦がその巨砲を敵に向けて使用する機会はついに発生しなかった

横須賀軍港の戦艦「長門」

写真提供：米国国立公文書館・米海軍歴史センター
解説：高村聰史

艦首方向から。羅針艦橋の喪失は異様ですらある

　昭和19年11月25日にレイテ沖から横須賀に帰港した「長門」は、十分な修理を施されぬまま翌20年2月に予備艦に編入された。しかし5月には信号灯や羅針儀の撤去が始まり、6月1日には特殊警備艦に編入、右舷岸壁に面する高角砲等は基地周辺の防空陣地に移設撤去された他、マストと煙突が切断されて艦橋付近から偽装ネットに覆われた。しかし米軍は空撮でこの動きを精確に捉え、7月18日の横須賀空襲では「長門」を主たる攻撃目標に据えた。この戦闘で3発の直撃弾を受けた「長門」は、沈没を免れたものの大塚幹艦長以下多数の死傷者を出して終戦を迎えた。

　8月30日午前9時30分、横須賀港沖一番浮標に繋留された「長門」に、戦艦「アイオワ」の特別分遣隊90名が接収のために乗り込んだ。

接収中の「長門」と上甲板で戯れる米戦艦「アイオワ」乗組員。昭和9年に換装された八九式41センチ砲が中空を見つめる

後部甲板より艦橋。マストと煙突の切断跡が痛々しい

副砲指揮所と歪む羅針艦橋。第二主砲塔への直撃弾が跳ね返り、副砲指揮所に飛び込んで爆発した。この爆撃により艦長、副長、砲術長らが戦死した

上陸5日前、軍港一番浮標に繋留中の「長門」。引渡しを前に艦内で清掃作業が進められている

後部甲板より第三・第四番砲塔

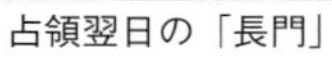

占領翌日の「長門」

艦首方向から。マストがない艦橋は異様でさえある

第一艦橋から艦尾方向。切断され莚が掛けられた煙突周辺の110センチ探照灯6基および25ミリ三連装機銃は、20年5月以降に撤去された。立ち上る煙は塵芥処理によるもの

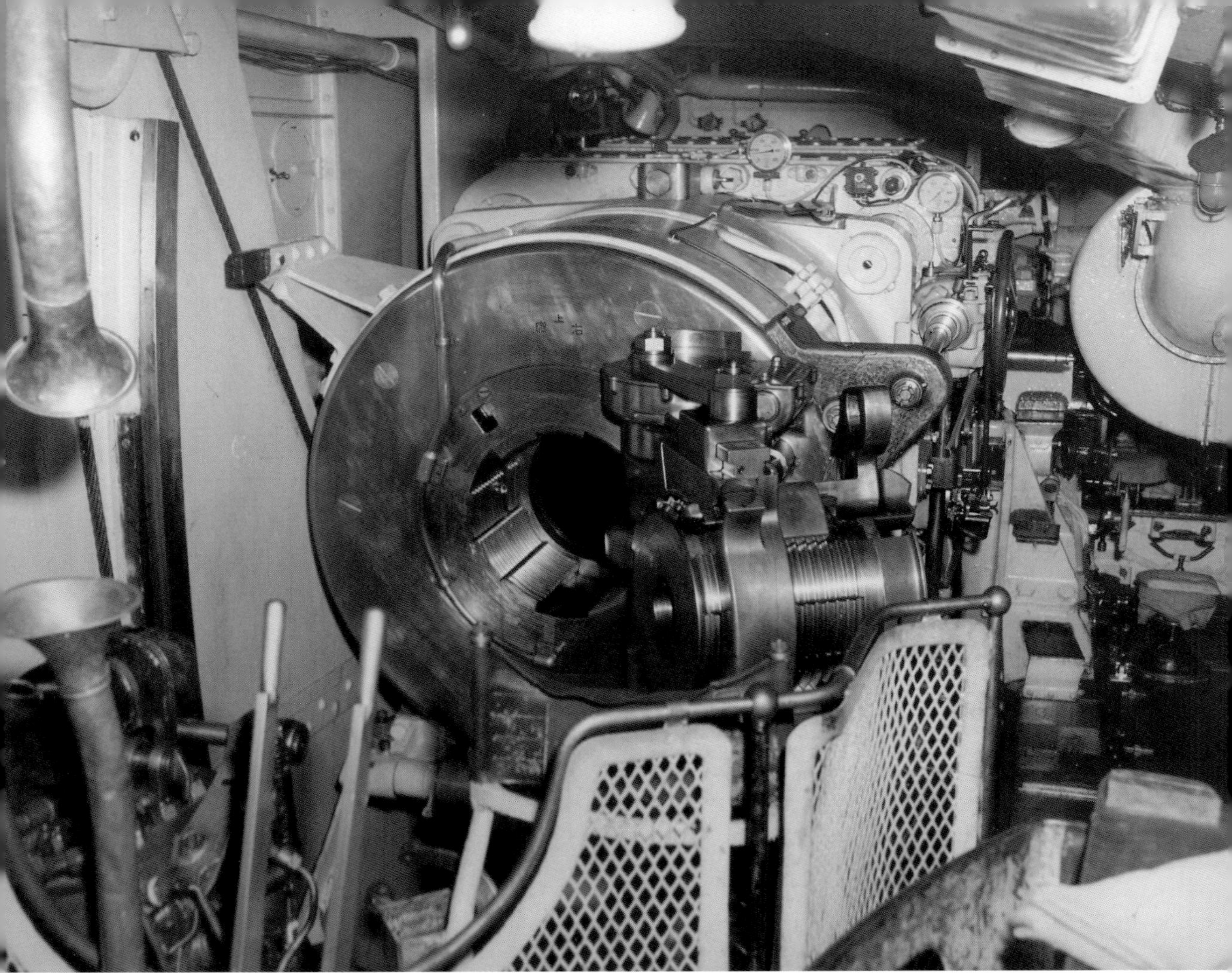

「長門」41センチ主砲の砲尾

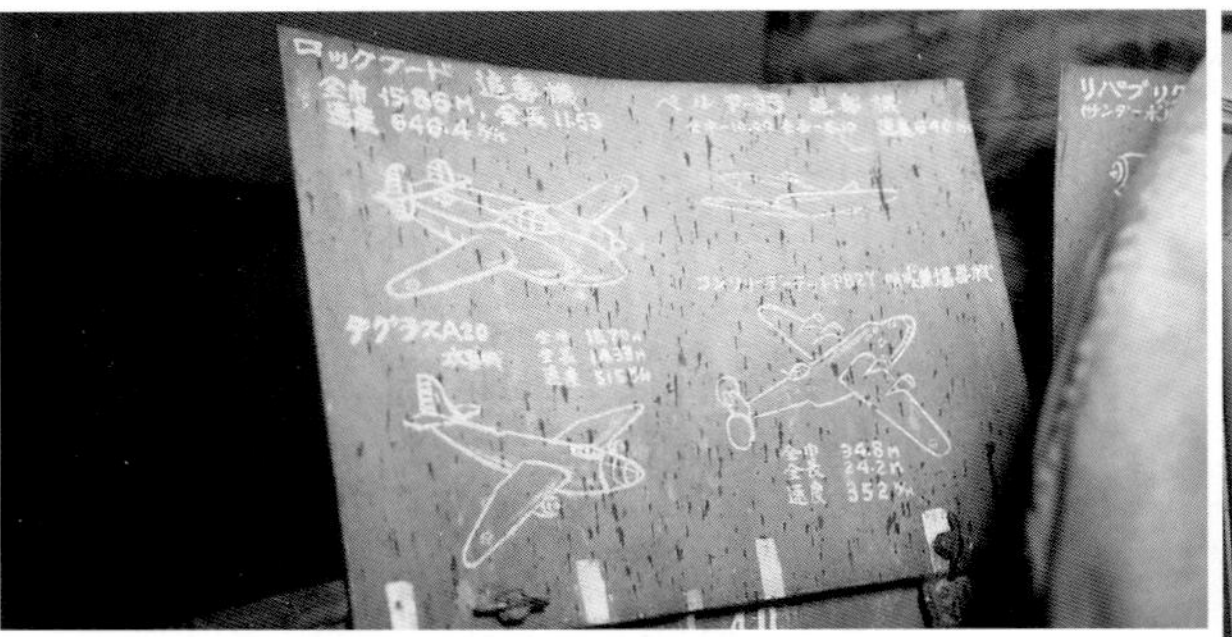

銃座と銃座の衝立には米軍の攻撃機等が描かれてあった

米軍の艦載機が描かれた機関銃のシールド

艦内での引継ぎ作業

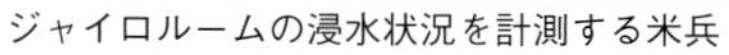
ジャイロルームの浸水状況を計測する米兵

直撃弾により破壊された第三主砲塔付近

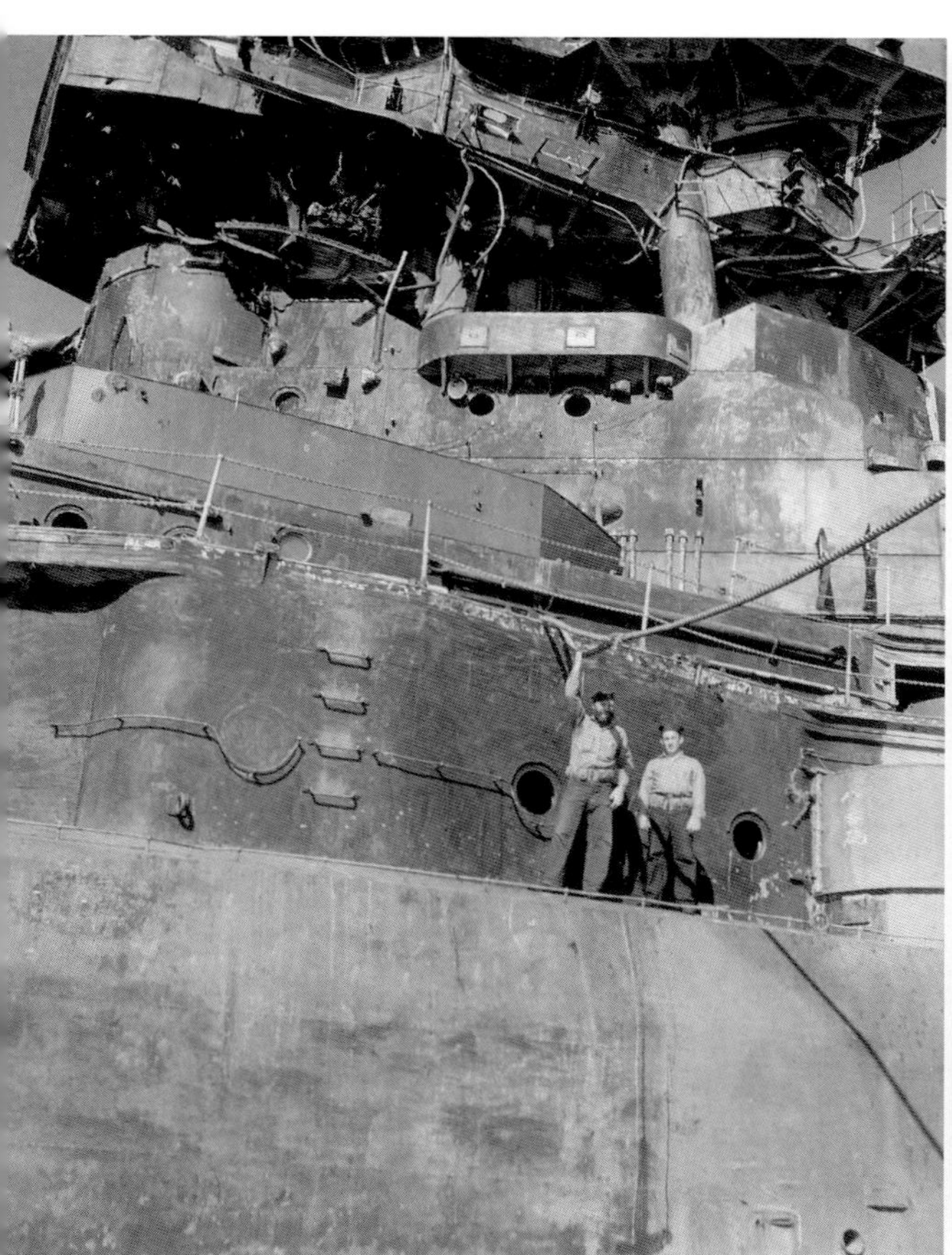

「長門」から手を振る米兵

浸水するジャイロルーム附近。レイテ戦以降「長門」に十分な修理は行なわれず、コンクリートで応急手当された箇所もあった

軍港沖の「長門」。こののち、ビキニ環礁まで移動し原爆実験に利用されることになる

直撃を受けた第一艦橋下部の副砲指揮所。
未修理のままである

副砲指揮所の上にあった羅針艦橋。
爆発により床面が捲れあがっている

空襲により破損した「長門」のガンルームの側面

羅針艦橋内（左舷側）

後部甲板に設置された塵芥処理小屋

羅針艦橋附近。爆撃の凄まじさを物語っている

「長門」第一艦橋の上から三層目に設置された九四式10メートル測距儀。円軌道の上を旋回可能である

接収された「伊400」潜水艦から「長門」をのぞむ

最初に乗り込んだ「アイオワ」特別分遣隊。フライン隊長は杉野艦長に自ら艦旗を降ろすよう命じた

接収中の「長門」

10メートル測距儀の後部側面（右舷）に配置された二号二型電波探信儀。ラッパ型の探信儀は35キロ先の戦艦を探知できたという

「USS NAGATO」。接収以降は米海軍艦籍に編入された。艦尾には星条旗が翻る

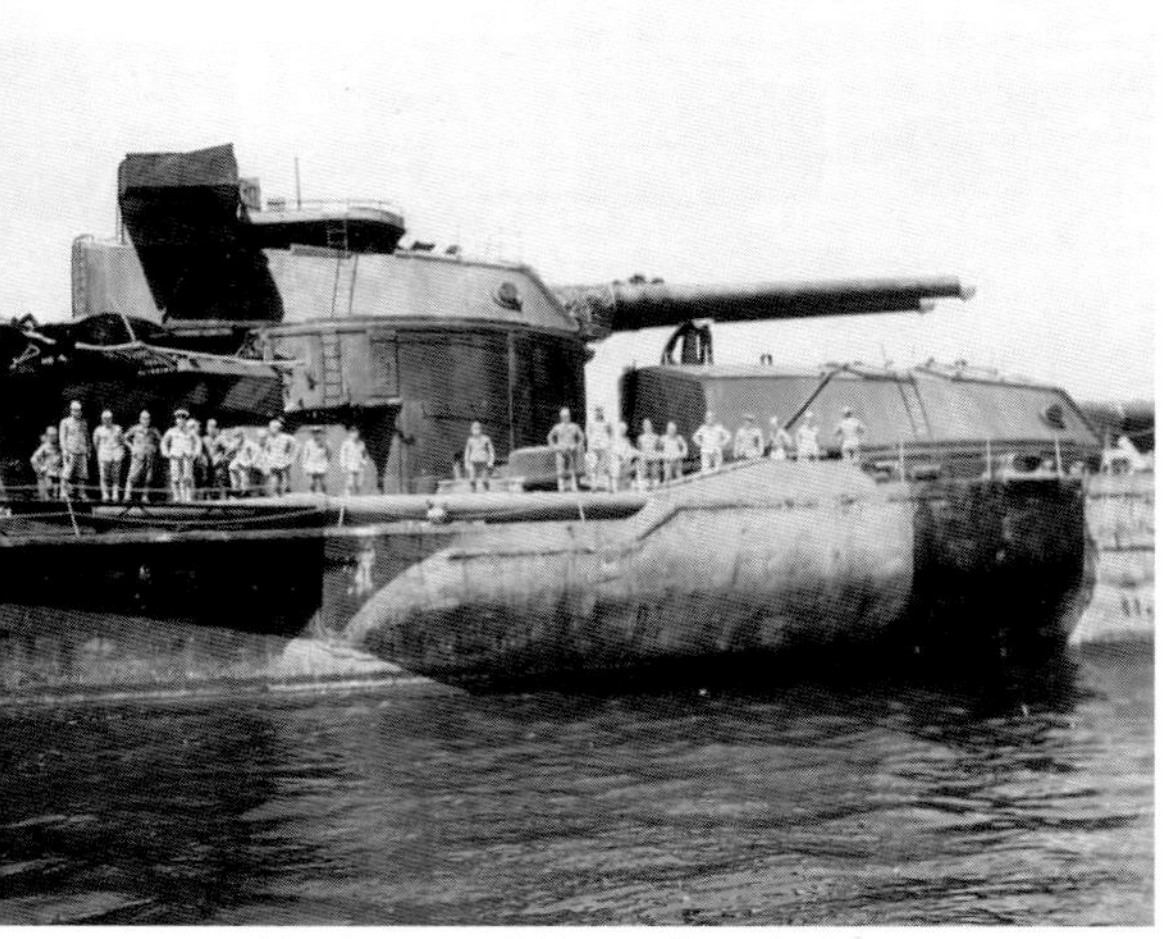

引継ぎのために待機する「長門」乗組員

第2回目の実験（海中爆発)。「長門」近くの戦艦「アーカンソー」が持ち上げられている

「長門」に接舷する輸送駆逐艦「ホレス・A・バス」

接収に際し上甲板に集められた「長門」乗組員

第二回実験を十数キロ先から見守る米兵

横須賀港第一浮標に繋留された「長門」

倉橋島沖で着底した戦艦「伊勢」。手前の海上には手漕ぎの小舟が写っており、終戦によって訪れた平和な海の風景を印象付けている

呉軍港の「伊勢」&「日向」

戦艦「伊勢」と「日向」が所属していた第4航空戦隊は、両艦が昭南から呉へ帰還した直後の1945（昭和20）年3月1日付けで解隊された。当時の日本海軍には、既に大型艦を自由に行動させるだけの重油が残っておらず、この2隻はそれ以後、予備艦として呉に留め置かれることとなった。

3月19日、米第58任務部隊は沖縄上陸作戦を支援するため、呉軍港及び神戸港の在泊艦船に対する空襲を実施した。この米艦載機による空襲で「伊勢」と「日向」は共に損傷を蒙った。さらに、7月24日と28日には3月の空襲を上回る大規模な呉軍港への空襲が米第38任務部隊の艦載機によって行なわれた。その結果、「伊勢」と「日向」は爆撃による浸水で着底し、その状態で終戦を迎えることとなった。

写真＆文＝豊の国宇佐市塾 織田祐輔

〈↗〉7月28日の空襲によって着底した「伊勢」。これらの空襲ではMk 243水識別信管付き爆弾が多用された。この信管は、海底か船体に触れない限り起爆しないようになっており、浅海面では海底での起爆による衝撃で水線下に損傷を与えるように工夫されていた。〈→〉「伊勢」の右舷側中央部を撮影した1コマ。写真右側の艦橋周辺には、いわゆる「航空戦艦」に改装された際に増設された25㎜3連装機銃の銃座がはっきりと確認できる。

右舷側から撮影された「伊勢」の飛行甲板。写真右側の飛行甲板は爆撃によって垂れ下がってしまっている。また、写真中央に見える飛行機昇降機は下げられた状態となっている

左舷後方から撮影された「伊勢」。写真中央部に写っている「伊勢」の後部マスト先端の形状がよく分かる1コマである

前出の写真よりも「伊勢」に近付いて撮影された1コマ。米艦載機の爆撃によって煙突上部が破壊されているのが分かる

逆光状態で撮影されたために判別しづらいが、写真中央部には飛行甲板の左舷側後部に設けられた12cm28連装噴進砲3基が確認できる

右舷後方から艦後部の飛行甲板を捉えた1コマ。7月の艦載機空襲では、艦船の水線下に損傷を与えることが主眼とされ、艦船攻撃を命じられた雷撃飛行隊の多くはMk243水識別信管付500ポンド通常爆弾4発を搭載していた

前出の写真とは別の日に「伊勢」艦上で撮影された1コマ。飛行甲板はその表面をコンクリートで舗装されており、爆撃の衝撃で剥離したコンクリート片が飛行甲板上に散乱しているのが見て取れる

航空戦艦への改装時に司令塔上部にあった副砲用測距儀を撤去して新たに設けられた25㎜3連装機銃座と思われる場所から撮影された「伊勢」の艦首部。艦首右側にはこれらの映像を撮影したクルーを乗せてきたと思われるLCVPが横付けしている

「伊勢」の艦首部から艦橋を見上げながら撮影された1コマ。2番砲塔の砲身が僅かに上を向いて止まっている。なお、艦橋に施されている迷彩は、第4航空戦隊の解隊後に同艦が予備艦となって以降になされたものである

「伊勢」の右舷後方の海上から艦前部方向を捉えた1コマ。「榛名」の艦上は樹木や偽装網等で覆われ、島の一部と見えるように偽装が施されていた。しかし、これらの写真を見る限りでは、「伊勢」には大掛かりな偽装が施されていなかったように思われる

情島沖で米艦載機による空襲を受けて着底した戦艦「日向」。「伊勢」と同様に迷彩塗装が1番砲塔や2番砲塔に施されているのが分かる

前出の写真とは反対の左舷側から着底した「日向」を捉えた1コマ。右舷側よりも左舷側の方が被害は軽いように見える。「伊勢」は右舷側に傾いて着底したが、「日向」は着底したものの傾いているようには見えない

「日向」の艦中央部右舷側を撮影した1コマ。煙突脇に設置されている九四式高射装置は、航空戦艦への改装時に増設された12.7㎝連装高角砲用のものである

「日向」の艦橋右舷側を海上から撮影した1コマ。7月24日の空襲で同艦は艦橋に直撃弾を受け、艦長である草川淳少将を始め多数の戦死傷者を出した。艦橋のトップにある測距所には21号電探のアンテナが設置されている

艦中央部にある煙突の右舷側艦上から艦尾方向を撮影した1コマ。写真右側には3番砲塔が写り込んでいる。航空戦艦に改装された時点では2基のカタパルトが同艦に装備されていた。しかし、搭載する航空機がないため、比島沖海戦後に撤去されてしまった

「日向」の艦首部から艦橋を見上げて撮影された1コマ。艦橋の右舷側が直撃弾によって激しく破壊されており、艦橋上部は右舷側に少し傾いているようにも見える

「日向」艦上から艦橋の右後方を撮影した1コマ。写真左下側に見える滑車は、艦橋と煙突の間にある搭載艇格納所の内火艇等を吊り上げるデリッククレーン用のもの

海外のライバル戦艦

↑「ワシントン」＝アメリカ海軍がロンドン軍縮条約明けにともない建造された新戦艦の第一陣・「ノースカロライナ」級の2番艦。当初は14インチ（36㎝）砲を搭載予定であったが、日本が建造されると予想される新戦艦に対抗して16インチ（40㎝）砲となった。本艦は1942年の第3次ソロモン海戦にて日本の戦艦「霧島」と交戦、自沈に追い込んだ

「マサチューセッツ」＝4隻が建造された「サウスダコタ」級の3番艦。徹底した対16インチ砲防御＝集中防御方式を採用している。本艦は戦後除籍され、マサチューセッツ州に記念艦として保存されている

「アイオワ」＝日本の「金剛」型を凌駕する性能を持つ艦として計画された「アイオワ」級のネームシップ。33ノットの高速と全長270メートルは世界一。同型艦4隻と共に1990年代まで現役にあり、現在全てが記念艦として保存されている

●大海軍国を目指した日本同様に、大艦巨砲主義の元で世界の列強国が技術の粋を集めて生み出した〝バトルシップ〟を紹介！

←「ニューヨーク」＝アメリカ海軍初の14インチ砲連装5基10門をした超弩級戦艦の第一陣。遅れて就役した「扶桑」型のライバルである。同型艦「テキサス」は記念艦として保存されている。↑「ニューメキシコ」＝3隻が建造された「ニューメキシコ」級ネームシップ。50口径14インチ（36㎝）砲3連装4基12門と重防御を施した日本の「伊勢」型のライバル。写真は艦橋構造物を塔型に改装した1943年の姿

アメリカ

「ウエストヴァージニア」＝ワシントン軍縮条約時代の16インチ砲搭載艦・ビッグセブンの1隻で、「長門」のライバル。「コロラド」級の4番艦として就役するも真珠湾攻撃で大破着底、上部構造物と対空兵装を一新して対日反攻作戦に参加した

イギリス

↑「デューク・オブ・ヨーク」＝英国海軍のロンドン軍縮条約明け新戦艦「キングジョージ5世」級の3番艦。4連装砲塔2基と連装砲1基10門の14インチ（36㎝）主砲を搭載、ドイツの巡洋戦艦「シャルンホルスト」を撃沈した

←「クイーン・エリザベス」＝15インチ（38㎝）砲連装4基8門を搭載し、25ノット（新造時）の速力を発揮する高速戦艦「クイーン・エリザベス」級のネームシップ。写真は「キングジョージ5世」級に類似した上部構造物などを近代化改装した姿

→「ロドネー」＝日本の「長門」型、アメリカの「コロラド」級と共に16インチ砲搭載艦「ネルソン」級の2番艦でビッグセブンの1隻。3連装砲塔を前甲板に集中配備したユニークなスタイルで、ドイツ戦艦「ビスマルク」追撃戦、ノルマンディー上陸作戦支援に参加した

ドイツ

↑「ティルピッツ」＝ドイツ海軍の戦艦「ビスマルク」級の2番艦。38㎝主砲連装4基8門、15㎝連装副砲6基12門などを搭載、ドイツのみならず大西洋方面における最強の艦として1番艦「ビスマルク」無き後も英国海軍ににらみをきかせた

↓「グナイゼナウ」＝ベルサイユ条約を破棄したドイツが最初に建造した戦艦「シャルンホルスト」級の2番艦。28㎝主砲3連装3基9門と重防御をそなえた32ノットの高速戦艦で、主砲を38㎝砲に換装する計画もあった

イタリア

「リットリオ」＝イタリア海軍の新戦艦「ヴィットリオ・ベネト」級の2番艦。地中海で対峙するフランス海軍の戦艦「ダンケルク」級、「リシュリュー」級に対抗、38㎝3連装主砲3基9門の威力を背景に地中海の覇者として期待されていた

←ドイツの誘導爆弾「フリッツX」により撃沈寸前の「ローマ」＝「ヴィットリオ・ベネト」級4番艦として就役するも、イタリア降伏後ドイツ空軍の攻撃を受けた。本艦は誘導兵器で沈んだ最初の戦艦である

↓「アンドレア・ドリア」＝第1次世界大戦時に就役した「カイオ・ドュリオ」級の2番艦。フランスの新戦艦「ダンケルク」級に対抗するため、主砲の口径変更（30㎝から32㎝）、速力の大幅変更（21ノットから27ノット）、艦橋構造物や船体など、新造艦の建造に近い改装が実施された

↑「リシュリュー」＝フランス海軍がイタリアやドイツの新戦艦に対抗して建造した新鋭艦で、38cm4連装主砲2基8門を前甲板に集中配備した。4隻が計画（3番、4番艦は未完成）され、フランス降伏後はアメリカに脱出して自由フランス軍の一員として活躍した

←「ジャンバール」＝「リシュリュー」級の2番艦として建造中に第2次大戦が勃発、約80パーセント完成の状態で終戦を迎えてから再工事後に就役、史上最後に完成した戦艦とされている。上部構造物はより現代的な作りとなっている。

↓「ダンケルク」＝33cm4連装主砲塔2基を搭載した高速戦艦で、「リシュリュー」級の元となったタイプ。ツーロン港で2番艦「ストラスブール」とともに自沈した

◇編集部編◇

艦載水偵コレクション

文字通り"戦艦の眼"として搭載され、遠距離射撃による主砲弾の着弾観測はもとより周辺海域の偵察、爆撃や艦隊上空の哨戒、敵機との空戦など、広大な太平洋の戦場で多岐の任務にわたって使用されたゲタバキ機たち!

←九四式水上偵察機＝川西航空機最初の軍用機。複葉三座機ながら実用性に優れた機体であった。↓九五式水上偵察機＝中島飛行機が製作した複葉複座機で、高い運動性能を生かして敵戦闘機との空戦も可能であった。写真は「榛名」から射出される同型機

零式水上偵察機＝愛知航空機の傑作水上機として戦艦や巡洋艦に搭載、主翼折りたたみ式で三座式の本機は対潜哨戒任務にも重宝された

←零式観測機＝短距離の偵察並びに着弾観測を任務とした水上観測機として三菱航空機が開発、偵察や爆撃任務に使用されたが、高い空戦性能から敵戦闘機との交戦も行なわれたという

→水上偵察機「瑞雲」＝水上偵察機と爆撃機を統合し、250キロ爆弾の急降下爆撃が可能なコンセプトの機体で、愛知航空機が開発。昭和18（1943）年に改造された航空戦艦「伊勢」「日向」に搭載、運用予定であったが同艦艦載機としての実戦参加は無かった

戦艦「大和」

写真彩色：山下敦史

941）年10月30日、高知県の宿毛湾標柱間を艦尾に軍艦旗を掲げ、
「大和」。いかにも世界最大・最強の戦艦という力強さと美しさを感
である。このときは15万1700馬力で27.3ノットを記録した。その
争開戦直後の12月16日に完成し、海軍に引き渡された。なお、同型
過負荷全力で28.1ノットを発揮し、「大和」よりやや好成績を記録し
」は過負荷全力で27.68ノット）。

大和型戦艦 「大和」 最終時（第四回機銃増備後）

(Senkan "Yamato (II.)" in March 28 . 1945, < Yamato> Class BB , Imperial Japanese Navy (Nihon Teikoku Kaigun))

作図：神奈備 祐哉

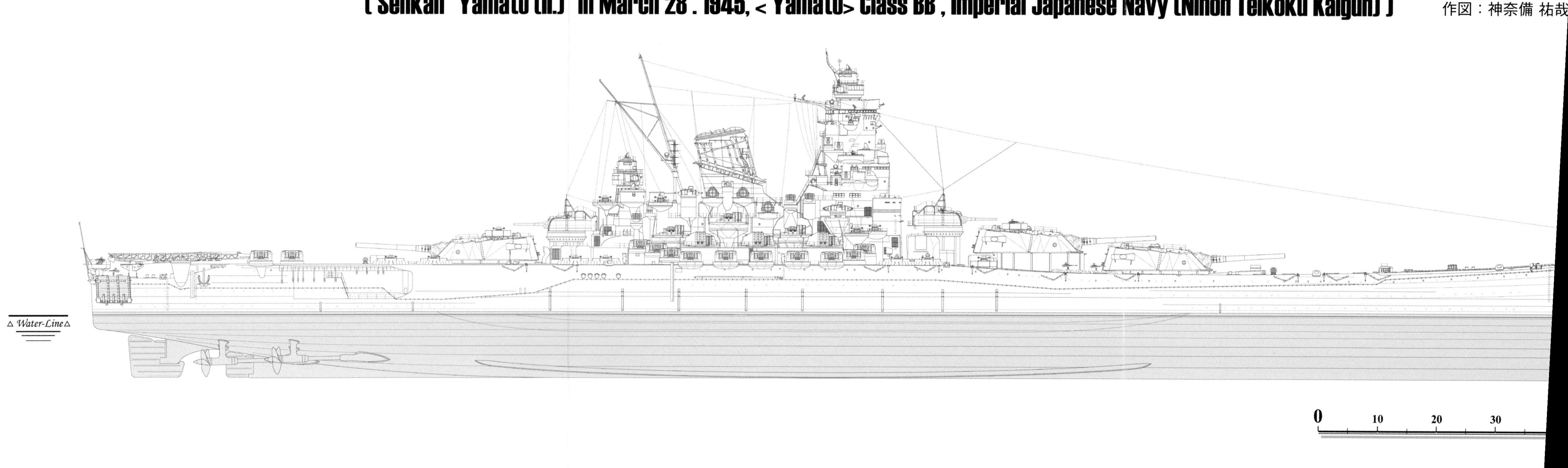

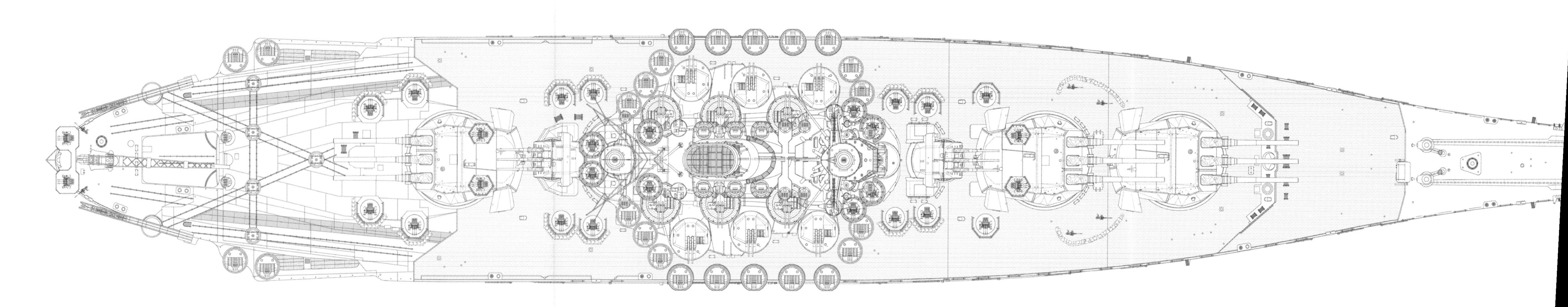

太平洋戦争 日本戦艦全史 1913～1945

「金剛」型から「大和」型まで12隻の航跡

目次

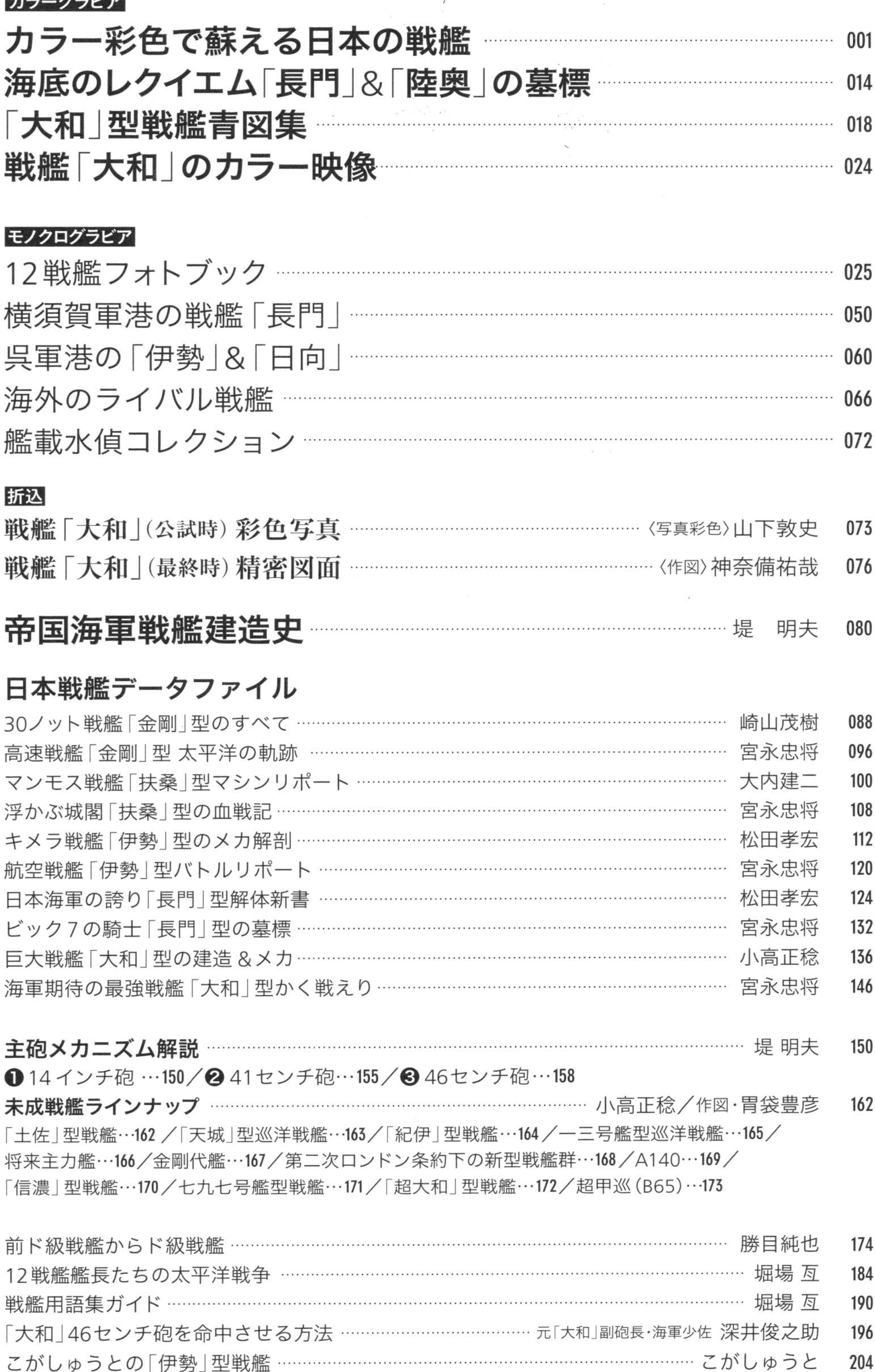

造史

◎戦艦の誕生

「戦艦」という用語は英語の「battleship」を邦訳したものであることは言うまでのないことであるが、そのbattleshipと言う用語、艦種が生まれたのはそう古いことではない。

長く続いた木造帆船時代においては、海軍の主力艦（Capital ships）は「戦列艦」（Ship of the line）と呼ばれ、文字通り戦列を組んで戦闘を行なうことを前提とした大型帆船のことであった。

その海軍の主力艦に変化をもたらしたのは、木造帆船から甲鉄蒸気推進艦への進化の中、一八六〇年に就役した仏海軍の「グロワール」(Groire)が木造船体ではあったが世界で初めて舷側装甲を施したことに端を発する。

そしてこれの影響を受けて建造されたのが翌六一年に就役した英海軍の鋼鉄船体の「ウォーリア」(Warrior)で、この「ウォーリア」以降はより個艦としての戦闘力（攻撃力、防御力）を重視したものとして次第に発達し、一八九二年に就役した「ロイヤル・サブリン」(Royal

帝国海軍戦艦建

〈右〉昭和11年2月、建造中の戦艦「陸奥」。本艦建造の進捗状況がワシントン軍縮条約交渉で問題とされた

■元防衛大学校教授・海将補　堤　明夫

●英国で建造された「富士」によって初めて近代的な戦艦を手にした日本海軍だが、後年、列強海軍をリードするような戦艦を自前で次々と建造できるまでになった。用兵者・砲術家の視点から概説する日本海軍の戦艦発達史！

Sovereign)に至って「battleship」という用語が確立したと言える。

日本海軍においては当初このbattleshipを公式文書でも「甲鉄戦艦」あるいは「戦闘艦」などと訳していたが、正式に「戦艦」と呼ぶようになったのは明治三一（一八九八）年の達第三四号により「類別等級」が定められた時からで、当時英国に発注して建造中であった「富士」以下日露戦争での主役となった六隻を「一等戦艦」に分類してからのことである。（※注1）

◎初期の日本戦艦

「富士」に続く「三笠」までの六隻は、いずれも当時世界的に標準であった排水量一万～一万五〇〇〇トン程度で主砲に一二インチの連装砲塔を艦の前後に各一基の二基計四門を装備し、かつそれと同程度の砲弾を防御出来る舷側装甲を有する戦艦に沿ったものであった。

日本海軍は技術修得のためもあって「富士」「八島」は「ロイヤル・サブリン」、続く「敷島」は「マジェスティック」(Majestic)、そして「朝日」「初瀬」「三笠」は「フォーミダブル」(Formidable)と常に発注先の英国の最新戦艦に範をとりつつ、これに最新の技術・装備を採り入れて改良を加えたものを建造したのである。

したがって、日露戦争においては、数はともかくとして、質においてはほぼ同型艦といえる最新式の戦艦六隻をもって艦隊を編制して開戦に臨み得たことは、新旧寄せ集めの、かつ雑多な艦型のロシア海軍の艦隊に比べてはるかに優位なものであった。

その結果として、日本海海戦においては完封とまで言える戦勝と、戦艦で戦艦を撃沈することができることを証明したことは、諸外国海軍の建艦思想に大きな影響を与えることになり、戦艦はより強力な大艦巨砲への道を進むこととなった。

その一方では、戦艦は艦隊決戦においてはより軽快な装甲巡洋艦と次第に発達する魚雷及びこれを主兵装

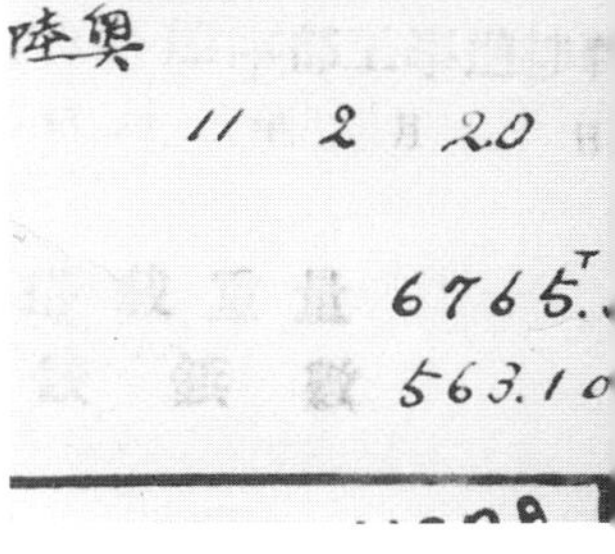

鋼鉄船体をもつ英海軍の装甲艦「ウォーリア」

日本海軍が初めて保有した近代的戦艦である「富士」

とする水雷艇や駆逐艦に対する考慮も必要となってきたことから、戦艦対戦艦用の主砲に加え、有力な副砲と、その主砲と副砲との間を埋める「中間砲」と呼ばれる中~大口径砲をも装備する方向性が出てきたのである。

この方向性は日本海軍においても同様であり、後に「準（前）ド級艦」として扱われることになる「香取」型の「香取」「鹿島」から「伊吹」に到る戦艦及び巡洋戦艦が建造されることとなった。

しかしながら、日露海戦の結果からは近い将来は戦艦同士での海戦はより遠距離でのものとなることが予想されることとなったこともまた事実であった。

これにより、戦艦はより大型に、主砲はより大口径に、そしてより高速が発揮できることが求められることとなると同時に、それらの中から中間砲を廃止し単一口径の主砲を装備する構想が次第に日本や諸外国から出てきつつあったのである。

◎ド級戦艦誕生の影響

そうした情勢下にあって、英海軍はフィッシャー提督の強力な主導により、他国に先駆けていち早く中間砲を廃して単一口径の主砲のみを装備した「ドレッドノート」(Dreadnought)を建造することを決定し、最優先の工事により起工からわずか一年二ヵ月の一九〇六年一二月に就役させてしまった。今日で言うところの近代戦艦の代名詞とも言える「ド級戦艦」の誕生である。

そして以後各国は競うようにこれに倣い続々と単一口径の大口径砲を主砲として装備した戦艦・巡洋戦艦を建造するところとなり、このド級型艦の数の多さが海軍力の象徴とも言われるようになった。

ただしここで注意しなければならないことは、このことをもって世に良く言われる「ドレッドノートの就役により既存及び建造中の中間砲を有する在来型が一夜にして旧式化した」というのは誤りであることである。

これは後になって造船家や研究者などが「ドレッドノート」の就役を見て言い出したことであり、彼らにとっては「先を越された」という意味も含めたものであって、この「ドレッドノート」の就役時には用兵者を中心として決してそれ程高い評価が得られたわけではなかった。

実際のところ、当時は短基線の測距儀や変距率盤、測的盤、そしてドレイヤー・テーブルと呼ばれる初期の射撃盤などが個々に発明され、これらを使用した射撃指揮所での射撃管制による「一斉打方」（後に言う「交互打方」であり、射撃指揮官の統制の下、号令官の令により全砲塔での斉射を行なうものの、各砲塔は交互の発射）が誕生したしたばかりであり、しかもまだ方位盤（director）も実用化されていなかった。

したがって、各砲台、各砲塔は射撃指揮所から射距離及び的針・的速の測的データなどの指示と発砲時期の号令に従うものの、それぞれで見越しを含む射撃計算を行ない、しかも砲側照準・砲側発射であった。

このため、主砲は一二インチ砲が主流であったものの、砲戦距離は射撃開始が一万~一万二〇〇〇m程度、決戦距離が七〇〇〇~八〇〇〇m程度とされていたのであったのである。したがってこのような射撃であるならば、従来の中間砲塔を有する戦艦でも十分活用できたのである。

そしてこのド級型艦がその真価を発揮し出したのは一九一〇年に就役した米海軍の「サウス・カロライナ」(South Carolina)を最初とする船体の中心線上に全主砲塔を配置する砲装が確立し（英海軍自身はさらに遅れること二年後の「オライオン」〈Orion〉から）、そしてなによりも方位盤が発明・実用化されて斉射（各砲塔交互打方）による射弾群での遠距離射撃が可能になってからのことである。

この方位盤は英海軍のパーシー・スコット（Percy Scott）提督の主導により開発が進められたもので、途中様々な紆余曲折を経た後に一九一三〜一九一四年から最初の実用化されたものが艦隊に配備され始めたものである。

即ち、同一口径の全主砲塔を船体中心線上に配置した兵装と高所に装備された方位盤による一元的な照準があって、初めてド級型艦による単一口径の大口径砲主義が意味を持ち、そして現代まで通じる真の近代戦艦が確立したと言える。そして実際にこのことは第一次大戦における英独の海戦となってなって現われるのである。

この最初の「ドレッドノート」に対する評価違いは、あくまでも技術者や研究家による視点からするものと、実際の運用に当たる用兵者の立場からの差でもあろう。

◎日本海軍初のド級型戦艦「金剛」型

既に日本海軍は戦艦「薩摩」や装甲巡洋艦（後に巡洋戦艦に類別）「筑波」などを始めとする主力艦を国内において自前で建造できるまでになっていたが、「金剛」型の「金剛」「比叡」「榛名」「霧島」四隻は、欧米諸国の最新の優秀な戦艦及びその武器・装備の技術導入のため最初の「金剛」一隻は外国に発注し、それを元に二番艦の「比叡」以降は国内で建造することを企図するものであった。

もちろん英国海軍に範を採って来た日本海軍にとっては、「金剛」の発注先は「ドレッドノート」に続くド級型艦を次々に誕生させつつあった英国であったのは当然の成り行きでもあった。そしてこれには造船技術は勿論として、ドイツのクルップ社と英国のビッカース社とで優劣を争ってきた砲熕武器の造兵世界でも、後者の毘式砲の方が一歩進んでるとの評価があったからでもある。

「金剛」型は当初装甲巡洋艦として計画され、「金剛」命名時の明治四五年でもまだ装甲巡洋艦とされていたが、大正元年の「比叡」に続き翌二年に「金剛」が巡洋戦艦に類別された。（※注2）

英国ビッカース社に発注された「金剛」は、当時同社が受注して設計中であったトルコ海軍の戦艦「レシャディー」(Reshadieh) を基にしてその巡洋戦艦版として設計されたものと言われていれるが、単純にそれに留まらず最新技術を極力採り入れたものとされた。

その一つが、主砲は当初は既に実績のあった四五口径の一二インチ砲とする計画であったが、発注後に当時英国で開発されたばかりの最新の一四インチ砲に変更されたことであり、これの実艦搭載は「金剛」が最初のものであった。

この砲は明治四四年一一月二九日の内令兵第一九号により「十四吋砲」として兵器採用されたが、この内令兵には「当分ノ内之ヲ四三式十二吋砲ト呼称スベシ」という但し書きがついていた。

このことをもって一四インチ砲搭載を秘匿のためとするものが現在に至るも出版物などで見られるが、これは後の「大和」型に搭載した四六糎砲を四〇糎砲と呼んでその実口径を秘匿しようとしたものとは全く性格が異なることに注意する必要があろう。

即ち、建造途中の変更でもあることから当初は公表文書上などでの混乱を避ける意味もあって一二インチ砲と呼んだものであり、また当時建造中であった「オライオン」級の主砲である一三・五インチ砲を対独配慮から一二インチA砲と呼んでいたことの横並びもあったためと考えられ、一時的な措置であったが、進水後の艤装段階に入ってからは民間造船所での建造であり秘匿する意味が無いことは明らかである。

実際、翌四五年五月一八日の進水に合わせて、内令兵第一〇号によってこの但し書きは削除されているのである。

また副砲は英海軍が「ドレッドノート」で廃止したものの結局はその不具合から復活することになった

単一口径の主砲のみを装備した「ドレッドノート」

四・二インチ単装砲ではなく、はるかに威力の大きな六インチ砲を採用し、かつその一六門の全てを片舷八門ずつの砲廓（ケースメイト）式とした。

その結果、「金剛」は日本海軍初のド級型艦となったと同時に、当時建造中であった英戦艦「オライオン」級四隻に比べ、主砲は砲塔数こそ一基少ないものの口径はより大きく、また副砲も口径が大きくかつその配置も優れており、巡洋戦艦であるが故に装甲がやや薄いものの、速力ははるかに優速であるという極めて有力な艦となった。

しかも排水量は「オライオン」が常備排水量二万二〇〇〇トンで、当時の英海軍の戦艦として最も大きいものであるのに対して、巡洋戦艦である「金剛」型は基準排水量で実に二万六〇〇〇トンを超える大型艦となったのである。

ただし、これらのことから後にこの「金剛」型を「超ド級艦」(Super-Dreadnoughts) と呼んでいるが、それは単に大型化、大口径化として見た場合に過ぎないのであって、単一口径の大口径砲主義ということからはド級型艦そのものであることには注意が必要である。

◎ド級型戦艦の完成形「扶桑」型、「伊勢」型

日本海軍において「金剛」型に続いて建造されたド級型艦が「扶桑」型の「扶桑」「山城」の二隻で、当初計画では「伊勢」「日向」も含めた同型艦四隻であったが、建造予算成立の遅れを利用して後期艦の二隻はこれに改良を加えたものとした「伊勢」型となった。

「扶桑」型は「金剛」型をベースにしたド級型艦であるが、これを日本海軍独自に設計し直して建造したもので、一四インチ砲の連装砲塔を実に六基装備し、常備排水量は三万トンを超えた当時世界最大の戦艦であった。

速力は対米同一艦種に対して優速を維持する二二・五ノットとされ、当時としてはこれでも高速であったが、その後大規模な近代化改装が施されたものの、太平洋戦争においては既に老朽した艦隊行動が出来ない低速艦として扱われ、最後は両艦とも捷号作戦に借り出されてスリガオ海峡夜戦で米駆逐艦・魚雷艇による魚雷攻撃で沈んだことはよく知られているところである。

「金剛」型と同じく一般的にはこの「扶桑」型及び「伊勢」型を超ド級型艦とする向きがあるが、「ドレッドノート」に始まる単一口径の大口径砲主義であるド級型艦であることに変わりはない。

しかしながら、一般にはあまり注目されていないが、実はその単一口径の大口径砲主義としてのド級型艦の完成形がこの両艦型なのである。

6砲塔の中央統一射撃管制によってド級艦の完成形といえる「扶桑」型

既に述べたように、当時の大口径砲はその英海軍などにおいてもその動力の問題から、連装砲塔においても左右砲交互の発射が通常であり、当時の一斉打方というのは各砲塔左右砲交互で全砲塔を指令により一斉に発射する、後の時代でいう交互打方であった。このため一斉射の射弾は砲塔数となり、四砲塔艦なら四発、六砲塔艦で六発で構成されることになる。

しかしながら、砲塔の旋回・俯仰の動きは方位盤や射撃指揮装置による自動制御ではなく、それらによる旋回・俯仰値の示度に砲塔の旋回手と俯仰手（射手）が手動追尾する方式であり、主砲塔という大重量物を動かす水圧の大動力の制御は艦の動揺などによる旋回・俯仰の指示値の振れに合わせて、その砲塔を微妙に迅速かつスムースに動かす操作ができるというようなものでなかったことは容易に想像出来るであろう。

このため射撃指揮所あるいは発令所からの発砲指示により、その瞬間に砲の旋回・俯仰角を指示値にピタリと合わせることは大変に困難なことであり、そのためその瞬時に発砲できない砲（砲塔）がしばしば発生するのである。日本海軍ではこれに

よる斉射弾の弾数の減少を「出弾率」と称して射法上の重要な要素の一つとした。

近代射法においては日本海軍でも英・独海軍でも、また米海軍においても、この一斉射弾の弾着状況の観測がその後の斉射に対する射弾指導上重要なことであるが、その時の斉射弾が四砲塔艦で三発以下になるとこれでは正確な散布界を把握出来ないことになる。六砲塔艦であれば一斉射弾を少なくとも五〜四発で構成可能であり、連続して斉射弾の弾着の正確な散布状況を把握出来るのである。

また、米海軍のように射弾散布（散布界）が大きい場合には、一斉射弾の弾着範囲の中に目標を包んでもその中から実際に有効弾となる確率が低くなる上に、更にその一斉射の弾数が少なくなると益々有効弾を得る確率が低くなる。

それに日本海軍のような緻密な公算に基づく射法を実施する場合には、出弾率を考慮しての六砲塔というのは、単一口径の大口径砲搭載艦としては現実的に望み得る理想的な砲装であったと言える。

したがって、フィッシャー提督が主導して誕生したド級型艦は、パーシー・スコット提督による方位盤の発明・実用化と中央統一管制による一斉打方（交互打方）による遠距離射撃実施において、この「扶桑」型及び「伊勢」型をもって完成したと言って過言ではない。まさに両艦型は、名実共に当時における世界最大・最強の戦艦だったのである。

41センチ砲8門を装備した「長門」型は軍縮条約に大きな影響をあたえた

◎「長門」型と八八艦隊構想の戦艦：更なる大艦巨砲化へ

「扶桑」型、「伊勢」型の建造によって、日本海軍は建艦・造兵技術においてそれまでの英海軍の影響から脱却し、国内において完全に独自の主力艦を作り得る態勢を整えたといえる。

そしてこの時期になって始まったのが各国による熾烈な建艦競争であり、日本海軍はこれに対して有名な八八艦隊構想を持って臨んだのである。その最初の第一群が「長門」型戦艦四隻であり、その後に巡洋戦艦四隻の建造が続く予定であった。

「長門」型は当初の計画では排水量三万二五〇〇トン、速力二五ノットで、英海軍の最新戦艦である「クイーン・エリザベス」(Queen Elizabeth) 級の拡大強化型と言えるものであった。そして計画の四隻中後期艦二隻は更に拡大改良型に設計変更されて「加賀」型となった。

これらの主砲には毘式砲の影響を残しているとは言え日本海軍独自で設計・製造した四一センチ砲を「長門」型は連装砲塔四基、「加賀」型は同五基装備することとされたが、これにより一番艦の「長門」でもその就役時には世界初の一六インチ砲を搭載した世界最大・最強の戦艦となることが見込まれた。

そして「長門」は大正五年の予算をもって直ちに建造に入る予定であったが、折から生起した第一次大戦における英独海戦の戦訓を採り入れて設計変更がなされたことにより約一年遅れで起工され、大正九年に就役、当初より防御力強化のため排水量が一三〇〇トン大きく、機関出力の増加により速力は二六・五ノットとなって、文字通り当時の世界最大、最強、最速の戦艦であった。

続く同型艦二番艦の「陸奥」も同五年の計画で建造され一〇年に就役したが、同艦の建造中にもたらされたワシントン軍縮条約の交渉において同艦が完成したかどうかが問題となり、他国の戦艦保有数の増加を認める替わりとしてそのまま残されたものである。

この軍縮条約の結果として戦艦の建造に制限がかかったことから、就役し得た日本の「長門」型二隻、米の「コロラド」(Colorado) 級三隻、英の「ネルソン」(Nelson) 級二隻の計七隻の一六インチ砲搭載艦

が「世界の戦艦ビッグ７」と呼ばれることになる。

ある意味、日本海軍が作り上げた「長門」型二隻は本条約、つまりは列国海軍の軍縮を左右するほどの戦艦であったという証明であった。

なお、この「長門」型二隻が搭載した四一センチ砲は、正一六インチ（四〇・六センチ）ではなく、当時日本海軍が採用した度量衡のメートル法に基づいて設計されたために正四一センチであり、厳密に言えば条約違反となるが、この度量衡の違いによりあらぬ誤解を受けないようにするため、実口径はそのままに制式名称のみを当初の「四十五口径三年式四十一糎砲」から「同四十糎砲」に改めている。もちろんこのことは列国海軍も承知の上でのことであり、世に言う秘匿というようなレベルの話しではないことは言うまでもない。

「長門」型に続いて建造された戦艦「加賀」。のちに空母として完成した

第一次大戦終了後の戦勝国各国の財政難に基づく建艦競争抑止のためのワシントン軍縮条約の結果として、日本海軍でも八八艦隊構想は取りやめとなり、「長門」型に続いて既に建造中であった「加賀」型二隻の「加賀」「土佐」、巡洋戦艦である「天城」型五隻の「天城」「赤城」「高雄」「愛宕」はその建造を中止されることになった。

これらの未成艦のうち、船体工事が進んでいた「天城」「赤城」は空母に改められて建造されることとなったが、「天城」は関東大震災により船台上で損傷したため破棄され、代わりに「加賀」が空母として建造された。「土佐」は実艦射撃などの標的となって海没処分、その他の艦は全て破棄・解体された。

このワシントン軍縮条約、続くロンドン軍縮条約によって「ネーバル・ホリデー」と呼ばれる新戦艦の建造休止期間が生じることとなったが、各国海軍ともこの間を利用して既存艦の近代化を図り、また新装備品の開発に力を入れたのである。

日本海軍としても、これによって財政破綻を免れたことは勿論であるが、来たるべき近い将来の無条約時代に備えて、既存艦の近代化と共に、新たな建造・造兵技術の開発期間が得られることになった。

もし八八艦隊構想がそのまま建造に移されていたとすると、「長門」「加賀」型の戦艦及び「天城」型の巡洋戦艦に続くものは更なる大艦巨砲化の道を進んだことは明らかであり、このネーバル・ホリデーによって、ある意味で主力艦のあり方について一度立ち止まって再考する機会が与えられたとも言えるであろう。

◎近代戦艦としての最終形「大和」型

日本海軍で建造された最後の戦艦となる「大和」型は、言うまでもなく条約明けに際して満を持して計画・設計されたものであり、排水量及び主砲の四六センチという口径において世界最大のものとなったが、基本的にはド級型艦の延長線上の最終端にあるものであって、新たな技術や装備を盛り込んだとはいえ、結局はこれを大型化、大口径砲化したに過ぎないとも言える。

そして巨大ではあるが、その一方で故福井静夫氏などが言う「実は大和の誇りは、それが大きかったからではなく、それが小さかったことにこそある」という設計の努力が払われていることも確かであるものの、それは逆に、そのために船体構造的にはかなり無理をしたものであることもまた事実である。

これには既に明らかになっているように、船体前後の非装甲部の防御が脆弱であることや、「大和」でのたった一本の被雷により大量浸水となった事例で明らかとなった舷側装甲装着の構造不良なども含まれる。

そして最近の両艦の潜水調査で明らかとなったのは、船体の構造、特に縦強度の問題も大きな弱点であったことである。

即ち、船体を極度にコンパクトにし船体重量を軽減するために、船体中央部の装甲にもこの縦強度を持たせたことである。つまり、船体前後部は従来方式によるキール（竜骨）及びフレームを軸として縦強度を保持しているのに対して、船体中央部

は装甲によるたわみの全く無い硬い構造との間に縦強度の不連続を生じることとなった。

もちろんこの船体構造でも通常であれば特に大きな問題は発生しないであろうが、戦闘被害を受けてバランスが大きく変化した場合、あるいは一〇年、一五年と使用した時の経年劣化を伴った場合にはそれが表面化すると考えられる。

事実、「大和」と「武蔵」とは戦闘被害や沈没時の状況などが異なるにも関わらず、船体が同じように前中後部の三つに切断していることは、このことを証明しているのである。故松本喜太郎氏がその著の中でこの縦強度について懸念を示しているが、まさにそのとおりのことが実現したと言える。

そしてまた、この船体及び砲塔構造では主砲九門全門による斉射で射撃を継続することは無理があり、余程の条件でない限りこれまでの日本海軍の射法を受け継いで試射・本射ともに交互打方を主用する（せざるを得ない）ものであった。

とは言えその一方で、九八式方位盤及び同射撃盤、そして一五mという長基線測距儀の組合せと、日本海軍が独自に作り上げた公算に基づく緻密な射法によって、その射撃能力は極めて高いものがあり、当時の米海軍の射撃用レーダーをもってするものより上を行くレベルにあった。

しかも大戦末期には遅ればせながら二号二型電探の改良によりまがりなりにもレーダー射撃ができるまでになり、実際にサマール沖海戦においてこれを利用した間接射撃を行なっている。もちろん当時のレーダーでは日本海軍のみならず、米海軍でさえスリガオ海峡夜戦で証明されているように、方位盤による直接照準と肉眼による弾着観測無しには有効な射撃は不可能であったのではあるが。ただしこれは命中弾を得る確率が〝〇〟ということではないので誤解無きよう。

残念ながら太平洋戦争では「大和」型による戦艦対戦艦の戦闘は生起しなかったが、この「大和」型が海戦の主役が戦艦であった時代の最後を飾る世界最大・最強の戦艦であったことは間違いない。

「大和」型に続くもの

歴史にイフは禁物であると言われるが、最後に、もし太平洋戦争があの時に生起していなければ「大和」型に続くものがどうなっただろうかということについて少し触れてみたい。

「大和」「武蔵」に続いて「信濃」が起工され、またその砲及び砲塔も用意されていたことから、開戦とならなければ「信濃」はそのまま三番艦として就役したことは間違いないであろう。

ではその次はどうなったであろうか？ 四番艦もほぼ同型であったとして、五一センチ砲（甲砲）搭載の「大和」型改、そしてそれに続く「超大和」型といわれるものが〝計画案〟〝構想案〟としてはあることはあった。しかしこれらが本当にそのまま実現し得たのであろうか？

これについては、用兵者、そして砲術家としての末端に身を置いた筆者としては大いに疑問とするところである。

既に述べたように、「大和」型は四六センチ砲搭載艦として船体設計上実に無理をしたものである。この無理はどこかで出てくるはずで、もし次に五一センチ砲を搭載したものとなると、船体設計は根本からやり直しとなり、はるかに大きな排水量のものとせざるを得ないであろうし、もし「大和」型の船体とほぼ同じとするならば、更なる無理を重ねることになる。ましてや「超大和」型と言われるものにおいておやである。

そしていずれは航空機とそれを搭載する航空母艦の発達・発展との兼ね合いにおいて、艦隊編制・構成から見直し、これに伴う戦略構想もまた変わらざるを得なくなったであろうと考えられる。

とするならば、大艦巨砲主義に基づく戦艦の姿もまた変わったものとなったのではないかと考えられ、単純に更なる大型化、大口径化を推し進めたものとはならなかったであろうとするのが自然である。

もちろんこれは一挙に戦艦無用論に傾くような話しでは決してないことは言うまでもないことであるが。

※注1：「戦艦」という艦種と並び「巡洋戦艦」(Battlecruiser) があり、これは本来装甲巡洋艦から進化したものであるが、戦艦とは装甲や速力などの考え方に差はあるものの、本質的には戦闘艦艇として戦艦と変わるところはなく、本稿では特に記す必要がある場合を除き全て戦艦として扱うこととする。

※注2：これは、日本海軍の規則上国内の海軍工廠で建造の「比叡」が進水時に帝国軍艦籍に入るのに対して、国外建造の「金剛」は引渡・就役時となるためである。

作図・胃袋豊彦

〈右〉昭和9（1934）年8月、宿毛湾にて全力公試運転を実施する「榛名」の力強い姿（第二次改装後）。〈左ページ〉昭和12（1937）年の初頭、横須賀軍港に停泊中の「金剛」（第二次改装後）。本型4隻が高速戦艦となった

30ノット戦艦「金剛」型のすべて

■軍事ライター
崎山茂樹

●超ド級戦艦の技術習得のため外国で建造された巡洋戦艦より戦艦、近代化改装にて30ノットの速力を発揮する高速戦艦に進化していった！

始まりは「ド級戦艦」の誕生

明治三九（一九〇六）年、日本海軍は勝利の美酒に酔いしれていた。前年の日本海海戦の歴史的大勝利のみならず、日露戦争における戦艦「初瀬」と「八島」の損失の補充のために急遽国内の造船所で建造が開始されていた戦艦「安芸」「薩摩」の完成が間近であったからである。欧米列強の艦隊を撃破しうる艦隊の保有、さらに欧米列強の主力艦に負けない国産主力艦の建造、それは黒船来航以来の日本人の民族的悲願であり、この二つをほとんど同時に自分達が達成しつつあるのだ。これでは勝利の美酒に酔うのも当然であった。

しかし勝利の美酒の心地よい美味が長くは続かないのは歴史の教えるところである。この年、英国海軍が就役させた極めて画期的な新鋭戦艦「ドレッドノート」によって「三笠」以下日本海海戦で功績を立てた戦艦は勿論、建造中の新鋭戦艦「安芸」「薩摩」も「新しい骨董品」となってしまった。他国の海軍もまったく同様で、日本と同様に顔面蒼白となった。さらにその二年後、英国は今度は装甲巡洋艦で同じ事を起こした。もはや装甲巡洋艦というより巡洋戦艦と呼ぶのが相応しい画期的な世界最初の巡洋戦艦（巡戦）「インビンシブル」の竣工である。これによって現有の戦艦だけでなく、装甲巡洋艦も二流品となってしまった。

日本海海戦の勝利の栄光に輝く連合艦隊もすっかり二流品艦隊となってしまった。まったく泣きっ面に蜂である。そして皮肉なことに世界最

大の海軍国である英国が中古戦艦・中古装甲巡洋艦を世界一大量に抱え込む国となってしまった。

一方、絶望のドン底に突き落とされた日本および他の列強諸国の海軍もいつまでも呻いては居られなかった。各国は各々関係者を集めてそれぞれ独自に対策を論じたが、基本的に出した結論は同じであった。「ドレッドノート」「インビンシブル」を上回る戦艦、巡洋戦艦を建造するしか無かった。かくて世界各国の海軍は「ドレッドノート」級と「スーパー・ドレッドノート」級そして「インビンシブル」級と「スーパー・インビンシブル」級すなわち超ド級戦艦と超ド級巡洋戦艦の建造レースを始めた。大艦巨砲主義時代の到来と言ってよかったが、日本だけはすぐにこのレースに飛び込む訳には行かなかった。日本海軍の場合は超ド級戦艦建造レースに参加するだけの技術力が無かったのだ。また列強諸国が作り出す脅威的な新鋭戦艦に目を見張り、新鋭超ド級巡洋戦艦の基本計画は容易にまとまらなかった。

今や旧世代の戦艦となった「河内」型を建造するのが精一杯であった。海軍大臣・斉藤実大将の考え出した対策は極めて現実的であった。即ち超ド級巡洋戦艦（「金剛」）の建造を英国の軍艦メーカーの老舗中の老舗であるビッカーズ・アームストロング社に発注し、同時に同艦の建造に使用された技術の日本への移転を計る。この技術を使って日本国内の造船所でさらに三隻（「榛名」「比叡」「霧島」）を建造しようというものであった。巡洋戦艦四隻の建造のみならず、先を見据えて先進的な技術を充分に輸入して置こうと考えたのだ。日英同盟は今だ健在であり、またここでビッカーズ・アームストロング社と日本海軍の親密な関係が役にたった。日露戦争で連合艦隊の旗艦を努めた「三笠」は同社の製品である。この自社製品の大活躍に彼らは大いに誇りを感じていたのだ。そして斉藤海軍大臣の提案はすぐに採用された。

混乱してなかなか纏まらなかった「金剛」型の基本計画は近藤基樹（のちの造船総監）が纏めた。ビッカーズ・アームストロング社とは造船計画にあたり日本海軍はイギリス海軍と違う戦略、伝統、その他の事情による意見を出し、同社の技術者と詳細な意見交換を行なった。

英国造船会社の好意

ビッカーズ・アームストロング社への発注に際し両者の間で次の約束がされていた。

◇日本海軍の造船、造機、造兵各技術者を派遣、長期に渡り「金剛」の工事の一切を監督、調査する。

◇砲塔その他一切の船体、機関などの図面を日本は入手し、引き続き利用して同型艦を日本国内で建造する。

同社は快く派遣要員を受け入れ、技術指導を実施した。

日本から建造立ち会い監督官、船体、機関、武器各部門の技術士官、二番艦（「比叡」）を建造する横須賀工廠の工員が多数派遣され、また三番艦（「榛名」）や四番艦（「霧島」）を建造する神戸川崎造船所と三菱重工業長崎造船所から技術者や工員が建造技術習得と調査のために渡英した。「金剛」の設計図は契約に基づき日本に引き渡され、同型艦三隻は本艦の図面を元に日本国内で建造された。特に日本が立ち後れていた艦内電気艤装工事の技術は大きな収穫となり、日本の造船技術を一躍世界超一流に引き上げる結果となった。日本海軍ではこれを「技術輸入」と称していた。後に戦艦「大和」の四六センチ主砲を製造した秦千代吉もこの時派遣された技術者の一人である。巡洋戦艦「金剛」そのものよりもこのときに入手した技術の方が日本海軍のみならず日本全体にとって貴重な財産となったともいえるだろう。戦後日本がいち早く造船世界一の地位についたのは、この時入手した技術を基にこれをアレンジした新技術を開発できたからであろう。

設計にはビッカーズ・アームストロング社の主任設計技師ジョージ・サーストン卿が当たったが、フィリップワッツの指導に負うところも多いという。サーストン卿はオスマントルコ帝国海軍に輸出予定だった戦艦「エリン」（発注時は「レシャド五世」）を元に巡洋戦艦を設計する。この艦は英国海軍当局の課す設計上のさまざまな制限から自由に設計できたため、一四インチ砲八門を搭載した、極めてバランスの取れた素晴らしい軍艦と認められた。その際立った特徴は、射界の狭い船体中央の砲塔を廃して、主砲塔を前後二基ずつ配置したことである。一四インチ砲は当時イギリスが採用していた一三・五インチ砲より少しでも威力のある砲を、と採用したものだが、これは日本海軍が世界最大の艦砲を持った最初の例となった。

いよいよ国内建造へ

巡洋戦艦「金剛」が英国のバーロー造船所で建造を開始してから約一〇ヵ月後、明治四四（一九一一）年一一月四日、横須賀工廠で二番艦「比叡」が起工された。もっとも完全に自国産というわけではなく、主砲塔や機関など重要な部分はビッカーズ・アームストロング社で制作されており、これを日本で組み立てる、現在で言うところのノックダウン方式をとっていた。

さらに三番艦「榛名」を建造する神戸川崎造船所では「榛名」の建造に先だってドイツ設計の大型ガントリー・クレーンや、艤装用のイギリス製大型クレーンを購入するなど、将来の大型軍艦建造を見据えた準備を行なっていた。四番艦「霧島」を建造する三菱長崎造船所でも大型のガントリー・クレーン等の整備が行なわれていた。日本において戦艦を民間の造船所で建造するのは初めての事であり、両者の対抗意識は尋常ならざる物であった。

三番艦「榛名」は一九一二（明治四五）年三月一六日に、四番艦「霧島」は一九一二年三月一七日にそれぞれ起工された。建造作業の中心となったのは英国でビッカーズ・アームストロング社の技術指導を受け、「金剛」の建造に携わった技術者達であり、日本の国防は自分達の肩にかかっているという自覚を胸に彼らは懸命に働いた。

海軍ではシーメンス事件が発覚して山本権兵衛、斉藤実の両大将が辞職する騒ぎにまでなっていた。そんな時代でも「金剛」型の工事は引き続き行なわれ、「金剛」は日本海軍の要員によって英国から回航され、国内でも他の三隻が順次進水していった。一九一四年、ある悲劇が起こった。この年の一一月一八日に川崎造船所で機関の繋留試運転が予定されていた「榛名」で、直前に故障が見つかったため予定が六日遅れることとなった。

本来であれば試運転が実施されるはずだった一八日の朝、機関建造の最高責任者であった川崎造船所造機工作部長・篠田恒太郎氏が自刃してしまったのである。遺書などはなかったが、繋留機関試験遅延の責を感じた上だということは明らかであった。当時の軍艦建造は、それほど重大な責任感を持って行なわれていた

進水式後、艤装工事中の「霧島」

のだ。

“新鋭超ド級巡戦”の特徴

●船体

竣工直後の「金剛」型の船体長は完成当初は二一四・六メートル、最大幅は二八・〇四メートルで竣工時の排水量は常備約二万七五〇〇トン、基準排水量は二万六三三〇トン、上部構造物は当時の日本戦艦と同じ配置で側面二五四ミリ、上面七六ミリの装甲を持つ司令塔を頂部に持つ前部艦橋部と三番煙突後部に大型の三脚マストが設置され、後部射撃指揮所が三番砲塔の前方に配置されていた。

●武装＝主砲

「金剛」型は四五口径三六センチ砲を連装砲塔に収納し、前後に二基ずつ背負い式に搭載していた。機械配置の都合上後部主砲等の配置は三番砲塔と四番砲塔が距離を置いた形の背負い式となっている。砲の俯仰角範囲は「金剛」ではマイナス三度からプラス二五度（この仰角での最大射撃距離は二五キロメートル）、当時の最大射撃距離は二〇キロメートル程度であったからこれは過大と考えられて、二番艦「比叡」以降の艦は最大仰角を二〇度（この仰角での最大射程は二〇キロメートル）に引き下げている。

砲弾の搭載量は各砲一門あたり八〇発だったが大正九（一九二〇）年以降は一〇〇発に増加した。砲塔防御は砲塔の前盾・側面・後部の装甲厚が二五四ミリ、上面が七六ミリ（砲戦距離をまださほど長くないと考えていた証拠ではなかろうか）、砲塔バーベット部は上部部分が二二九ミリ、艦内部分は七六ミリと当時の英巡戦と同程度の物が施されていた。

当時の英国戦艦の主砲は鋼線砲であり方式ウェリン・タイプの尾栓であった。ビッカーズ・アームストロング社は「金剛」と「比叡」用に自社製の主砲を輸出したのを皮切りに、日本製鋼所が成立するのを援助して主砲の製造技術（鋼線砲でウェリン・タイプの水平開閉式尾栓を特徴とする海軍砲の製造技術）を与えた。この技術は日本でさらに発展し英国と同様、鋼線砲でウェリン・タイプの水平開閉式尾栓を用いた「榛名」の四五口径三六センチ砲、「長門」の四一センチ砲、さらには「大和」の四六センチ砲が開発された。

なお日本で戦艦の主砲を生産できたのは呉海軍工廠と日本製鋼所室蘭製作所の二ヵ所である。

竣工直後の「榛名」。4番艦「霧島」同様に民間造船所にて建造された

●武装＝副砲

副砲は毘式（ビッカーズ・アームストロング式）および四一式の五〇口径六インチ（一五・二センチ）砲が搭載された。この砲は砲弾重量が四五・四キロと重く、長時間にわたって射撃速度を維持するのが難しいと日英で言われたが、主任務である駆逐艦撃退用には充分な性能であった。この砲は舷側上甲板部八ヵ所のケースメートに各一門配備され合計一六門が配備されていた。二〇ミリの厚さの防楯を持つこの砲用の砲架は俯仰角－五度～＋一五度で最大射程は一二・四キロメートルであった。新造時には対水雷艇用短八センチ砲一二門が砲塔上および両舷煙突部の最上甲板に配備されていたが、大正六年以降、砲塔上の物は外筒砲に更新・撤去され大正七（一九一八）年両舷煙突部の最上甲板の砲も短八センチ高角砲に更新された。さらに近接防御用として朱式の六・五ミリ機銃四挺も装備されている。

●武装＝水雷

魚雷発射管は五三・三センチ径の水中発射管が片舷四門、両舷八門、

搭載する魚雷は二四本、当初は四四式二号魚雷が搭載され大正六年以降は六年式魚雷が搭載された。しかし、のちに戦闘を行なう距離が延伸したことにより有効性が減ったと考えられ、後の改装工事で水中魚雷発射装置は撤去された。

●機関

竣工時に搭載した汽缶は全て混焼式（石炭と重油の両方を燃やす方式）で「比叡」のみはイ号艦本缶、他の艦は英国製のヤーロー缶を搭載している。蒸気タービン四基合計の機関出力は公称六万四〇〇〇馬力、最大七万六〇〇〇馬力超で、本型はこの機関で二七・五ノットを発揮できた。戦闘時でも二七ノットが発揮可能であった。航続力は公称では一四ノットで八〇〇〇浬である。なお公試時に排煙が艦橋に逆流するという事態が発生したため、一番煙突の高さを高める処置がとられた。

●装甲防御

二〇三ミリの厚さを持つ主水線装甲帯は、一番砲塔前部から四番砲塔バーベット部の後端位置前部までの範囲をカバーしていた。装甲の上端部は中甲板部、下端部の下甲板部は傾斜接合部に接しており、主装甲帯の下端部分より狭い部位には同時期の日本戦艦同様に日露戦争の戦訓に基づき水中弾防御用七六ミリ厚の装甲が伸びていた。

高落角の対弾防御時に水平装甲を補助する目的もあって装備される上列装甲帯の装甲厚一五二ミリで、ケースメート部を含む一番砲塔前部から三番砲塔後部の最上甲板部、水線装甲帯上部にいたる広い範囲を防御していた。

各甲板部の最上甲板部から水線装甲帯上部にいたる広範囲を防御していた。各甲板部の水平装甲厚は最上甲板部二五ミリ、上甲板二五ミリ、中甲板・下甲板は一九ミリと軽戦車並みで当時の英巡洋戦艦と比べて総じて薄い。ただし、四番砲塔前部から舵機室上部までの範囲は五一～七六ミリ、舵機室後部部分の垂直面装甲も一二七ミリと英艦より強化されていた。

第一次世界大戦で生起した問題

就役後の「金剛」型戦艦は当時最強の巡洋戦艦と言って良く、これほどの巨砲を備えて高速航行が可能な巡戦部隊は世界でも他にはなく、日本艦隊の戦力の向上に大いに寄与した。しかし、当時の戦艦の進歩は早く、能力が時代遅れとなっている部分も指摘された。

さらに大正五（一九一六）年五月三一日に起こったジュトランド沖海戦の戦訓は重要だった。独英の主力艦隊が激突したこの海戦で両軍の巡洋戦艦部隊が距離一万五〇〇〇メートル付近から砲撃戦を始め英巡洋戦艦「インディファティガブル」「クイーン・メリー」が轟沈、さらにしばらくして同じく英巡洋戦艦「インビンシブル」が轟沈した。生存者はほとんどいなかった。

一万五〇〇〇メートルという遠距離まで砲弾を飛ばすには砲の仰角を大きく取り砲弾を高く打ち上げる必要がある。そして打ち上げられた砲弾は高空から高速で落下してくる。この砲弾に砲塔の天蓋、あるいはその周囲に落下して装甲を突き破られ弾火薬庫にとびこまれて爆発されたのではどうにもならなかった。

英国海軍は戦艦「ドレッドノート」と巡洋戦艦「インビンシブル」を建造して戦艦建造一大革命をおこしたフィッシャー提督の「速力は装甲に優る」という思想に基づいて建造されていた。ところがドイツ海軍の優秀な砲術に直面してこの思想が間違っている事が証明されてしまった。そして「金剛」型巡洋戦艦も日本海軍全体もフィッシャー提督とほとんど同じ思想を抱いていたので深刻な問題だった。「金剛」型の装甲

上部装甲の厚さがわかる砲塔爆発事故直後の「榛名」

防御は轟沈した「クイーン・メリー」と同等なのだから遠距離砲戦を行なえば同じ運命をたどる可能性はあった。

　これは世界の海軍についても言える事だった。各国の海軍は競って既存の巡洋戦艦や戦艦の水平防御（砲塔の天蓋や甲板の防御）の改善に乗り出した。甲板を剥がして装甲を増強し、弾火薬庫の防火・防炎装置が設置された。火災が迫ったらすみやかに注水できる注水、撤水装置を設ける必要がある。当然に膨大な予算がかかり、財政に重圧を加える。巨大な戦艦が保有国の財政にのしかかっていたのだ。

　無論のしかかられる方はたまった物ではない。こうしてワシントン軍縮会議が大正一〇（一九二一）年一一月一一日に開かれ、続く昭和五（一九三〇）年にはロンドン軍縮会議が開かれた。

武装および防御の改装

「金剛」型はこの会議以前に様々な改装を一九二〇年以降に実施していた。主砲の仰角増大による射距離の延長や（最大射程二八・六キロ）、高角砲の搭載、艦橋の檣楼化などが行なわれていた。まずワシントン軍縮会議で主力艦の新造が制限されると各国は既存の主力艦の改装による戦力強化を図った。「金剛」型も自然とこの流れに乗る形になった。

　大正一三（一九二四）年から昭和六（一九三一）年の間に第一次改装工事を実施した。この際。最大のポイントになったのはジュトランド沖海戦の戦訓に基づく水平防御力強化と機関の改装であった。まず防御力の強化は水平防御の強化として甲板の装甲強化は必須であった。そこで弾火薬庫や機関区画などに装甲を追加、砲塔上面は一五二ミリへと強化された。砲塔機構は被弾時に二つの砲が同時に使用不能にならないように縦隔壁設置を含めて防炎・防火対策等の抗堪性強化の各種工事が砲塔部およびその下部の給弾機構に対して実施されている。弾火薬庫も増大され主砲の砲弾定数は一一〇（戦闘時一三〇）となった。遠距離砲戦能力強化のため砲塔上測距儀の基線長延長や、弾着観測所の測距儀の更新も行なわれた。

　さらに防御面では垂直防御の強化が制限されたが、制限の範囲内で垂直防御の強化も実施された。最大の眼目は繰り返して言うが、やはり水平防御の強化であった。

　水平防御は機関区画には下甲板部に厚さ六三ミリの装甲が追加され、より重要度の高い砲塔周辺部の弾火薬庫の上面初めとする部分には一〇二ミリの装甲が広範囲に追加された。舷側傾斜部を含めて他の部分にも六三〜七六ミリの装甲が追加された部分もある。垂直部は揚弾機部に六三〜一〇二ミリ、砲塔バーベット部に七六〜一〇二ミリの装甲追加が実施され、煙路基部は一六五ミリ、缶室通風路には一七八ミリの装甲が施され、水中弾防御のため弾火薬庫部の水線下側面に七六〜一〇二ミリの装甲が追加された。

　改装の前から弱点と見なされていた水中防御もTNT二〇〇キロの弾頭を装備した魚雷を想定してこれに対する抗堪化がはかられ、バルジの追加の他に水密区画部の構造強化や水密性の向上、水密区画の細分化等多くの処置が取られたが、これほどやっても結果的には甘かった。なぜなら台湾沖で米潜水艦「シーライオン」が「金剛」を撃沈した際、「シーライオン」は三〇〇キロの弾頭を装備した魚雷を使用し、これが二本命中したからである。

●艦種変更

　これらの改装によって排水量が増し、バルジによって水中抵抗が増加した結果、各艦共に最高速力が二六ノットに低下してしまい、巡洋戦艦から戦艦に艦種変更された。

●汽缶の改装

　機関の改正は機関技術の進歩により缶の数が少なくなった。汽缶は航続力の延伸と排煙の薄煙化を目的として全面的に行なわれた。「榛名」ではロ号艦本式重油専焼缶六基、同混焼缶一〇基の計一六基が搭載されたが、「金剛」と「霧島」ではより能力が高い汽缶が搭載されて、専焼缶六基、混焼缶六基の計一二基となった。この汽缶数減少によって煙突が一本減り、熱や煙の影響を軽減できた。

●練習戦艦「比叡」

　改装工事の途中でロンドン軍縮条約の締結を迎えた「比叡」は、練習戦艦としての保有が認められた。装甲を剥がされたり、砲塔が一基撤去されたり、速力が一八ノットに制限され、元乗組員によると「煙突が風呂屋の煙突の様になった」りと見る影もなくなった「比叡」だが、これに対する慰めの様に、昭和八（一九三三）年以降、お召し艦として天皇陛下を何度もお迎えする栄誉に浴す る事ができた。

●第二次改装までの小規模な改装

八センチ単装高角砲七基を撤去し、八九式一二・七センチ連装高角砲四基を装備した。さらに水上機搭載を当初は水上機をクレーンで水面に下ろして発進させていたが、カタパルトを三番・四番主砲間に一基設置してカタパルトから発進させるようになった。「榛名」「比叡」へは第二次改装時に設置されている。昭和九（一九三四）年頃に各艦後檣のトップを短縮しているが、遠距離砲戦の場合の視認性を少しでも低めるための処置である。ただし無線アンテナを展開する充分なスペースがなくなり、三番・四番主砲上に空中線支持マストを新設し、アンテナの展開場所を確保している。

艦容を一新した第二次改装

軍縮条約の脱退にともない、日本海軍では従来の漸減作戦構想により決戦前日に行なわれる予定の敵主力艦隊への重巡戦隊に支援された水雷戦隊の夜襲による米主力艦隊の兵力漸減に大きな比重がおかれていた。だが、兵力に勝る米艦隊の警戒線を突破できるかについてなおも不安があり、そこで巡洋戦艦の夜戦部隊投入が昭和八年頃に決まった。これにともない「金剛」型に水雷戦隊と共に行動できる高速と艦隊の前衛として行動できるだけの航続力の増大、さらに戦艦としても行動できるだけの砲戦距離の延伸が求められた。

こうして昭和九（一九三四）年ごろから「金剛」型の第二次改装が始まった。

●船体の改装

排水量増大に対処した浮力の確保と船体抵抗の減少のために艦尾部が延長され船体長は七・六メートル延長された。艦内配置も新型砲弾（九一式徹甲弾）の搭載にともなう弾薬庫や機関更新などの理由によりかなりの改造が行なわれている。上部構造物は最大三〇キロの砲戦距離に対応して頂部に一〇メートル測距儀が備えられたのに対処して補強用の支柱が後方に設置されるなど、多くの改造が行なわれたので前檣の印象がかなり変化した。また後部指揮所も拡大された。

●兵装の改装

砲戦距離延伸のために主砲塔の最大仰角は四三度に増大され、主砲の射程は三五・五キロまで延伸した。また砲弾搭載量も一門あたり最大一五〇に拡大している。主砲方位盤を含めた射撃指揮機構もこの改装で更新された。副砲もこの改装で最大仰角が三〇度に増大され最大射程が一九・五キロに延伸した。搭載門数は改装直後の「榛名」では以前と同じとされたが、改装後に艦が前トリムとなることが発覚したため、艦首両舷最前部の副砲二門を撤去した。「金剛」と「霧島」は従来の機銃装備を撤去して二五ミリ連装機銃を一〇基装備している。さらに「榛名」も追加工事の際これと同様の改装をしている。なお航空機は、複座水偵三機か三座水偵一機を搭載して作戦に従事している。

●機関の改装

水雷戦隊や重巡との共同行動可能が可能な要求速力三〇ノットの要求達成のために機関は汽缶・主機共に更新の対象となった。汽缶は「榛名」では旧来の専焼缶六基にロ号小型専焼缶五基を追加したが、「金剛」と「霧島」は大容量のロ号本缶八基へと完全に刷新した。

第二次改装後の「金剛」型は基準排水量三万一九八〇トン、満載排水量三万九〇〇〇トン超に達したが新搭載の艦本式減速式タービンにより四軸の合計出力一三万六〇〇〇馬力と大幅に強化された機関出力と艦尾の延長による抵抗の減により目標とした三〇ノットを達成できた。航続距離は一八ノットで、七〇〇〇浬となった。「金剛」型はもはや巡洋戦艦ではなく高速戦艦と言える。

●「比叡」の独自改装

軍縮条約の体制下から脱した後、練習戦艦となっていた「比叡」はいわば現役復帰工事を第一次と第二次を合わせた形で行なった。工事の内容は「金剛」と「霧島」に実施された工事を元にして行なわれた。このために基本的な性能や要目は他艦と変わらないが、喫水減少、防御力改善のためのバルジ幅約一メートルの拡大と水中防御配置の一層の改善、そして「大和」型戦艦に装備する新型装備の試験艦としての役割も与えられ、艦橋トップの方位盤も「大和」型で採用予定の九八式射撃盤と九四式方位照準装置を、「大和」型と同様に縦に重ねて搭載している。

●「比叡」（1940年）

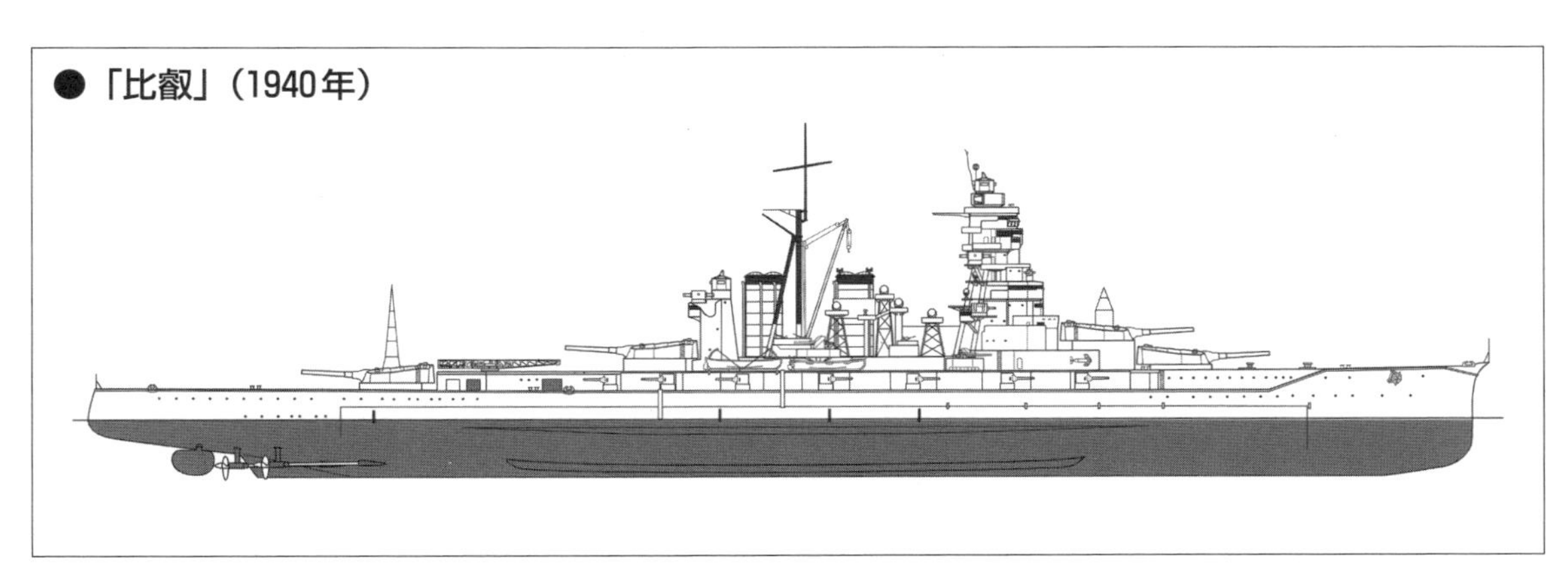

これにともない艦橋形式の新式化をはじめとした改装も行なわれた。また主砲旋回用水圧ポンプに「大和」型への導入テストとしてブラウンボベリー（現ＡＢＢグループ）のターボポンプ一台を導入し、高評価を得て「大和」型に三台導入された。

これらの新装備導入のため、改装後の「比叡」は同型艦でも他の三艦とくらべてかなりの相違があり、また前後部の方位盤で前後部の主砲の分化射撃ができる（前部の方位盤で前部砲塔群の射撃の指揮をとり、後部の方位盤で後部砲塔群の指揮をとり前部の目標とは別の目標を砲撃させる）など、他艦との能力相違も生じていた。

開戦直前と戦時中の工事

「金剛」型は昭和一五（一九四〇）年以降は艦首の形状の若干の変更と防空指揮所の設置があった程度であった。そして運命の開戦となった後、「比叡」と「霧島」は特に改装も行なわないまま昭和一七（一九四二）年の第三次ソロモン海戦で失われた。残った「金剛」と「榛名」はまず同年八月に二号一型レーダーを装備したのをはじめ、幾度かの戦時改装を実施している。昭和一八（一九四三）年三月には副砲二門を撤去する代わりに二五ミリ三連装機銃二基を装備し、同時に舵機室へのコンクリート充填を含む防御力改正工事を行なっている。

昭和一九（一九四四）年一月には対空兵装強化を主眼とする改装が行なわれ、高角砲の搭載数は八九式一二・七センチ連装高角砲六基、二五ミリ三連装型八基とされた。その代償として副砲四門と副砲方位盤の一部が撤去され、片舷当たりの副砲搭載数は四門となった。

マリアナ沖海戦後には対空機銃の大幅な増備が実施され、探照灯と副砲方位盤の一部を撤去して「金剛」は三連装一八基、連装八基、単装四〇基（合計一一〇梃）、「榛名」は三連装二八基、連装二基、単装二三基（合計一一一梃）、また電測兵装も射撃用電探兼務の二号二型電探、改四型水上索敵用電探と、一号三型対空電探が各二基追加装備された。またこの際に艦内の徹底した不燃化対策工事も行なっている。

レイテ沖海戦後、「金剛」は前述のごとく米潜水艦「シーライオン」に撃沈され、「金剛」型は今や「榛名」のみとなった。日本に帰投した「榛名」はさらに機銃の増備や主砲機構の改正を行なった。

昭和二〇（一九四五）年二月に大型艦の作戦実施が断念された後の四月に予備艦になると、機銃の大半と全ての副砲が撤去されたが、その後機銃は再度装備され、「榛名」が大破着底することになる七月の米艦載機の呉空襲時には、三連装機銃二〇基が艦上にあったという。

「金剛」（完成時）
基準排水量二万六三三〇トン、全長：二一四・六メートル、全幅：二八メートル、機関出力：六万四〇〇〇馬力、最大速力二七・五ノット、航続力：一四ノットで八〇〇〇浬、兵装：三六センチ四五口径連装砲四基八門、一五センチ五〇口径単装砲一六門、八センチ単装砲一二基、五三・三センチ水中魚雷発射管八門

「金剛」（近代化改装時）
基準排水量：三万一七二〇トン、全長：二二二・二メートル、全幅：三一・〇メートル、機関出力：一三万六〇〇〇馬力、最大速力三〇・三ノット、航続力：一八ノットで九八〇〇浬、兵装：三六センチ四五口径連装砲四基八門、一五センチ五〇口径単装砲一六門、一二・七センチ連装砲四基八門、二五ミリ連装機銃一〇基二〇梃、水上偵察機三機

高速戦艦「金剛」型 太平洋の軌跡

〈上〉昭和17（1942）年4月、スマトラ島南方洋上の「金剛」型戦艦4隻。写真手前より「金剛」「榛名」「霧島」「比叡」

唯一無二の快速戦艦部隊

大正二（一九一三）年竣工の戦艦「金剛」をネームシップとする「金剛」型戦艦四隻は、二度の大改装工事を経て近代化をしていたとはいえ、太平洋戦争勃発時点では「戦艦」としての戦力は期待できない老朽艦であった。

それでも決戦兵力の一翼を担う存在として重視され、特に三〇ノットの高速性と、戦艦としての火力は、夜戦における援護戦力として得がたい価値があると期待された。

したがって、開戦時の編成においては第一艦隊の第三戦隊を「金剛」型四隻で構成、さらに「比叡」「霧島」が第一小隊、「金剛」「榛名」が第二小隊としてペアを組んでの作戦行動が基本となった。この小隊を基準に、「金剛」型戦艦四隻がたどった太平洋戦争での戦歴を追ってみよう。

「金剛」「榛名」は開戦時には南方部隊主隊に配属となり、シンガポールを拠点とするイギリス東洋艦隊の戦艦「プリンス・オブ・ウェールズ」「レパルス」への備えとしてマレー攻略に投入された。この海戦は、日本の陸攻隊による攻撃で敵二戦艦が撃沈されたために、日英戦艦の砲撃戦は発生しなかった。このマレー沖海戦は、航空機が作戦中の戦艦を撃沈するという派手な出来事で有名であるため、いかにも航空攻撃が前提の作戦のように思われがちである。しかし実際は、両艦隊は五〇浬の距離まで接近していた瞬間があったように、さじ加減ひとつで、日英戦艦群の一大砲撃戦になりえたのであった。

翌昭和一七（一九四二）年二月一六日には南雲機動部隊に編入されて、南方攻略の第一段作戦の仕上げに加わり、三月七日に英領クリスマス島無線基地への艦砲射撃を実施して降伏に追い込んだ。もっとも、降伏軍使を乗せた小型舟艇が近づいてくると、この手の軍使の迎え方が分からず、慌てた両艦が責任回避のために戦場を離脱するという珍事も発生している。四月には南雲機動部隊によるインド洋侵攻作戦に随伴するが、この間、「金剛」「榛名」は特筆すべき戦果はないまま日本に帰投し、整備に入った。

六月のミッドウェー攻略、MI作戦では、「金剛」は「比叡」と共に第一小隊を編成して、近藤信竹中将麾下の攻略部隊に組み入れられた。一方、「榛名」は「霧島」との小隊で南雲機動部隊に随伴した。この戦いで、「榛名」「霧島」は索敵や防空戦闘に参加し、至近弾を受けて小破している。

ミッドウェーの大敗後に実施された連合艦隊の戦時編制改正では、空母機動部隊としての第三艦隊の新編強化が主眼であったが、「金剛」と「榛名」は高速打撃艦隊である第二艦隊第三戦隊、「比叡」と「霧島」は、第三艦隊第一一戦隊の所属となり、ともに高速戦艦として運用されることになった。

〈上〉1941(昭和16)年12月、南雲機動部隊を護衛する「比叡」(空母「加賀」の隣)と「霧島」

■軍事ライター
宮永忠将

●日本海軍戦艦群の中で最古参であるにもかかわらず、近代改装を終えて高速艦となった4姉妹は、空母機動部隊の直衛やガダルカナル島砲撃など、八面六臂の活躍を示すこととなった!

ガ島飛行場砲撃作戦

昭和一七年八月七日にガダルカナル攻防戦がはじまったとき、「金剛」「榛名」は電探装備の追加などの改装工事中で内地にいて、トラック島に進出したのは九月のこと。先行していたのは「比叡」「霧島」の小隊であり、彼らは第二次ソロモン海戦にも参加している。

ガ島攻防戦は、洋上、海軍の戦いこそ日本がやや優勢の一進一退で推移しながらも、陸軍の飛行場奪回作戦が失敗し、物資輸送と船団護衛任務が増えたことで、海軍の作戦から柔軟性が失われていた。

特にラバウル航空隊によるガ島のヘンダーソン飛行場制圧が成果を挙げられず損耗が増えているのを憂慮した連合艦隊司令部は、戦艦による敵飛行場の艦砲射撃によってこれを使用不能にする作戦を研究し、効果が見込めると判断された。

折しも陸軍は一〇月後半を目処に第二師団を投入しての総攻撃を企画中であったため、海軍は陸軍主力部隊の揚陸に先立ち、水上打撃部隊による敵飛行場夜間砲撃の実施に踏み切ったのである。

当初は戦艦「大和」を含む、トラック島の艦隊全戦力の投入という壮大な計画が検討された。しかし距離と速度の観点から計算すると、これを有効に実施できるのは高速艦艇のみと結論され、第三戦隊の「金剛」「榛名」と護衛の第二水雷戦隊による挺身砲撃隊が編成されたのであった。

「金剛」「榛名」は一〇月に入ると、飛行場破壊に適切な砲弾の搭載量や、夜間に平面目標を有効に叩く射撃手順の研究を重ね、一〇月一一日にトラック島を出撃した。そして一三日二二三八時にガ島北岸のエスペランス岬とサボ島の間から「鉄底海峡(アイアンボトムサウンズ)」に侵入した両戦艦は、予定通り速力を一八ノットに固定、射撃コースに入ると、二三三六時に砲撃を開始した。

使用された砲弾は、榴散弾のような効果を発揮する焼夷子弾が充填された三式弾であり、着弾点に発生した火災は、一面の炎となって攻撃目標エリアを焼き尽くした。三式弾が切れると、艦艇用の徹甲弾に切り替えられてさらに砲撃は続き、停止したのは一時間後の一四日〇五五六時であった。

この作戦でガ島に撃ち込まれた砲弾数は、三式弾一〇四発を含む九一八発。口径二〇センチの重砲どころか山砲の運用さえままならない現地の陸軍、第一七軍司令部は、この圧倒的火力の効果を目の当たりにして「野砲一〇〇〇門の砲撃に匹敵する」と評価するほどであり、陸軍将兵の士気を大いに鼓舞したのであった。
ところが戦果となると、米軍機の撃破は半数に留まっている、偵察でこれに気付いた海軍では落胆も見られたが、実際は生き残った機体のほとんどは戦闘機であり、対艦攻撃力が大幅に低下。また備蓄していた燃料と弾薬の大半が消失したことで、ガ島の米軍は物心の両面で大きな危機に立たされていたのであった。

二戦艦をガ島で喪失

ヘンダーソン飛行場の機能喪失にもかかわらず、一〇月二四日の第二師団による総攻撃は失敗に終わる。とりわけガ島周辺海域に展開した敵潜水艦により、物資輸送が妨げられると、いよいよ日本軍は苦しい状況に立たされた。

それでも陸軍はガ島奪回を諦めず、第三八師団の投入が決まる。海軍もこれを支援する必要から、一一月一三日予定の揚陸作戦に合わせて、「金剛」型戦艦による敵飛行場の艦砲射撃の実施に踏み切った。

戦艦「比叡」「霧島」は一一月九日にトラックを出港し、最終的に軽巡一隻、駆逐艦一一隻を加えた挺身部隊が、ガ島北岸に到達した。

一方、アメリカも一二日に日本艦隊の接近を索敵機が察知し、重巡二、軽巡三、駆逐艦八隻からなる阻止部隊を急行させた。日本艦隊は一三三〇時の飛行場砲撃を予定していたが、ほぼ同時に米艦隊と遭遇し戦闘となった。この第三次ソロモン海戦第一次海戦（第一夜戦）と呼ばれる戦いでは、日本側が軽巡一隻、駆逐艦四隻撃沈、他巡洋艦四隻、駆逐艦三隻を撃破する戦果を挙げた。しかし友軍支援のために、「比叡」が探照灯を使って敵艦隊を照らし出したことで攻撃が集中した。

「比叡」の船体は無事であったが、上部構造と操舵部が完全に破壊されて航行不能となり、やがて浸水沈没した。

艦砲射撃を未然に阻止されるも、敵の守備艦隊への打撃は充分と判断した連合艦隊は、輸送船団のガ島揚陸を一日延期した上で翌一四日夜に、再度、戦艦「霧島」によるガ島飛行場攻撃に出た。

この時のガ島攻撃隊は、第二艦隊司令長官の近藤信竹中将が直接指揮することとなり、第二艦隊を基幹として重巡、軽巡各二隻、駆逐艦九隻で編成されていた。一四日二〇〇〇時にサボ島東方沖に敵艦隊を発見した際には、駆逐艦隊がこれに対処している間に射撃隊がガ島砲撃を強行することになっていた。

しかし敵艦隊が西に変針して、射撃隊の進路を塞ぐ形になったため、近藤長官は「敵の撃滅」を決意、第三次ソロモン海戦の第二次会戦が勃発したのである。この時の米艦隊は確かに先の夜戦で消耗していたが、増援として戦艦「サウスダコタ」と「ワシントン」が加えられていた。これは海軍軍縮条約の失効を見越して建造された新鋭艦で、「長門」型戦艦と同じ一六インチ（四〇センチ）砲を搭載していたため、戦艦としての戦闘力は米艦隊側が優勢であった。

海戦はサボ島南を単縦陣で航行する敵艦隊側面を駆逐艦「綾波」が襲う形で始まり、たちまち米駆逐艦四隻が戦闘力を喪失した。しかし「霧島」と「サウスダコタ」の砲撃戦では、主砲弾が三式弾のままであったため、多数の命中弾を出しながら「サウスダコタ」に致命打を与えられなかった。この間に戦艦「ワシントン」がレーダー射撃で「霧島」を捕らえ、四〇発もの命中弾を与えて撃破し、自沈に追い込んだのであった。

「金剛」型戦艦の消滅

ガ島攻防戦で「比叡」「霧島」を失い、残る「金剛」型戦艦は「金剛」と「榛名」だけとなった。この二隻は昭和一九年二月の連合艦隊大改編により第二艦隊に配されて、前衛部隊を務めることになった。機動部隊同士の決戦において護衛を務めたり、敵の前衛艦隊と戦う役目が期待されたのである。

しかし同年六月のマリアナ沖海戦では前衛部隊の主力を務めた「金剛」と「榛名」は、若干の防空戦闘に従事した以外は何ら戦局に貢献できず、逆に日本海軍は潜水艦の跋扈（ばっこ）によって空母「大鳳」と「翔鶴」を喪失した。第二艦隊による夜戦も検討はされたが、実現できるはずもなく作戦は中止された。

「金剛」「榛名」は整備のために内地に帰投した。「金剛」はこのとき、電探装置の刷新と対空機銃が増備されたが、「榛名」はマリアナ沖海戦で受けた後甲板への爆弾の直撃により弾薬庫まで浸水する損害を生じ、修理後も二六ノット程度までしか速度が出せなくなっていた。

整備を終えて、次期決戦の捷号作

戦に備えてリンガ泊地に進出した両艦は、一〇月一八日、フィリピンのレイテ島上陸を明らかにしていた米軍の輸送船団撃滅を目指して出撃した。この時、両艦は栗田艦隊、すなわち第一遊撃部隊で第二部隊の第三戦隊を構成していた。

危険なパラワン水道を抜けて、一〇月二四日にシブヤン海に入った栗田艦隊は、ハルゼー提督指揮下の空母機動部隊の艦上機から、都合五次にわたる猛空襲を受けた。しかし、この攻撃の大半は「大和」型戦艦二隻を要する前衛の第一部隊に集中したため、「金剛」と「榛名」は実質的に無傷で切り抜けられた。

未明に難所のサンベルナルジノ海峡を抜けてサマール島東岸を南下していた栗田艦隊は、早朝、進路前方に敵機動部隊の姿を認めた。米海軍第七艦隊の護衛空母六隻で編成された「タフィ3」と遭遇したのである。

戦艦の主砲射程内に敵空母をとらえるという好機の到来に、日本軍将兵は文字通りいきり立った。〇六五九時、三二キロメートルで「大和」が発砲した直後、全速力で二四キロメートルまで迫っていた「金剛」も射撃開始。敵が煙幕を展張して逃げに入ったのを確認した栗田長官は、各戦隊ごとの判断での全艦突撃を下命した。

これを受け、速力が発揮できない「榛名」をおいて突撃した「金剛」は米空母を執拗に追い、ついに空母「ガンビア・ベイ」を仕留めるのに成功する。さらに敵駆逐艦部隊が阻止攻撃を加えてきた際には、「サミュエル・B・ロバーツ」を主砲によって轟沈させた。

この様に、「金剛」は八面六臂の活躍で敵艦隊を追及したが、やはり防空の傘を欠いた栗田艦隊は、徐々に統制が取れはじめた敵の航空反撃を前に損害を重ねて、ついに戦闘を中断、二五日午後にレイテ突入を断念して帰路についた。

「金剛」は、この帰路に航空攻撃で至近弾五発を受け、燃料タンクに破孔を生じるなど、いよいよ老朽艦の限界を見せ始めていた。いったんブルネイに帰投した第一遊撃部隊は、連合艦隊の命令により、燃料満載の上で艦艇整備のため内地への帰投を命じられる。

しかし一一月一六日にブルネイを発した第一遊撃部隊の動きは、暗号解読により米軍に追跡されており、二一日深夜、台湾北部約一〇〇キロメートルの洋上で、米潜水艦「シーライオン」（Ⅱ）に伏撃され、魚雷三本が命中して「金剛」は撃沈された。艦の傾斜で弾薬庫の砲弾が崩れ、これが誘爆を招いたと言われている。

唯一残った「榛名」は呉に回航されて、出撃機会もないまま呉対岸の江田島付近に繋留されて浮き砲台となっていた。そして七月末に実施された呉空襲では、必死の防空戦闘も空しく、二〇発以上の命中弾を受けて大破着底した姿で終戦を迎えたのであった。

サマール沖海戦の「金剛」。本海戦の後、米潜水艦の雷撃で撃沈された

米軍機の攻撃により大破着底した「金剛」型唯一の生き残り艦「榛名」

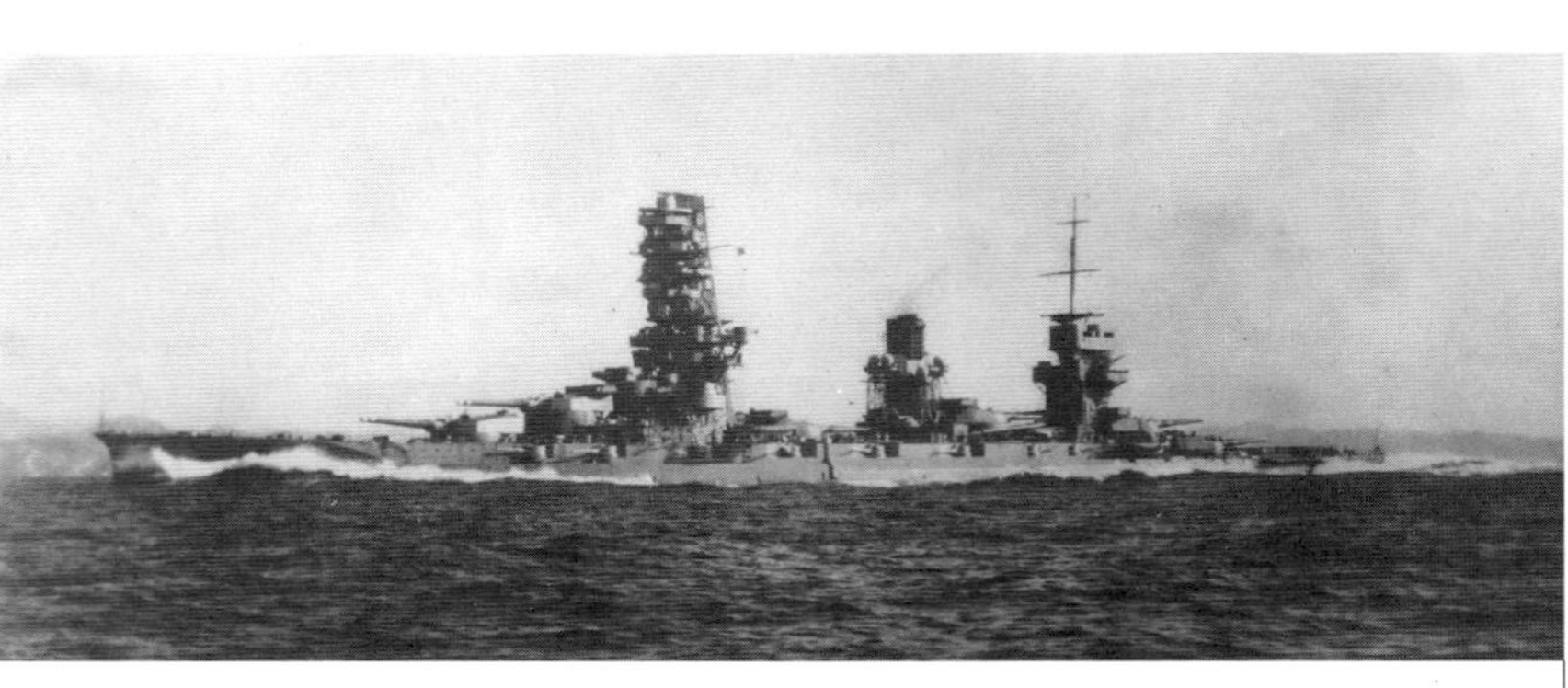

マンモス戦艦「扶桑」型マシンリポート

■戦史研究家
大内建二

〈上〉昭和9(1934)年12月撮影の「山城」(近代化改装後)。がっしりした塔型艦橋構造物、艦尾延長で水上偵察機搭載スペースが確保された。
〈左上〉昭和10(1935)年初頭の「扶桑」(近代化改装後)。細長い艦橋構造物が印象的である

史上最大艦の国産建造

戦艦「扶桑」と「山城」は日本初の超ド級戦艦である。「扶桑」型以前に建造された「金剛」型は超ド級戦艦の資格は十分に持っていたが、「金剛」型四隻は本来巡洋戦艦として建造された艦であるために戦艦とは明確に区分されており、日本最初の超ド級戦艦の栄冠は「扶桑」型が得ることになったのである。

この両戦艦について解説する前に、両艦の艦名について少し説明を加えておきたい。日本の戦艦の艦名は日露戦争頃までは明確な基準がなかった。その後明治四二（一九〇九）年に海軍艦艇名に関わる明確な規則が誕生しているが、この時に以後の戦艦名は日本の旧国名を採用すると決められた。

戦艦「扶桑」と「山城」はこの規則に基づいて艦名が定められ建造された最初の戦艦であったために、その一番艦、二番艦として次のように命名されたのである。

一番艦の「扶桑」の艦名は、日本の旧国名を代表するものとして、日本国そのものを意味する古来からの言葉「扶桑」からつけられたものである。そして二番艦「山城」は、日本の古来からの中心地でもあった京都を表す「山城の国」から採用した艦名なのである。

戦艦「扶桑」と「山城」は姉妹艦とされているが、この二隻の建造に関しては紆余曲折があり、「山城」は本来は次の「伊勢」型として建造される可能性もあったのである。

「扶桑」型戦艦は、日露戦争の終結後の明治四四（一九一一）年に成立した日本海軍の新艦艇建造計画に基づき、この二隻の建造が決まったのである。

日本海軍は既に「金剛」型巡洋戦艦の二番艦以降は日本国内で建造しており、大型艦の建造にはそれなりの自信を持っていたのである。さらに続く戦艦「河内」と「摂津」（この両戦艦の艦名は旧国名であるが、正式に戦艦名に旧国名を付ける規則以前に付けられていた艦名であり、その後の戦艦名と同列に扱われるものではない）の建造の経験から、日本最初の超ド級戦艦の建造にもそれなりの自信を持っていたのだ。

一番艦の「扶桑」は予定通り明治四五（一九一二）年三月に呉海軍工廠で起工された。また二番艦の「山城」は引き続き横須賀海軍工廠で起工される予定であったが、建造予算がまとまらず起工が大幅に遅れることになった。

しかし大正元（一九一二）年に至り、「扶桑」型に続いて建造が計画されていた次なる戦艦（「伊勢」型）二隻の建造予算が決まった段階で、「伊勢」型の三隻目の建造予算が追加されたのである。

そこで海軍はこの「伊勢」型一隻の建造予算を建造中の「扶桑」型二番艦の予算に振り向け、「扶桑」型の二番艦「山城」の建造が始まったのであった。

●36センチ砲搭載の巡洋戦艦「金剛」型4隻に続いて、主砲搭載数を強化した本格的超ド級戦艦の国産化に乗り出した日本海軍——完成当初は最大と呼ばれたものの、運用上の様々な問題が生起する事となった！

失敗であった船体設計

戦艦「扶桑」の船体は「金剛」型巡洋戦艦に準じた長船首楼型船体である。そして艦首には凌波性に優れたクリッパー型が採用された。船体はその縦・横比が「金剛」型巡洋戦艦の七・〇一に対し、七・六一とやや太めになっており、必ずしも高速艦向きの船型にはなっていなかった。

船体の全長は二〇五・一メートル、全幅二八・七メートル、吃水八・七メートル、当初の基準排水量は二万九三二六トンとなっていた。

本艦の外観上の最大の特徴は主砲の配置にあった。主砲には三六センチ（一四インチ）連装砲塔六基が搭載されたが、その配置は独特で、艦の中心線上に前楼を挟み艦首甲板には二基、前楼と第一煙突の直後に一基、第二煙突の直後に一基、後楼の直後の艦尾甲板に二基が配置された。つまり主砲塔六基が艦の全長に渡りほぼ均等に配置されたのである。

この配置は主砲塔の均一配置により船体強度に与える負荷の均等分散を図るものであったが、結果的には本艦の大きな欠陥として後々まで影響することになり、本艦を「失敗戦艦」と揶揄する背景にもなったのであった。実は同じような主砲配置の艦は他国にも存在した。同じ時期に建造されたイギリス海軍の戦艦「エジンコート」や、同じく同じ時期に建造されたロシア海軍の戦艦「インペラトル・アレキサンドル三世」などがある。「エジンコート」は一九一四年に就役したが、五年後には早くも退役し予備艦となっている。

「扶桑」型戦艦の船体設計には当時の最新の設計方式が採用されている。特に船型の決定には日本で最初とされる大型船型模型が製作され、この模型により水槽

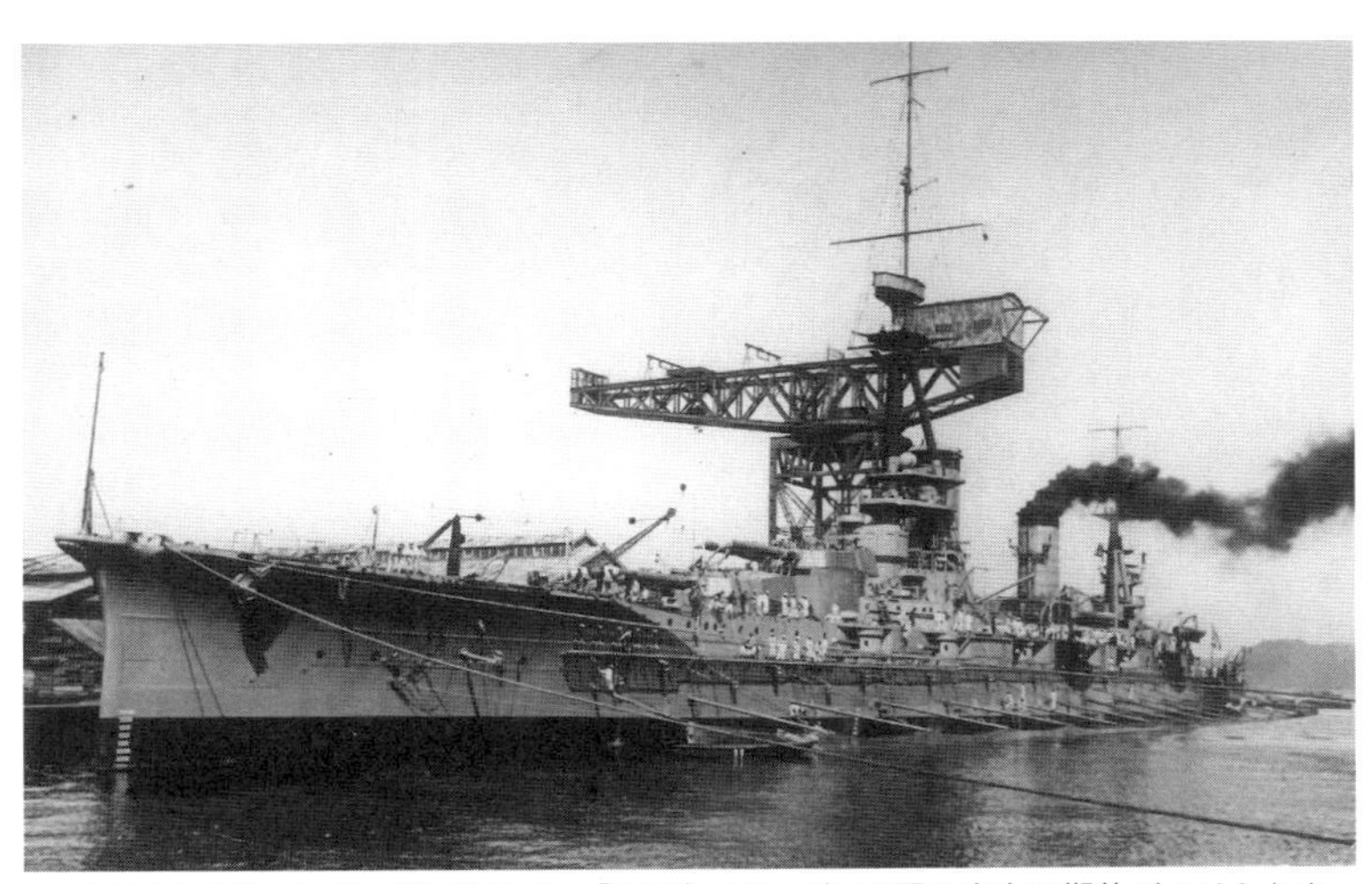

大正6(1917)年5月、竣工間もない「山城」。36cm砲12門の火力に期待がかけられた

試験が行なわれ船体形状が決定したものである。しかし本艦は完成後の様々な操艦試験において直進性や転舵に際し、その直進性や方向性に不安定さがあることが判明したのである。しかしその原因については舵の位置や推進器の位置関係が影響しているものと推察はされたが、最後まで真の原因が明確に判明することはなかった。従って戦艦「扶桑」型二隻の操艦には舵の扱いに関し特殊な技能が必要であったとされている。なお一番艦「扶桑」と二番艦「山城」は初期の段階では全く同型で、外観上での両艦の識別は極めて困難であった。

戦艦「扶桑」は完成したがその直後から始まる各種の試験において様々な問題点が浮上してきたのであった。その最たるものが主砲の射撃試験に際し、その爆圧（爆風）が極めて激しいことが判明したことであった。もちろん日本最初の三六センチ砲ではあったが、強烈な爆風の影響は連装砲塔のほぼ均等の六基配置に関係するものと判断されたのである。この爆風の激しさは特に二番砲塔と三番砲塔の中間にある艦橋において強大であったとされている。そのために艦橋や砲塔周辺の改造が必要とされたのである。

その結果二番艦「山城」の設計に際しては、司令塔の平面型が「扶桑」の楕円形に対し円形に改められ、さらに二番砲塔と艦橋甲板などとのつながりを大幅に変更し爆風対策としたのである（なおこの爆風対策として、主砲射撃時の射距離測定装置となる測距儀の配置位置も大幅に変更され、爆圧の影響の少ないより高所に配置換えされている）。

三六センチ砲一二門の砲戦力

「扶桑」型戦艦の主砲には当初一二インチ（三〇センチ）、一三インチ（三三センチ）、一四インチ（三六センチ）の何れかの搭載が検討された経緯があったが、最終的には一四インチ主砲が採用された。そしてその主砲の搭載数については当初より一二門と決まっていたが、その配置については連装砲塔六基、三連装砲塔四基配置と意見が分かれていた。しかし当時の日本には三連装砲塔に関する設計技術もなく、最終的には船体中心線への連装砲塔六基均等配置（配置方法は前述）と決まった経緯がある。

この連装砲塔六基配置の決定のいきさつは、既に述べた通り当時の日本にはまだ三連装砲塔に関わる設計技術がなかったこともあったが、次の理由からも連装砲塔六基配置が妥当と決められたのである。

三連装砲塔四基配置の場合には連装六基配置に比較し、勢射（全砲門同時一斉射撃）に際しての反動が激しく、このために艦の横揺れが極めて大きくなり、次弾の射撃照準確定に時間がかかると試算されたためである。

また三門の一斉発射の場合、飛び出した砲弾が発生する衝撃波や後流が互いの弾丸の軌跡を干渉しあうことから、着弾地点での弾丸の散布界が乱れ、命中精度を低下させるという見解が当時は支配的であったのである。これは連装砲の場合も同じで二門の同時発射は着弾精度を損ねると判断されていたのである。

この場合射撃は二門または三門の中の一門ずつの連続発射（交互発射）を行なうことで解決できると判断されていた。つまり連装六基装備の場合は交互発射を行なえば一回の射撃で六発の弾丸の発射が可能であるが、三連装では一回の射撃で四発の発射しかできず、不利な射撃になる、と判断されたためであった。

戦艦「扶桑」に搭載された主砲の砲身は呉海軍工廠の造兵工場で製作された。当時の日本の技術では一四インチ砲までの砲身の製造は可能な段階にまで達していた。この主砲は砲身長一六・五メートル、内径三五・六センチ、砲の初速は七九〇メートルであった。なお砲身の寿命（所定の射撃精度での繰り返し発射が可能な状態の維持）は二五〇～二八

主砲の砲撃を行なう「山城」。「扶桑」型は全砲門の一斉射撃を行なうと強烈な爆風の影響を受けたという

○発とされていた。
　本砲の最大射程は三万五〇〇〇メートルとされている。そして発射される徹甲弾の貫通能力は、射程一万メートルで厚さ三六〇ミリの装甲板の貫通が可能、射程二万五〇〇〇メートルで厚さ一六五ミリの装甲板の貫通が可能とされていた。なお主砲の射撃速度は一分間当たり最大一・五発とされていた。

　一方副砲は一五・二センチ単装砲で、艦の両舷側の第二甲板にケースメイトで覆われ、片舷八門が配置されていた。本砲は左右一二〇度の射界で発射が可能で、最大射程は迎角を大きく取れないために最大一万五〇〇〇メートルとされていた。ただしケースメイト内での本砲の射撃による爆風は強大であり、その対策にはその後様々な工夫が凝らされることになった。なお副砲の射撃速度は一分間当たり最大三発とされており、弾薬の装填は全て人力であった。

　「扶桑」型戦艦には主砲と副砲以外に日本の戦艦としては初めて高角砲が搭載された。これには明確な背景があったのである。二番艦の「山城」が完成した大正六（一九一七）年ころは第一次世界大戦の只中で、すでに航空機は急速な発達を遂げていた。その只中の大正四（一九一五）年に各国海軍にとって衝撃的な事件が起きたのである。

　それは当時実施されていたガリポリ上陸作戦ただ中のダーダネルス海峡で、魚雷を搭載したイギリスの水上機がトルコ商船を魚雷攻撃し、これを撃沈したことであった。

　搭載された高角砲は陸軍の三年式（大正三年制式採用）単装高射砲を海軍が採用したもので、配置場所は艦橋の両側および第二煙突の両側であった。この高角砲は接近戦においては敵水雷艇や駆逐艦に対する速射砲の役割も果たせるものとなったのである。

　「扶桑」型戦艦は大砲以外に、当時の世界の戦艦の例に倣い魚雷の水中発射管を装備していた。配置場所は一番砲塔前部の吃水線下部、二番砲塔下部の吃水線下部そして四番砲塔下部の吃水線下部で、両舷合計六門であった。いずれも五三・三センチ魚雷発射管であったが、その後に実施された第二次改造工事の際に実用性に欠けるとして全て撤去された。

「扶桑」型装甲厚の限界点

「扶桑」型戦艦に対する完成後の評価は極めて厳しいものであった。三六センチ連装砲の独特な六基配置に対する評価が、その後の本級艦の存続をも左右するほど厳しいものとなり、一部には「欠陥戦艦」との批判も出るほどであったのである。

　その原因は主砲の斉射時の艦全体に対する激しい爆風の影響もさることながら、砲塔の配置に関わる装甲の在り方に対する批判でもあったのである。

　本艦の基本防御対策はほぼ艦の全長に渡り吃水線上に張られた一二インチ（三〇五ミリ）の防弾鋼板である。そして主砲塔や司令塔には六インチ（一五二ミリ）から一二インチ（三〇五ミリ）の防弾鋼板が張られていた。また上部甲板や中部甲板には三二〜五一ミリの防弾鋼板が張られていた。これは舷側装甲は重要視されているが、垂直に近い角度で落下してくる砲弾に対しては当初より配慮を欠いていたのが現実であったのである。しかしこの垂直落下砲弾に対する配慮の欠如は日本に限ったことではなく世界的な傾向でもあったのである。

　しかし第一次世界大戦のジュットランド沖海戦の結果より、垂直に近い角度で落下する遠弾に対する防弾対策の重要性が見直され、その後建造される戦艦の水平甲板の防弾対策には進歩が見られたのであった。しかし「扶桑」型戦艦の垂直落下砲弾に対する対策は設計の段階、そしてその後も大きく改善されることはなかったのである。その理由の遠縁は主砲塔の六基配置構造に起因していたのであった。

　戦艦は主砲塔の舷側側面の防弾対策が最重点要項となる。いわゆる「バイタルパート」の配置をいかにするかである。第一次大戦当時に建造された戦艦のバイタルパートは、主砲配置位置の舷側側面および機関室側面舷側にほぼ限られ、その後建造される戦艦についてもそれが基本事項であった。もちろんバイタルパート間の中間部分も防弾鋼板は張られるが、バイタルパートの装甲はより頑丈なものにしなければならないのである。

　ところが「扶桑」型戦艦の場合は主砲六基配置にしたために、主砲の配置位置は艦の全長に渡りほぼ均等配置となり、しかもその間に機関室が配置されたために、バイタルパートは艦のほぼ全長に渡るものとなり、舷側の全面に装甲鋼板を張らざ

「山城」舷側のクローズアップ。喫水線上にはほぼ全域に防弾対策がなされていた

るを得なくなるのである。つまり艦の防弾対策を強化するためには、より厚い装甲鋼板を大量に付加する必要が生じ船体自体の重量がより重くなり、吃水も深くなることになるのだ。このことは結果的には所定の出力の機関では高速力を発揮することができなくなることにつながる。

もう一つ「扶桑」型戦艦の防弾対策に関しては基本的な問題が生じていたのである。「扶桑」型戦艦が建造された当時の日本の製鋼技術はまだ未熟で、イギリスのヴィッカース社製の一二インチ（三〇五ミリ）防弾鋼板以上の厚さの防弾鋼板の製造は当時の日本の製鋼技術では不可能であったのである。つまり「扶桑」型戦艦の舷側の防弾鋼板の最大厚は三〇五ミリが限界で、それ以上の防弾効果を要求するには本艦の全長に渡り、既存の防弾鋼板の上にさらに「全面に渡り」防弾鋼板を張り重ねる必要が生じ、張り重ねに要する付加備品の重量増等も加算されるが、重ね張りをするにもその結果は船体重量のますますの増加を招くことに繋がり、また一方では重ね合わせを行なうにも、それを可能にする技術力が当時の日本の工業力には不足していたのであった。

「扶桑」と同じ時期に建造されたドイツの戦艦「ケーニッヒ」の舷側装甲は三五〇ミリであった。またイギリスの最新鋭戦艦「クイーン・エリザベス」級の装甲は三三〇ミリであった。これら両戦艦に比較し日本の超ド級戦艦の舷側装甲が三〇五ミリであることは、防弾面において明らかに弱体であることを示していた。

「扶桑」型戦艦の竣工当時の防弾鋼板の総重量は既に基準排水量の二六パーセントに達しており、主砲塔の六基均等配置の影響は、さらなる防弾対策をとる場合に多くのマイナス効果を招くことになり、ほぼ不可能にしたのであった。つまり「扶桑」型戦艦の舷側装甲三〇五ミリをより強化するためには、現実的には五〇ミリ以上の防弾鋼板の重ね張りが必要になってくるが、本艦の場合はそれが部分的ではなく全面重ね張りの必要性が生じ、重量の大幅増加につながりかねないのである。その場合には船体重量の増加のために吃水は下がりそれだけ推進時の水の抵抗が増し、既存の機関では速力の低下を招くことになるのである。ただそれ以前に重ね合わせを行なうとしても、技術の未熟という基本的な問題があり、防弾対策の不備は本型艦の決定的な欠陥ともなったのである。

なお一九二五年以降に建造された世界の戦艦のほとんどの舷側装甲帯の厚さは三五〇〜四〇〇ミリである（戦艦「大和」は四一〇ミリ、水平防御甲板は二〇〇〜二三〇ミリ）。

高速化の実現に失敗した機関

本型艦の竣工当時の主機関はカーチス・ブラウン式蒸気タービン機関である。主砲六基の均等配置の影響は主機関の配置にも大きく影響することになった。つまり三番砲塔の配置位置が、本来は一ヵ所に配置されるべきボイラー室と機関室を二ヵ所に分断しなければならなかったのである。

実際に三番砲塔のターレット基部と同砲塔の弾火薬庫が第一煙突の直後に配置されたために、第一煙突の下部には前部缶室とそれに続く前部機関室だけが配置され、三番砲塔のターレット基部と弾火薬庫の後方、つまり四番砲塔のターレット基部と同砲塔の弾火薬庫で挟んだ位置に後部缶室と後部機関室が配置されることになったのである。その結果、缶室と機関室が前部と後部に分かれることになったのである。この配置は本艦の増速のためにボイラーや主機関をより大型なボイラーや主機関に換装し、高速化を図ることを困難にしたのである。

本型艦では前部機関室の主機関二基は外側推進軸の回転を行ない、後部機関室の二基は内側推進軸の回転を担うことになっていた。本型艦の主機関の前後合計四基の竣工当時の最大出力は四万馬力で、巡洋戦艦「金剛」型の竣工当時の六万四〇〇〇馬力（最大船速二七・五ノット）や、本級に続き建造された「伊勢」型戦艦の竣工当時の八万一〇〇〇馬力（最大船速二五・三ノット）に比較し低馬力で、最大船速は「扶桑」が二二・七ノット、「山城」が二三ノットと日本の戦艦としてはかなりの低速であった。

「扶桑」型戦艦はその後実施された大規模改造時に、「扶桑」「山城」両艦の吃水線下に魚雷対策と浮力の増加を目的にバルジが付加されることになったが、その結果は水中抵抗がますます増し、最大船速は二一ノット程度に低下することが予想されたのである。この結果を考慮し、後の第二次近代化改造に際し主機関とボイラーをより強力なものに換装し、速力の増速を狙ったが大幅な増速にはつながらず、「扶桑」型戦艦は低速戦艦のそしりを受けることになり、他の戦艦や航空母艦などとの同時行動が困難になる結果を招き、戦艦戦力としての存在価値すら疑われることになったのである。

「扶桑」型戦艦の改装

戦艦「扶桑」と「山城」は太平洋戦争勃発までの間に二回の改装を行なっている。第一回目の改装は大正一一（一九二二）年から翌年にかけて行なわれた。この時の改装は運用面での不都合に対する暫定的な改良のみで、本艦の基本的な欠陥を改善するものとはならなかった。

第一次改装の内容は次のような内容であった。

イ：主砲の射程延長を目的として主砲の迎角をそれまでの二五度から三〇度に増す（この結果最大射程は三〇〇〇メートル程度の増進が期待された）。

ロ：主砲砲塔の天蓋防弾鋼板の増厚。

ハ：測距儀の大型化（既存の六メートル測距儀を八メートルに変更）。

ニ：羅針艦橋の密閉化。この時前部主マストに主砲測的所や高所測的所等の新たな機能を設置し全て密閉構造としており、本型艦独特の前部マストの構造・形状が誕生するきっかけとなった。

ホ：主楼に配置された艦橋は、艦が追い風を受けた場合には主楼直後にある第一煙突からの排煙が直接艦橋や指揮所を覆い、戦闘指揮に支障をきたすことがあった。

このために第一煙突の頂部にスプーン型の防煙装置を配置し防煙対策とした（この装置の効果は極めて薄く、さらなる主楼の整備の際に撤去された）。

その後「扶桑」型二隻の戦艦は昭和五（一九三〇）年から一三（一九三八）年にかけて第二次の改装が行なわれたが、この時の改装内容は大規模で本艦の欠陥の大幅改善を目的としたものであった。しかし結果的には本艦の欠陥を解消するための完全な改造とはならなかった。

改装の実施時期は「扶桑」が昭和五年から八年にかけて、また昭和一一（一九三六）年から一三年にかけての二度に分けて行なわれ、「山城」は昭和五年から昭和九（一九三四）年にかけての一回で行なわれた。

上部構造物の近代化、防御力の強化が実施された第１次改装工事中の「扶桑」

第二次改装の内容は次の通りであった。

イ：船体の延長工事。船体の艦尾を七・六五メートル延長する。

ロ：吃水線下にバルジを追加（対魚雷対策と、船体重量増加に伴う余剰浮力の低下に対する対策）。

ハ：操艦、射撃、戦闘・作戦指揮、見張り等の強化のために前楼の機能強化。前楼を大型構造物とする。

ニ：水平防弾鋼板の強化。

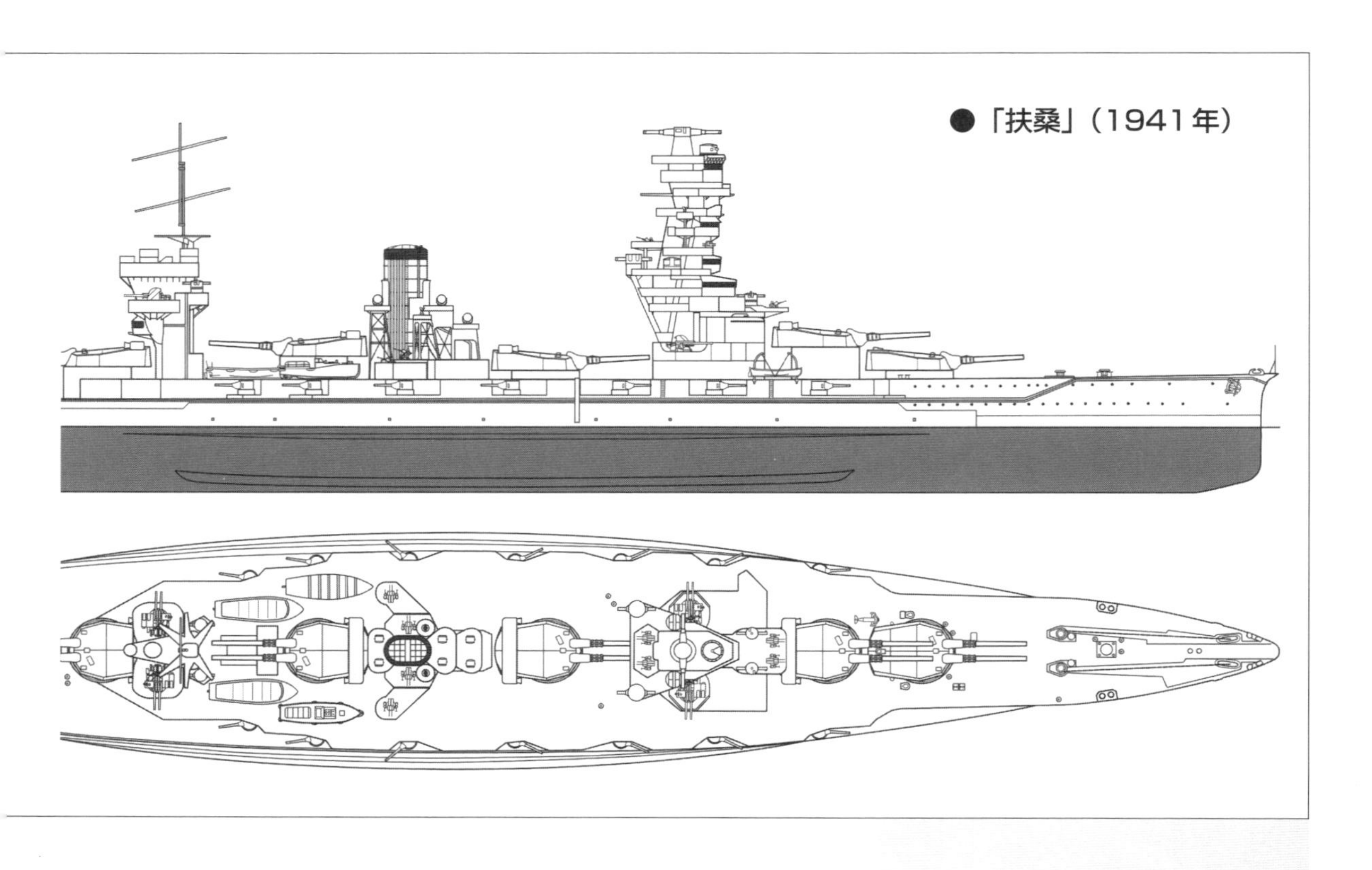

ホ：水中魚雷発射管の撤去。

へ：副砲の迎角増加。

ト：水上偵察機用のカタパルトの新設と搭載水上機の格納場所の新設。

チ：主機関およびボイラーを大馬力かつ大容量のものに換装。

これら改装工事の内容は次の要領で行なわれ、夫々の効果が期待された。

イ：この改装で「扶桑」型戦艦の全長は二一二・七五メートルとなり、船体の縦・横比の多少の増加により速力の向上に多少の効果を果たした。またそれまでの船体の直進性の悪癖の多少の改善となった。

この時、戦艦「山城」は延長された艦尾甲板にカタパルト一基が配置され、水上偵察機三機の搭載を可能にした。一方戦艦「扶桑」はこの場所にはカタパルトを配置せず、三番砲塔上にカタパルトを配置した。そしてこの時三番砲塔の砲身の向きの定位置を、それまでの後ろ向きから前向きに変更している。

この「山城」の三番砲塔の砲身の前向き定位置の姿が、外観が酷似する「扶桑」と「山城」の以後の数少ない識別点となったのである。

「扶桑」3番砲塔上に搭載された水上機用カタパルト（搭載機は九〇式水偵）

ロ：バルジの増設により船幅は四・三七メートル増加し、対魚雷に対する防雷効果は増すことになったが、水中抵抗の増加により結果的には最高速力への影響は免れなかった。

ハ：「扶桑」型戦艦独特の景観の前楼の出現となり、外国海軍が日本型戦艦に対する俗称「パゴダマスト」の典型を構築することになった。この特有の前楼の高さは艦底からトップまで実に五〇メートルに達しており、この高さは日本の戦艦では最大となっていたが、「扶桑」と「山城」ではその外観に多少の違いがあり両艦の識別点ともなった。

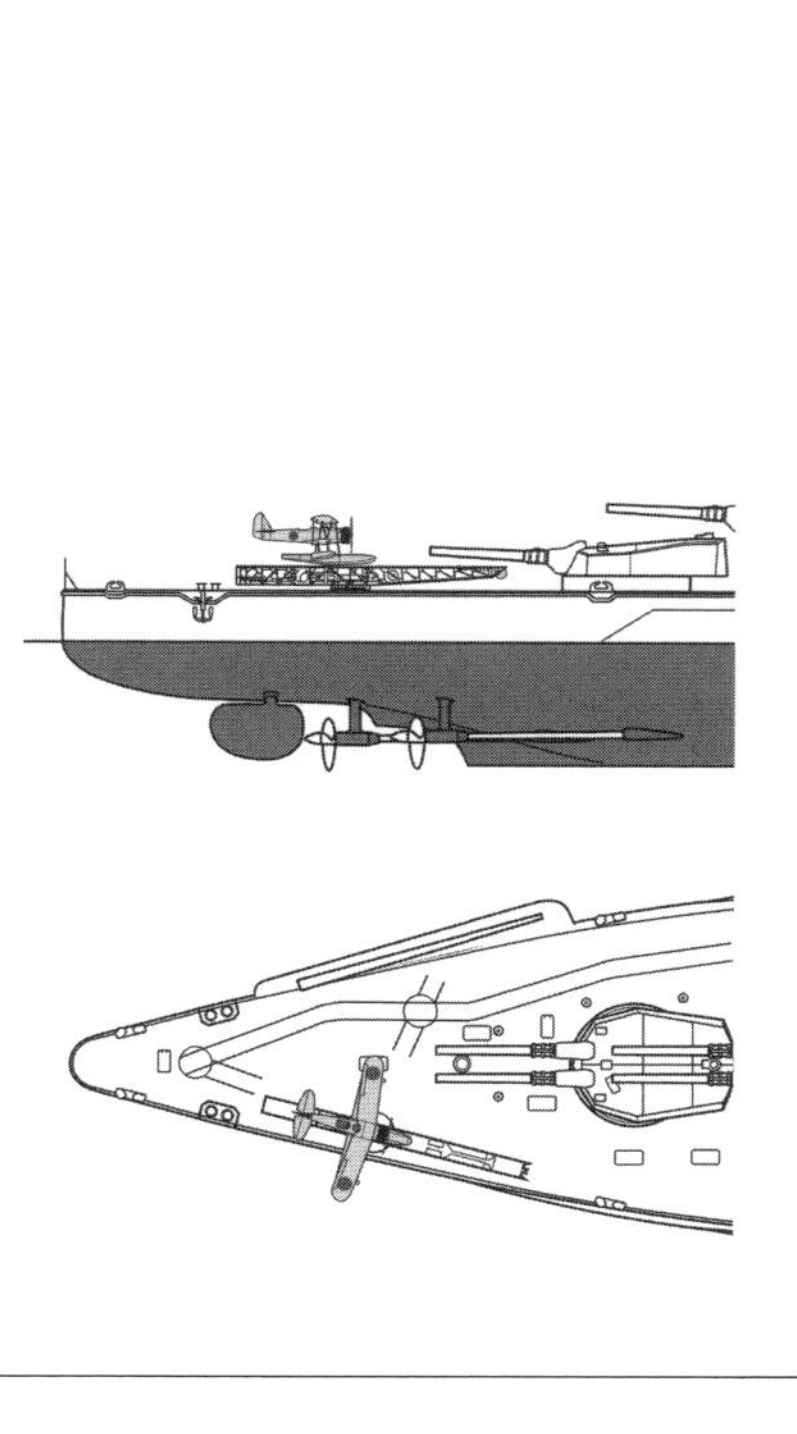

ニ：水平防御甲板のそれまでの最大厚さ五一ミリを部分的に八三ミリに張り替えた。また各弾火薬庫と機関室上面の装甲を五一ミリ～一〇二ミリと若干の強化を図った。しかし舷側装甲を含めたそれ以上の防弾鋼板の増厚は船体重量の極度の増加を招き、排水量の増加による吃水の大幅な沈下が速力の低下を招き、また予備浮力の低減を招くことになり、それ以上の強化は行なわれなかった。

防弾対策の未了は「扶桑」型戦艦の最大の弱点となったのである。

ヘ：副砲の迎角を最大三〇度まで可能にし、最大射程は一万八〇〇〇メートルに伸びた。

チ：ボイラーを蒸気発生効率の高い艦本式ロ号ボイラーに換装、それまでの合計二四基を一二基とした。また主機関はそれまでのカーチス・ブラウン式から艦本式蒸気タービン機関に換装し、それまでの最大出力四万馬力を七万五〇〇〇馬力に向上させた。そしてこの時前部ボイラー室を撤去し、新しいボイラーは全て後部ボイラー室に配置された。このために既存のボイラー室は空所となり一部を燃料タンクに改造し、一部を士官室その他に改造している。この燃料タンクの増設は本艦の航続距離を大幅に伸ばすことになった。第二次改造前の本型艦の航続距離は、一四ノットで八〇〇〇浬（約一万四八〇〇キロメートル）であったのに対し、第二次改装後は一六ノットで一万一八〇〇浬（約二万一八〇〇キロメートル）に増加した。

これは同時期の世界の戦艦の中では最大の航続距離に相当したのである。

機関出力の増加は本型艦の低速を増速することに期待がかけられたが、吃水線下へのバルジの増設や、装甲増しによる船体重量の増加は本艦の吃水の一メートル増加を招き、船体抵抗の増加となり最高速力は大幅増加にはならず、二ノット増しの二四・七ノットを記録するにとどまったのである。

戦艦「扶桑」と「山城」は第二次改装の姿で太平洋戦争に突入した。しかし低速であることには変わらず、操艦の難しさや旧式な装備などにより主要な戦闘に両艦が参加する機会は無く、瀬戸内で練習艦としての任務を果たすことが多かった。

ただ昭和一九（一九四四）年一〇月のレイテ作戦への「扶桑」と「山城」の投入に際しては、対空兵器の増備が行なわれている。正確な数字について不明な点はあるが、一説には一二・七センチ連装高角砲六基、二五ミリ三連装機銃および同連装機銃、同単装機銃合計九〇梃が配備されたとされている

なお「扶桑」型戦艦ついては一時期「伊勢」型と同じ航空戦艦への改造の計画も出されたが、具体案がまとまらず計画は中止となった。

日本海軍初の超ド級戦艦「扶桑」と「山城」は、日本の造艦能力を世界に向けて誇示する意味合いもあり建造されたと推測されるが、その実態は様々な面での技術力の未熟、或いは設計能力の限界を示す結果となり、結果的には欠陥戦艦と呼ばれる不幸な戦艦であったと考えるべきなのであろう。

「扶桑」型戦艦は結果的には期待に反した戦艦となったが、同時に主砲の配置に起因する日本海軍の近代戦艦の中では外観が最もスマートさに欠けた戦艦として人気が薄く、その最後も薄幸であったのだ。

「扶桑」（完成時）
基準排水量二万九三二六トン、全長：二〇五六メートル、全幅：二八・七メートル、機関出力：四万馬力、最大速力二二・五ノット、航続力：一四ノットで八〇〇〇浬、兵装：三六センチ四五口径連装砲六基一二門、一五・二センチ五〇口径単装砲一六門、八センチ単装高角砲四基、五三・三センチ水中魚雷発射管六門

「扶桑」（近代化改装時）
基準排水量：三万四七〇〇トン、全長：二一二・七五メートル、全幅：三三・〇八メートル、機関出力：七万五〇〇〇馬力、最大速力二四・七ノット、航続力：一六ノットで一万一八〇〇浬、兵装：三六センチ四五口径連装砲六基一二門、一五・二センチ五〇口径単装砲一四門、一二・七センチ連装砲四基八門、二五ミリ連装機銃一〇基二〇梃、水上偵察機三機

〈上〉戦艦「長門」艦上より撮影の戦艦群。「長門」艦尾側より「扶桑」「山城」「伊勢」「日向」が航行中である

浮かぶ城閣「扶桑」型の血戦記

■軍事ライター
宮永忠将

●近代化改装で陣容を一新したものの内地に止まっていた巨艦は、日米決戦と定められたたフィリピンの戦場へ最後の戦いに赴いた！

〈左ページ〉昭和19（1944）年10月、スル海で米艦載機と交戦中の「山城」。同型艦「扶桑」と共に、スリガオ海峡に向けて出撃した

空振り続きの太平洋戦争

「扶桑」型戦艦、「扶桑」と「山城」の二隻は、太平洋戦争の勃発時には共に連合艦隊の花形、第一艦隊において、「伊勢」型戦艦の二隻とともに第二戦隊を編成していた。

開戦に先立ち、南方攻略作戦における役割がなく柱島にとどめ置かれることについて、「山城」の小畑長左衛門艦長は乗員への訓示の中で、米英と戦い抜くための南方作戦の必要性を説きつつも「結局は（戦争は）主力（戦艦）の決戦に依りて定まるもの」であるのだから、「主力艦乗員の責務は最も重大にして皇国の興廃を双肩に担うと云うも過言にあらず」と結んだ。つまり、最後の決戦では古強者である我々の訓練と砲撃力がモノを言う、と乗組員を鼓舞したのである。

その二隻の初陣は真珠湾攻撃を終えた南雲部隊収容に備えた出動であった。名目としては空母ないし主力艦艇の損傷に備え、曳航艦としての任務であったが、敵を見ることもなく一二月一三日には帰投した。この帰りの航海で装填済みの弾薬処分のために、無人島の南鳥島を目標とした斉射訓練を実施したが、これが開戦後の最初の一弾であった。

次いで三月にかけて両艦は米機動部隊の急襲に備えた警戒部隊を編成して、有事に備えていた。実際、三月一〇日には無電傍受を元にウェーク島方面へ出撃したが、これは誤報であり敵影を見ることはなかった。

また四月一八日のドーリットル空襲に際しては、敵機動部隊への迎撃出動を実施したものの、鈍足戦艦が機動部隊を追えるはずもなく、逆に悪天候に突入した「山城」が水偵を喪失する有様であった。

このように不遇を託っていた「扶桑」「山城」であるが、ミッドウェー攻略のMI作戦では本格的な出動の機会を得た。五月二九日に出撃した「扶桑」「山城」の二隻を含む第二戦隊は、六月四日に第一艦隊から分離してアリューシャン作戦の支援に向かった。

ところがミッドウェーで前衛部隊となる南雲機動部隊が全滅。作戦は

中断となり、「扶桑」「山城」の第二戦隊もアメリカ海軍と交戦することなく、六月一七日に内地に帰投した。

「扶桑」型戦艦の空母改造計画

真珠湾奇襲と南方攻略作戦の成功により、空母は今次大戦における海戦の勝敗を決する兵器に成長していたことが明らかであった。その虎の子の主力空母四隻を一挙に失ったことで、日本海軍は恐慌状態に陥った。その過程で、戦艦同士の決戦が想定されず、またその場合も戦力化の可能性が低いという判断から、戦術的価値が低い「扶桑」型と「伊勢」型は前線任務から外されて、当面、練習艦や輸送任務で使用されることになった。

一方、この間に失った空母戦力の補填のため、大型の軍艦を空母に改造する計画が浮上し、有力な案として「扶桑」型二隻を空母に改造することが検討された。改造の中身やその是非は、各艦の戦歴を中心とする本稿の狙いからやや外れる。しかし空母改造計画は、二線級扱いで前線から退けられた「扶桑」型の生き残りを賭けた戦いという側面はあるので、少し空母改装について検討してみたい。

当初、「扶桑」の空母化で検討された仕様は、上部構造物をすべて撤去して格納庫を設置するというものであった。これが実現すると、搭載機数が五〇機程度で、商船改造空母として成功例となっていた「隼鷹」型空母と同様の性能になったと思われる。

もっとも、「扶桑」型の場合は公試で二二・五ノットとされた鈍足が、果たして空母としてどうなのかという疑問が生じる。この面では、砲塔やバーベット、および関連装置の撤去による重量軽減が速度性能の改善に貢献することに加え、必要であれば一部装甲の撤去などにより、これも「隼鷹」型と同程度の二六ノットを期待できただろう。

ただし、それには工期という問題がある。ミッドウェー敗戦時に、空母建造計画は「雲龍」型と「大鳳」、そして従来の計画を変更して空母増勢を急いだ㊁計画の空母群が始動していた。したがって戦艦改造空母はこれらが順次竣工する昭和一九（一九四四）年までに戦力化しなければ意味がない。

ところが、「扶桑」型の改造は早くとも一年半の工期が試算された。空母の建造期間としては短いが、最速の昭和一七（一九四四）年七月から工事を始めたとしても、戦力化するのは昭和一九年初旬となる。こうなると建造計画で先行している正規空母の建造速度に影響を与えてまで推進する意義はなく、「扶桑」型の空母への改造は見送られた。

もう一つの現実的な案として、後に「伊勢」型で実現した航空戦艦への改装も考えられる。この場合、三番、四番砲塔と煙突が交互配置になっている「扶桑」型では、後部三基の砲塔を撤去する必要がある。その分、「伊勢」型航空戦艦より格納庫などが広く取れるので、航空戦艦としては「扶桑」型の方が優れた艦になる。

反面、戦艦として見た場合、「伊勢」型は主砲を四基八門残し、戦艦としては「金剛」型と同等の砲撃力を残しているが、「扶桑」型は半減となるため、戦艦としての価値は怪しくなる。これは単なる主砲の数の比較に留まらない大きな問題だ。ご存じの通り、当時の主砲の砲撃は交互射撃により命中率を高めていくものである。しかし砲塔数が三基になった「扶桑」型航空戦艦では、出弾効率を均すのが難しく、効率的な交互射撃はおこなえない。同じ航空戦艦でも、「伊勢」型と比べてかなり見劣りするのが「扶桑」型戦艦の現実であった。

　結果、「扶桑」型戦艦の航空母艦化は見送られたまま、昭和一七年夏から秋にかけてのガダルカナル島攻防戦を内地から眺める立場に置かれてしまったのである。

戦局に振り回された二戦艦

「伊勢」型とともに第二線級の扱いとなった「扶桑」と「山城」は、当面、練習艦を務めることになった。「香取」型練習巡洋艦は前線に送られていたため、日露戦争の生き残り老朽艦だけでは、現行の戦争に資する乗員教育には不十分と判断されたのだ。

　昭和一七年一一月一五日、まず「扶桑」が海兵七一期の少尉候補生を受け入れ、二ヵ月間の練習機会を提供した。また「山城」は横須賀に移動し、四月八日から六月一杯まで木更津航空隊との訓練に参加した。

「山城」が東日本にいた間、「扶桑」は柱島にいたが、六月八日に戦艦「陸奥」の爆沈事故に至近で接したことから、「長門」と一緒に生存者の救助に当たった。しかし両艦に収容された「陸奥」生存者はそのままトラックへと輸送されて、周辺の各所に分散配備された。彼らの多くは二度と内地を踏めなかったわけであるが、なんとも後味が悪い任務である。

「陸奥」の爆沈直後の七月、真珠湾で損傷していた米戦艦の復帰が確認されると、まず「扶桑」が第一線戦力として現役に復帰して、僚艦を失った「長門」とともに第二戦隊を編成した。さらに翌年二月に艦隊編制の変更があり、第一艦隊が解隊されると、「扶桑」と「山城」は連合艦隊の直轄艦となった。

　昭和一九年五月二七日、米軍がニューギニア北西にあるビアク島に上陸した。ニューギニアの孤立を避けるため、現地部隊に増援を送る「渾作戦」が発動されて、輸送隊と警戒隊が即座に派遣されたが、「扶桑」は駆逐艦二隻と共に間接護衛隊として三〇日にタウイタウイを出撃した。輸送部隊を先行させて、もし敵艦隊が出てきたら「扶桑」が前進してこれに当たるという計画であった。しかしこれも六月三日に輸送部隊が敵航空機に発見されたことを理由に、作戦自体が中止となった。

　直後のマリアナ沖海戦では、「扶桑」はフィリピンのダバオ付近に控えて、戦局の変化に応じて出撃、サイパンの敵輸送艦隊を叩く計画であったが、小沢機動部隊が予想を超える一方的な敗北を喫したために参戦機会はなかった。この間、内地の「山城」はサイパンへ陸軍増援部隊を送るY作戦の主戦力に選ばれていた。上陸作戦用の大発六隻を搭載できるように改造した上で、サイパン沿岸に突入、満載した兵員を送り出した後は浮き砲台として支援するという作戦である。しかし改造作業中にサイパン放棄が決まったため、これも幻の作戦となってしまった。

スリガオ海峡の悲劇

　マリアナ沖海戦の敗戦後、連合艦隊は再び編制替えがおこなわれた。「扶桑」型戦艦二隻は、西村祥治中将を司令官に迎えて、第二戦隊を編成することになった。そして機動部隊が実質的に壊滅した連合艦隊にあって、最大の勢力となった栗田提督の第二艦隊に合流すべく、九月一九日に呉を出港した。

　間もなく一〇月一七日に米軍がレイテ上陸作戦を開始。これをもって連合艦隊は捷一号作戦を発動し、主力艦隊はレイテの敵艦隊に突入することとなった。

　ただし、強大な敵空母機動部隊の航空攻撃に対処するために、まず小沢提督が残存の機動部隊を率いてフィリピン北方に進出、これが敵機動部隊主力を北方に誘引している間に、栗田提督の第二艦隊を主隊とする第一遊撃部隊が、敵航空攻撃に晒される時間がもっとも短いシブヤン海を抜けるコースをとり、サマール島の東側を南下してレイテに突入するという、複雑な作戦計画が立案された。

　しかし策源地となるブルネイでの油槽船確保に時間をとられた結果、作戦開始が遅れてしまい、鈍足の第二戦隊は、新たに巡洋艦「最上」、駆逐艦「満潮」「山雲」「朝雲」「時雨」の五隻を加えた第三部隊として、栗田艦隊とは別行動となる南ルートを進むことになった。これは航海距離こそ短くて済むが、レイテ湾に突入する前に、幅が狭く待ち伏せに適したスリガオ海峡を突破しなければならない。過少な戦力の西村艦隊が作戦を成功させるには、主力の栗田艦隊と歩調を合わせての海峡突入が絶対条件となった。

一〇月二二日早朝、栗田提督指揮する第一遊撃部隊の出撃後、タイミングを計り、一五三〇時に西村艦隊はスリガオ海峡に向かって出撃した。艦隊は二四日未明に敵からの空襲を受け、「扶桑」に爆弾が命中したものの損害は軽微であった。

一八三〇時頃、西村艦隊はスリガオ海峡の南に到達し、敵魚雷艇に悩まされながらも突入のタイミングを計っていた。実はこの時、栗田艦隊は空襲を避けるために転進していたため、当初の作戦時間には間に合わなくなっていた。しかしその詳細は連合艦隊司令部はもちろん、各部隊に正確に伝わっていなかった。そこに連合艦隊司令部からの突撃命令が加わったため、結果として西村艦隊はこれを遵守してスリガオ海峡に突入したのであった。

闇夜の海峡の先に待ち構えているのは、戦艦六隻、巡洋艦八隻を中心に、駆逐艦、魚雷艇を含めて七九隻にもなるオルデンドルフ少将の第七七任務部隊第二任務群の大艦隊であった。

米艦載機を砲撃中の「扶桑」と航空巡洋艦「最上」（写真上段）

二五日〇二〇〇時、前衛に駆逐艦二隻を配置し、「山城」「扶桑」の順序で海峡に突入した西村艦隊は、最初に会敵した魚雷艇を駆逐しつつ、二〇ノットで北上した。しかし衆寡敵せず、一時間後に「扶桑」が駆逐艦「メルヴィン」の魚雷命中で艦首を吹き飛ばされ、第一砲塔が波を切るような有様になって落伍した。それでも惰性でしばらくは航行していた「扶桑」であったが、間もなく弾薬庫誘爆とおぼしき大爆発を起こして沈没した。

西村提督が座乗する「山城」も、二度の雷撃によって艦尾側の砲塔二基が機能停止したものの前進を継続していた。その結果、〇三五〇時に敵戦艦、巡洋艦部隊からの砲撃を一方的に受ける展開となった。夜間に有効とされたレーダー射撃が可能であったのは、米艦隊の一部に過ぎなかったが、それでも彼らは日本艦隊に向けてありったけの砲弾を撃ち込み続けた。しかし「山城」からの反撃も果敢であり、主砲弾が敵巡洋艦隊を挟叉、また駆逐艦「グラント」が副砲の直撃を受けている。

このように奮闘した「山城」であったが、とどめを刺したのは駆逐艦「ニューカム」が放った魚雷であり、〇四一九時に「山城」は横転、沈没した。海に投げ出された乗員の多くは、米軍の救出を拒んで波間に消え、あるいは漂着した島で現地人に殺害されるなどして、結果、「扶桑」「山城」併せて生存者は二六名ほどと伝えられる。

スリガオ海峡海戦は、太平洋戦争において最も一方的で悲惨な海戦であった。しかし、史上最後の戦艦同士の砲撃戦で「山城」が主砲の晩鐘を奏でたことに、太平洋戦争に先立っての小畑長左衛門艦長の訓示に込められた因果を感じさせるというのは、感傷的に過ぎるだろうか。

米戦艦との夜戦において「扶桑」「山城」は最期を迎えた

●「扶桑」型3、4番艦として建造の予定であった「伊勢」型戦艦のメカニズム紹介！

「伊勢」型戦艦「日向」。1915年5月6日に起工され、1917年1月27日に進水した

キメラ戦艦「伊勢」型のメカ解剖

■軍事ライター 松田孝宏

改「扶桑」型となる「伊勢」型

イギリスが画期的な戦艦「ドレッドノート」を竣工させると、世界各国はド級、さらに超ド級戦艦へと建艦競争をエスカレートさせていった。日本も例外ではなく、明治四三年に「海軍軍備緊急充実計画」を議会に提出。これが認められると、計画のうち「第三号甲鉄艦」「第四号甲鉄艦」が大正三年から四年にかけて、それぞれ日本最初の超ド級戦艦「扶桑」「山城」として竣工した。

「扶桑」型は竣工時、世界最強の性能値を得ていたものの、世界列強とりわけアメリカが続々と建造していた新戦艦は「扶桑」型の優位をおびやかすにふさわしい戦力を有していた。現在とは違い、議会でも「我が新戦艦は諸外国のものに対して、著しく劣っている。これで海軍は国防に自信が持てるのか」という質問が続出したのが当時の日本である。

また「第五号甲鉄艦」「第六号甲鉄艦」は「扶桑」型三、四番艦として建造される予定であったが国防予算の不足で遅れを来しており、かつ大正三年に勃発した第一次大戦で行なわれたジュットランド沖海戦など諸海戦の戦訓や、竣工した「扶桑」型で露呈した問題点などを鑑みて設計を改めることとした。これが後年の「伊勢」型戦艦である。

新設計にあたっては、まず主砲配置が変更された。「扶桑」型では六基の砲塔が三箇所に分かれ、三、四番砲塔は煙突（機関区画）を挟むように配置されたが、懸念されたとおり射撃時に爆風が全艦を覆い、艦橋の機器にも重大な影響が及ぶようになった。また、三、四番砲塔に挟まれた機関区画は狭く、後年に機関増設ができないなど拡張性に乏しいものとなった。このため「伊勢」型では三、四番砲塔を背負式として機関部後方となる、後部煙突の後ろに配置するようにした。この配置は、当時のアメリカ最新戦艦「アーカンソー」級と同じであったが、機関部が集約されて容積も増えたため、防御

「伊勢」型戦艦「伊勢」（撮影：昭和12年3月）。
36㎝砲12門を装備、「扶桑」型よりも防御力は上であった

やその後の拡張に恩恵をもたらした。

主砲の弾丸装填も「扶桑」型の固定装填方式（仰角五度）に対し、自由装填方式（仰角五～二〇度）となり発射速度を改善した。固定方式は文字通り射撃のたびに砲身を五度に戻す必要があり、射撃速度に悪い影響を与えていたのだ。ただし固定装填と自由装填にはいずれもメリット、デメリットが指摘されており、完全な自由角装填を果たせなかった日本海軍は、固定装填を重視する道を選ぶことになる。

ちなみに「扶桑」型の主砲は最大仰角が当初三〇度であったのに対し、「伊勢」型では二五度とされた。計画時に予想された敵艦隊との距離は二万五〇〇〇メートルから三万メートルで、当時の射撃指揮システムも大遠距離砲撃に際して精度が充分とは言い難く、二五度で問題ないとされた。

なお計画では、「扶桑」型の際にも検討された三連装、四連装砲塔案がさらに詳細に検討された。また、五〇口径砲も候補とされた。しかし軌道に乗ってきた一四インチ四五口径砲の製造や訓練などへの影響が考慮され、四五口径連装砲塔のままとした。五〇口径に限らず長口径は初速が増すものの、砲の発射命数が短くなることも四五口径に据え置きの理由であった。

副砲は従来の一五・二センチ砲（砲弾重量四五キロ）から、日本人の体格に適した一四センチ砲（三八キロ）に変更、門数も二〇門に増やした。このため、一発あたりの威力は低下するものの人力装填で一定の発射速度を維持できるため、むしろ有利と判断された。もともと戦艦の副砲は雷撃のために接近する敵水雷艇や駆逐艦を射撃することにあるので、威力においても一四センチ砲で問題ないと判断された。ただしすでに一五・二センチ副砲を搭載した戦艦のため、当分は二種の砲弾を製造することになるので、思いきった英断と言えるだろう。

防御面も「扶桑」型の強化をめざし、主砲前盾、バーベット、水平装甲を増厚した。水中防御も縦隔壁の増加と水密区画の細密化を実施した。水平装甲は「扶桑」型同様に上甲板と下甲板を防御甲板とするが、上下合わせて厚さは八五ミリと、「扶桑」型の六四ミリより格段に強化された。下甲板装甲と舷側装甲鈑の接合は、「扶桑」型の直接接合から端部付近を折り曲げて傾斜接合とした。これにより耐弾性能も向上した。

砲塔や水平防御の強化は建造中にジュットランド沖海戦の様相も報告され、これに基づいたものである。

こうして「扶桑」型よりも強化された防御力を得た設計となり、「伊勢」の常備状態における装甲重量は六一九〇トンと、「扶桑」の五七九〇トンを上回るものとなった。だが、同時期における他国の戦艦には劣るというのが実状であった。

速力も増速を企図して四万五〇〇〇馬力、二三ノットを得た。主機は「伊勢」がブラウン・カーチス式タービン、「日向」がパーソンズ式タービンを搭載。主機が違うのは、それぞれの造船所が製造権を持つタービンを選択したためだ。主缶（ボイラー）は「扶桑」型の宮原缶よりも高性能のロ号艦本式混燃缶を搭載した。

また「伊勢」型はなおも石炭・重油混燃方式となったが、石炭を減らして重油を増加したことで航続距離が延長できた。これは石炭供給の労力を減少させたばかりか、粉塵の発生を少なくする恩恵を得た。ちなみに当時の石炭を搭載した装甲艦艇同

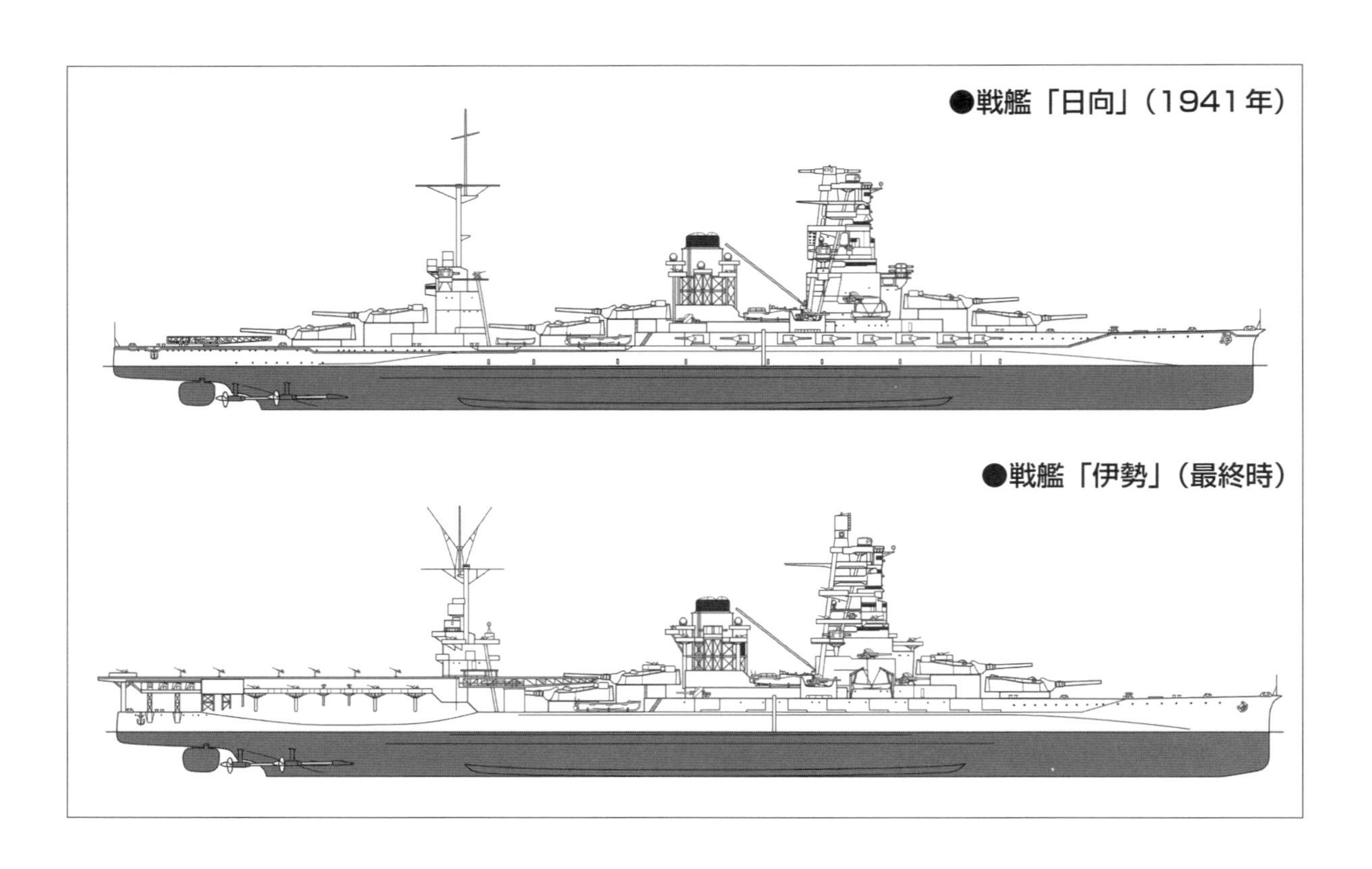

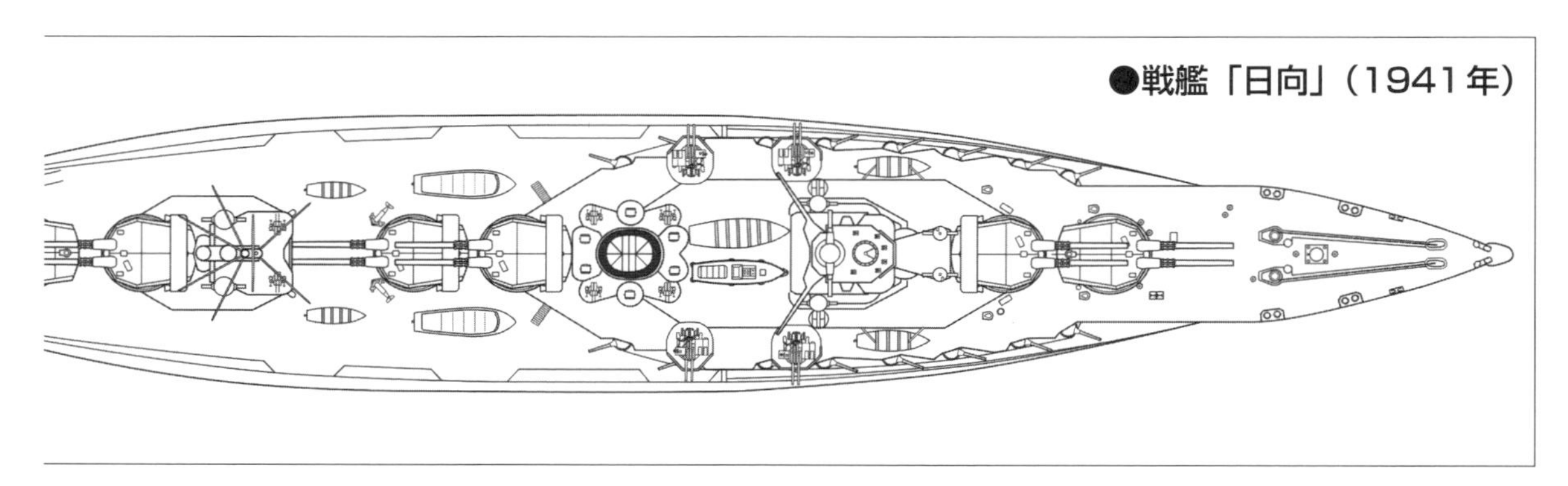

様、「伊勢」型も缶室区画の石炭が防御力の強化に一役買っている。

「伊勢」型戦艦の竣工

「伊勢」型の工事は順調に進行し、「扶桑」型三番艦から「伊勢」型一番艦となった「伊勢」は神戸川崎造船所で大正四年五月一〇日に起工、同五年一一月一二日に進水、同六年一二月一五日に竣工した。同様に「扶桑」型四番艦転じて「伊勢」型二番艦の「日向」は三菱長崎造船所で大正四年五月六日に起工、同六年一月一七日に進水、同七年四月三〇日に竣工した。

先に竣工した「伊勢」は、新造時より高角砲（八センチ単装、四基）と方位盤照準装置を装備した最初の日本戦艦となった。「扶桑」の爆風問題を解消し、方位盤の搭載により射撃能力は格段に向上したと言える。当時、日本戦艦の前檣は「金剛」型、「扶桑」型、「伊勢」型に至るまで三脚式が標準で、一見脆弱だが被弾しても倒壊しにくい構造とされた。射撃指揮機構も後年ほど複雑ではないため、この時期における日本戦艦の前檣は方位盤照準装置と射撃指揮所、羅針盤艦橋程度を設置しただけのシンプルな構造であった。

　なお「伊勢」型は「扶桑」型に比して前檣と後檣の高さが逆になり、前檣トップは八メートル短縮した。後檣は約二〇メートルも延長しており、非常に目立つものとなった。

　副砲は先述のように二〇門だが、すべてを砲廓に装備できず、両舷の一門ずつはシールド付きで上甲板に装備された。「伊勢」型より先に竣工した、イギリスの「クイーン・エリザベス」級戦艦にも同様の配置がみられる。

　竣工した「伊勢」型は艦隊側からまずまずの好評で迎えられ、懸念されていた主砲発射時の爆風問題も解決した。しかし皮肉なことに、それゆえの弊害も認められた。

　先述したように三、四番主砲を背負式とする際に四番砲塔を一段低く設置するため、三番砲塔部分でシェルター甲板が途切れた。この結果、やはり先述したように副砲が砲廓に収まりきらず、上部に設置された数門は荒天時の砲撃が困難となった。さらに短艇類の配置にも苦慮することとなり、第二煙突後方に爆風対策のため設けられたブラスト・スクリーン内部に搭載された。


建造中の戦艦「日向」（撮影：1916年11月）。

写真は第1煙突付近から艦尾方向を見たものである

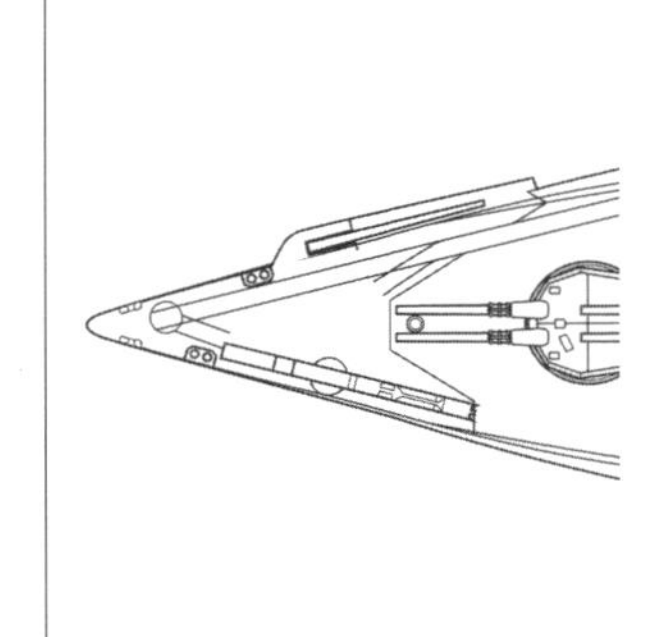

　最も深刻だったのが、シェルター甲板が短くなったため艦内容積が減少し、居住区の面積が減る結果を招いた。「伊勢」型の計画定員は「扶桑」型より一七〇名多い一三六〇名。さらに大型となる「長門」型の一三三〇名よりも、「伊勢」型の定員が多いのだ。このため一人あたりの居住面積が最も少ない日本戦艦となり、ほかの戦艦から「伊勢」型に乗艦した将兵はずいぶん狭く感じたという。
　乾舷も「扶桑」の六・九メートル、「金剛」の七・二メートルに対して「伊勢」は四・四メートルと低く、凌波性が悪かった。荒天時は砲廓の副砲が波しぶきを浴びるなどの弊害もあった。
　このようにいくつか無視できない問題を抱えていたのも事実だが、総合的に「伊勢」型は「扶桑」型の欠点をほぼ是正し、総合的に性能の向上をみた新型戦艦に仕上がったのである。

小改装と前檣の檣楼化

「伊勢」型は竣工以来、細かな改装が行なわれた。主なものを列記すると、まず大正一〇年に新造時は二五度で問題ないとされた主砲の仰角を三〇度とした。むろん、遠距離砲戦に備えた措置である。なお「日向」は大正八年の訓練中、三番砲塔右砲の爆発事故を起こしており、この復旧工事も兼ねていた。「日向」はその生涯で、三、四、五番と順番に砲塔爆発事故を起こすことになる。

　大正一三年は主砲塔の天蓋装甲を強化、前檣に射撃指揮所や測距所など射撃関係の施設が追加された。

　昭和二年は「伊勢」の第二砲塔上に滑走台が設けられ、「山城」に続き陸上機が搭載された。しかし間もなく滑走台は撤去されて、昭和五年に五番砲塔上に架台を設けて水上偵察機を搭載した。「日向」では昭和四年に航空機搭載工事が実施された。

　昭和二～四年の間に「日向」「伊勢」とも前檣を檣楼化する工事が実

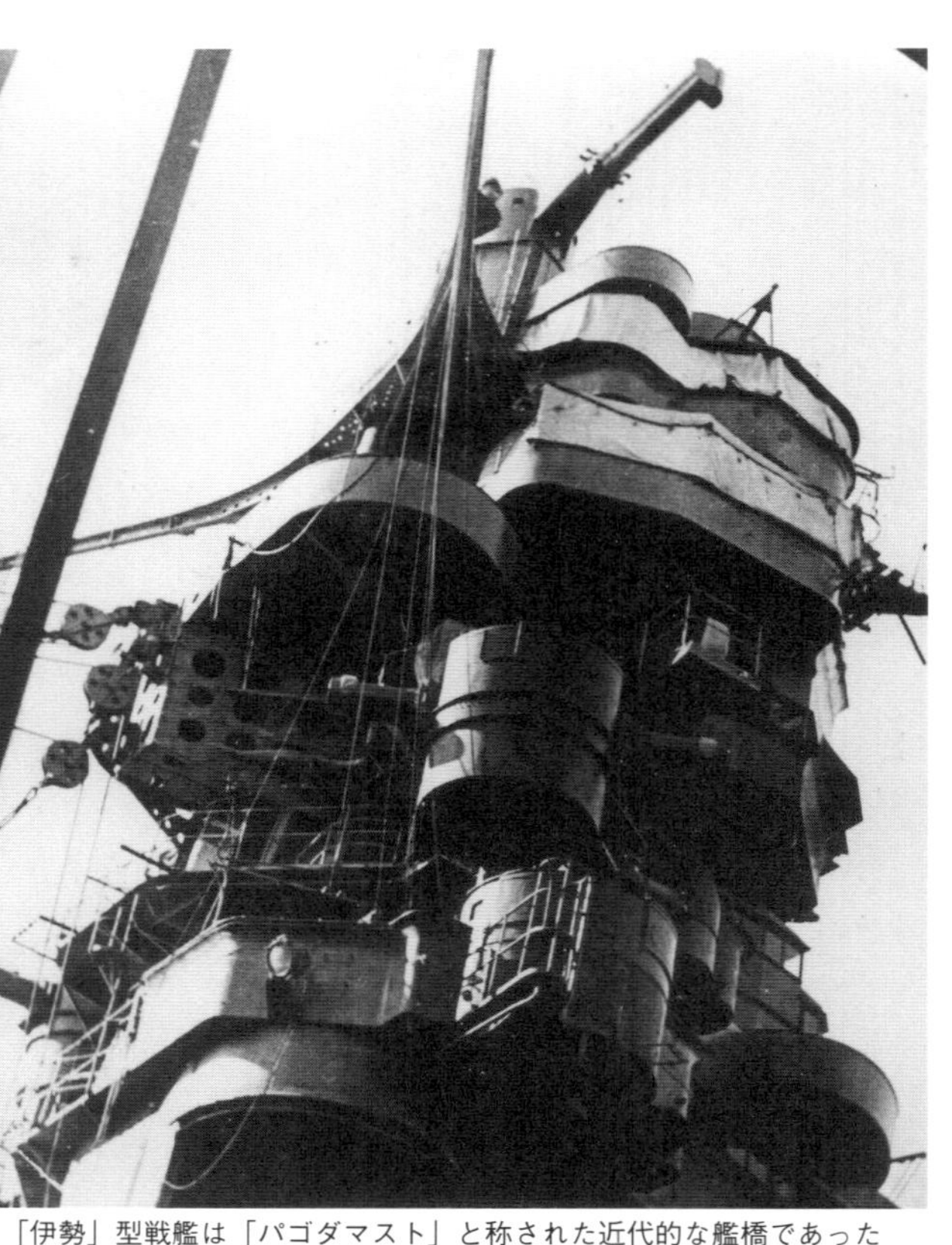
「伊勢」型戦艦は「パゴダマスト」と称された近代的な艦橋であった

施され、各種指揮所や見張所などを追加したため複雑な構造となった。これにより、外国からはパゴダマストと称された近代的な艦橋を得た。
　この時、前部煙突からの排煙が艦橋に逆流しないよう、フードが設けられた。後部煙突には前檣から移された探照灯が設置された。
　昭和七年は高角砲を新型の八九式一二・七センチ連装高角砲に換装、射撃指揮装置として九一式高射装置も設置された。
　昭和八年は艦尾右舷に張り出しを設けて呉式二号三型射出機を設置、左舷には水偵吊り上げ用の起倒式クレーンが搭載された。艦尾上甲板は飛行機甲板となり、水偵三機の搭載が可能となった。この時期までに魚雷防御網用ブームや、水中発射管も撤去されたようだ。

大改装を経て太平洋戦争へ

「伊勢」型の近代化大改装は昭和九年に「日向」、一〇年に「伊勢」の順で開始された。「金剛」「榛名」「霧島」「扶桑」が二回に分けて工事を実施したのに対し、「伊勢」型は「比叡」「山城」そして「長門」型同様に一回ですべての工事を行なうこととした。工事の完了は軍縮条約明けと見込まれたこともあり、その内容は主砲射程の延長、これに伴う防御の強化、機関の換装と速力向上など大規模なものとなった。

　順に記していくと、まず主砲の仰角は四三度に達し、最大射距離は三万三〇〇〇メートルに達した。ただし艦尾の六番砲塔は内部スペースの都合で仰角増大は行なわれなかった。砲塔の測距儀も六メートルから八メートルに換装、二、三、五番砲塔に設置された。

　艦橋トップには射撃指揮装置として射撃所と射撃指揮所が一体となった九四式方位盤が設置され、併せて一〇メートル測距儀が据え付けられた。この測距儀の支持材は「金剛」型や「扶桑」型のガーダーと違い支柱になり、すっきりとした外観となった。基部の司令塔も小型化され、艦橋各部の諸施設も近代化や更新で非常に重厚な印象となった。

　総じて大改装された「伊勢」型の艦橋は、三脚マスト形式の発展型としては最も完成度が高いとの評価を得た。

　副砲も二〇度から三〇度に仰角を上げて射程が一万五〇〇〇メートルに延びたが、最上甲板と砲廓最前部の四門を撤去して計一六門となった。

　水平防御は三六センチの九一式徹甲弾が、二万〜二万五〇〇〇メートルの戦闘距離で命中しても耐えられるよう、弾火薬庫上部に一三五ミリ甲鈑が追加された。機関上部や主砲塔とそのバーベットなども強化された。水中防御は弾火薬庫部分に九五〜一四一ミリ甲鈑を追加、さらに船体の約三分の二にわたって大型のバルジを装着、内部を水防区画とした。

　機関は従来の主機、ボイラーをすべて撤去して艦本式ギアードタービン四基、ロ号艦本式重油専焼ボイラー八基が搭載され、八万馬力で二五ノットの発揮が可能となった。「扶桑」と異なり、背負式の主砲塔配置で機関スペースに余裕のあったたまものである。機関の刷新で煙突は一本となり、周囲に機銃台と探照灯台を設けた。機銃は四〇ミリ機銃から二五ミリ連装機銃に変更された。石炭庫は重油タンクとなり、重油が増えたことで航続距離は一六ノットで一万一〇〇〇浬となった。増速と推進抵抗の減少を図って艦尾は四・三メートル延長され、これは狙い通りの結果となった。

総じて居住環境以外では、同時期における他国の戦艦と比較しても遜色のない性能を得たのであった。

これらに加えて太平洋戦争直前は磁気機雷防御用の舷外電路、浸水に備えた応急注排水装置、毒ガス対策のため給排気通風機の改正や空気濾過装置の設置、防空指揮所の新設などが実施された。ただ、これ以後も艦内通風性能は依然として劣悪だったことが報告されている。バルジ内部には水密鋼管が充填されたが、これは被弾時に鋼管が破損することで爆発圧力を発散させ、被害を軽減する効果を狙ったものである。

こうして列強諸艦に遜色のない性能を得た「伊勢」型は、第一艦隊第二戦隊の所属で開戦を迎えている。

空母への改造案

開戦後の第二戦隊は何度か出撃したものの会敵の機会はなく、待機の状態が続いていた。

昭和一七年五月、訓練中の「日向」に五番砲塔が爆発する事故が発生。翌六月のミッドウェー海戦には砲塔を撤去、二五ミリ機銃を装備した状態で出撃した。

この時、「伊勢」には対空見張用の二一号電探、「日向」には水上見張用の二二号電探が試験的に装備されていた。両艦の属する主力部隊は戦火を交えることなく帰投したが、濃霧を航行する際に「日向」の電探がおおいに役だった。

しかしミッドウェー海戦は日本海軍の惨敗に終わり、空母の増勢が急務となった。既存の艦艇を空母に改造する案も出されており、戦艦も「大和」型以外は検討の対象とされた。火力や速力に優る「長門」型や「金剛」型も改造は見送られた。

残る「扶桑」型と「伊勢」型は艦齢も古く砲力、速力も劣るため最終的な対象となり、「伊勢」型を改造することが決定した。これは「日向」が、昭和一七年五月の射撃訓練中に五番砲塔が爆発事故を起こし、砲塔を撤去していたことにもよる。

ちなみに「扶桑」型は五、六番砲塔撤去による改造案で「扶桑」は呉、「山城」は横須賀工廠で工事が予定された。呉工廠では昭和一九年春に工事期間約四箇月という非常に短い線表も組んでいたほどだ。しかし費用や工程、逼迫する戦局などから、マリアナ沖海戦後に改造は無期延期となり両艦はレイテ沖海戦に沈んだ。

「伊勢」型戦艦の45口径41式36㎝主砲。同砲は「扶桑」型や「霧島」「榛名」にも搭載された

「伊勢」型の改造に際してもいくつかの案が出されており、当初は完全な長さ二一〇メートル、幅三四メートルの飛行甲板に五四機を搭載する本格的な空母化が提案された。しかし、工期が一年半と長く工数も多く、ほかの艦艇にも影響することから完全な空母改造は見送られた。

もう一つは三番～六番砲塔を撤去して約一一〇メートルの飛行甲板を設置するもので、この場合は四五機程度が搭載可能と思われた。ただし飛行甲板が短いため着艦に危険を伴うため、発艦した機は他艦か陸上基地に降りるか、水上機を運用するしかなかったと思われる。

なお軍令部からの要求は主砲を六門残して副砲をすべて撤去、対空兵装と搭載機はなるべく多くして昭和一八年のうちに完成というものだった。六門の主砲、つまり一～三番砲塔を残すのはいざという時の砲戦に必要とみなされたためだが、手間のわりには搭載機が増えないなどのデメリットにより実現しなかった。

航空戦艦改造計画

最終的な改造案は五、六番砲塔を撤去して飛行甲板を設置、下部の格納庫とエレベーターで結ぶことになった。設計は艦政本部第一部や呉工廠造船部および砲熕部が航空本部に全面協力することとなり、中でも呉工廠造船部は艦政本部に対して非公式に「当工廠は、いかなる努力も犠牲もはらう」「どんな難工事でも必ず完遂してお目にかける」と、実に壮なる意気を示した。

そして諸案を検討した結果、次のような概要が定まった。

まず五、六番砲塔を撤去して同位置に搭載機用の格納庫を設ける。砲塔跡は蓋として二五ミリと一五〇ミリの甲鈑が張られた。格納庫は長さ四〇メートル、高さ六メートル、前方幅二八メートル、後方幅一一メートルである。床には軌道と旋回盤が設けられ、両舷に四機、中央に一機、計九機を格納した。直線部分の多いシンプルな溶接構造だが、空母同様に泡消火装置や炭酸ガス消火装置を装備した。

格納庫の上部は長さ七〇メートル、前部幅二九メートル、後部幅一三メートルの飛行甲板（射出甲板）となり、三列の軌道と一二個の旋回盤により搭載機を移動させる。甲板上には一一機、両舷の射出機には各一機と計一三機を繋止する。これで全二二機の搭載となる。

射出機は呉式二号五型より大型で連続射出に適した、新型の一式二号射出機一一型が後部艦橋の両舷に設置された。射出間隔は各三〇秒、全二二機の射出は五分となる。射出機の上面は飛行甲板と同じ高さのため搭載機の運用は容易だが、四番砲塔がこれより低く位置するため、発砲には制限を受けた。砲戦時は射出機を舷側斜め後方に向けるが、これはレイテ沖海戦時の写真でも確認できる。なお飛行甲板を見下ろす後部艦橋には、射出指揮所も設けられた。

甲板上の機が発進したら、格納庫の機をエレベーターで飛行甲板に運ぶ。昇降は電動巻き上げ機を用いるが、格納庫内で搭載機を乗せ飛行甲板まで二〇秒以内で運ぶものとされた。運ばれた搭載機は一度後方に送られ、後端の旋回盤から両舷の軌道へ送られ、さらに射出機へと向かう。

艦載機は当初、射出可能に改装した新鋭艦上爆撃機「彗星」を二二機搭載が予定された。この場合、着艦はできないので近くの空母か陸上基地に帰投する計画である。しかし射出用「彗星」の生産は通常の量産を阻害するとして、途中より半数の一一機が水上爆撃機「瑞雲」に変更された。「瑞雲」は採用されたばかりの日本初となる水上爆撃機で、二五〇キロ爆弾を搭載して作戦行動を行なったら、艦の近くに着水して揚収されるよう計画された。

なお五番砲塔弾薬庫跡には爆弾庫が設けられた。爆弾は五〇〇キロ通常爆弾四四個、二五〇キロ通常爆弾が二二個と、二二機の搭載機が三回出撃できる量が搭載された。ミッドウェー海戦の戦訓に基づき、格納庫内部での爆弾の取り付けや燃料の補給は禁じられ、飛行甲板で行なうよう定められた。このために揚爆弾筒が設置され、飛行甲板へ爆弾ほか必要物品を揚げる際はこれを用いた。

戦艦「伊勢」の艦橋に付けられた二一号対空警戒用電探

六番砲塔弾薬庫跡はガソリンタンクが設けられ、やはり全搭載機が三回出撃できるだけの燃料が搭載された。タンクの周囲は給油のためのポンプ室や管制室が配置された。

「伊勢」型航空戦艦の誕生

こうした計画のもと「伊勢」は呉工廠で昭和一七年末から改造工事が開始され、昭和一八年九月に完了した。「日向」は佐世保工廠で昭和一八年五月から一一月まで実施された。世界海軍史に類を見ない、空前絶後の存在となる航空戦艦の誕生である（ただし類別は戦艦のまま）。

生まれ変わった「伊勢」型は、航空兵装以外にも多くの増強や追加工事がなされていた。

顕著なのが対空兵装の増設で、一二・七センチ高角砲は倍増して八基となった。高射装置も九一式から九四式に変更、その数も増えた。機銃も二五ミリ連装一〇基がすべて三連装となり、さらに三連装九基が追加された。機銃射撃指揮装置も四基から六基となるなど、対空兵装の強化は著しいものとなった。

副砲は予定通りすべて撤去され、その跡は一八ミリ甲鈑で塞がれた。副砲撤去で浮いた重量が、対空兵装増設に振り向けられたのである。また副砲弾薬庫の一部は、増設機銃の弾庫とされた。

　主砲の方位盤照準装置も九四式となり、その上部には二一号電探が設置された。両艦とも、改造工事完了間もない時期の撮影による写真では大型の遮風装置が見て取れるが、ほどなくして撤去されている。

　外から見てわからない改正は舵故障対策として、舵取機室の周囲をコンクリートで固め、予備舵取機室も設けた。五番砲塔跡には後部操舵室も新設された。六番砲塔の弾薬庫跡に設けられたガソリンタンクの下部には燃料タンクを設け、航続距離が一六ノットで九〇〇〇浬となった。この燃料タンクはバラストとして、後部の喫水調整にも機能した。

　格納庫前方には搭乗員室や飛行科と整備科の倉庫に加え、兵員室、准士官室ほか諸室が配置された。

　搭載機の生産ははかどらなかったものの、昭和一九年五月には「伊勢」型に搭載予定の第六三四航空隊が編成され、「日向」を旗艦とする第四航空戦隊も編成された。

　六三四空は「彗星」と「瑞雲」が二二機ずつ配備予定で、うち各一一機ずつを「伊勢」「日向」に搭載の予定であった。六三四空は「彗星」と「瑞雲」の訓練に励んでいたが、昭和一九年六月のマリアナ沖海戦には参加できなかった。完敗したとはいえ、実質的に最後の組織だった日本機動部隊の作戦だけに、航空戦艦の戦力化が間に合っていたらどのような働きを示したのか想像もふくらむ。

　マリアナ諸島を手中にした連合軍が台湾やフィリピンに攻撃を開始すると、急きょ六三四空も引き抜かれることになった。「彗星」隊は昭和一九年一〇月の台湾沖航空戦に投入され、「瑞雲」隊はフィリピンのキャビテ軍港近くの水上機基地へ進出を命じられ、「伊勢」型が搭載機を実戦で運用する機会は失われた。

大破着底の終戦

　マリアナ沖海戦後、各艦艇には対空兵装強化策が施された。「伊勢」型も例外ではなく、二五ミリ三連装機銃が一二基と同単装が一一基追加された。このうち単装機銃は、飛行甲板上に移動式のものが設置された。機銃射撃指揮装置や二二号電探も装備されたが、軽量で使いやすい新型の一三号電探（対空見張用）は、「伊勢」型には装備されなかった。

　さらに日本戦艦では唯一、一二センチ三〇連装噴進砲が飛行甲板後部両舷に三基ずつ、計六基が装備された（「武蔵」にも搭載したという、元乗員の証言もあるが）。

　こうして船体をくまなく武装した状態で「伊勢」型は小澤機動部隊の一員として昭和一九年一〇月のレイテ沖海戦に出撃。搭載機を持たない、囮任務を果たすための出撃であったが、巧みな操艦により直撃弾を受けずに生還した。この時、ひょろひょろとした軌道を描きながら飛んでくる噴進砲弾に米軍パイロットたちは驚かされたという。

　昭和二〇年二月の北号作戦は輸送任務だったが、「伊勢」型の格納庫が物資の積載に役立った。このような運用は、まったく想定外であったが大戦末期の「伊勢」型の功績は目覚ましい。同年三月、「伊勢」「日向」は予備艦となって呉軍港に繋留されていた。一九日の空襲で両艦とも損害を受け、さらに七月二四日と二八日の空襲で大破着底して八月一五日の終戦を迎えた。

　この時、機銃の一部は陸上で運用するため撤去されていたと思われ、射出機も撤去されていた。行動不能の状態ながら、同型艦二隻が最後まで姿を保っていた日本戦艦は「伊勢」型戦艦のみであった。

「伊勢」（新造時）
基準排水量：3万1260トン、全長：208.1m、全幅：28.65m、機関出力:4万5000馬力、最大速力：23.0ノット、航続力:14ノットで8000海里、兵装：35.56㎝45口径連装砲6基12門、14.0㎝50口径単装砲20門、53.3㎝水中魚雷発射管8門

「伊勢」」（近代化改装時）
基準排水量：3万5800トン、全長：213m、全幅：33.9m、機関出力:8万馬力、最大速力：25.3ノット、航続力:16ノットで1万1000海里、兵装：35.56㎝45口径連装砲6基12門、14.0㎝50口径単装砲20門、12.7㎝40口径連装高角砲4基8門、25㎜連装機銃10基20梃、水上偵察機3機

「伊勢」（航空戦艦時）
基準排水量：3万5350トン、全長：220m、全幅：33.83m、機関出力:8万馬力、最大速力：25.3ノット、航続力:16ノットで9450海里、兵装：35.56㎝45口径連装砲4基8門、12.7㎝40口径連装高角砲8基16門、25㎜連装機銃31基93梃、同単装11梃、12㎝28連装噴進砲6基、航空機22機

リポート

●航空戦艦として改装されながら、フィリピン等で活躍した「伊勢」型戦艦の各種戦歴！

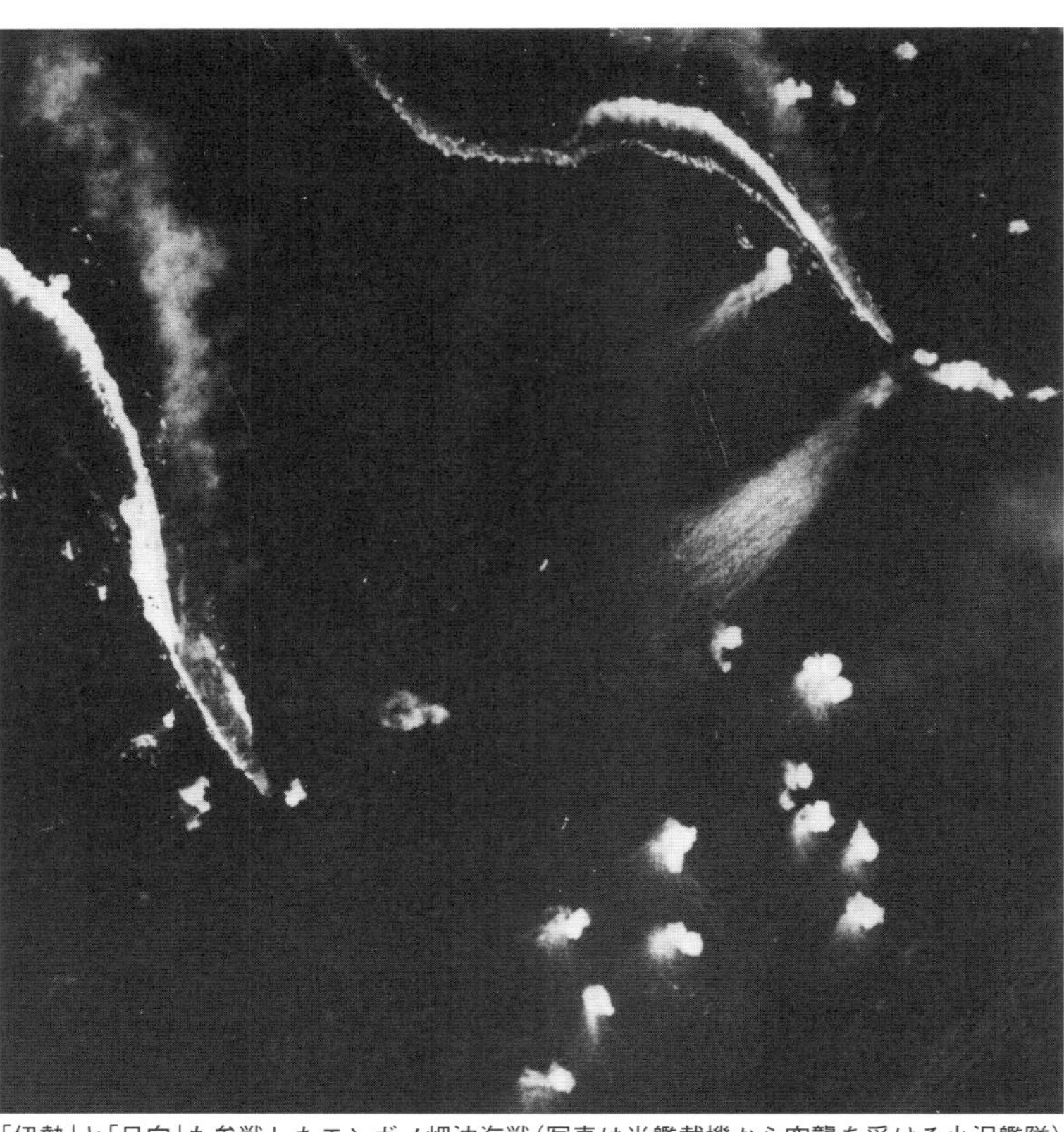

「伊勢」と「日向」も参戦したエンガノ岬沖海戦（写真は米艦載機から空襲を受ける小沢艦隊）

開戦直後の「伊勢」型戦艦

「扶桑」型戦艦の戦歴でも説明したとおり、太平洋戦争が勃発した時点で「伊勢」型戦艦の二隻は、第一艦隊において「扶桑」型の二隻と一緒に第二戦隊を編制されていた。さらに「伊勢」については戦隊旗艦と第一艦隊の旗艦も兼務して、瀬戸内海に控えていた。

最初の出撃は、真珠湾奇襲攻撃の成功直後、昭和一六年一二月八日の正午、第一航空艦隊すなわち南雲機動部隊の掩護と曳航支援であった。ハワイ攻撃から撤収する南雲部隊を追撃する敵への反撃という名目の出撃であったが、艦隊が無傷であることが判明すると、敵の姿を見ることなく内地に帰還した。

翌年にかけての南方進出の第一段作戦においても、第二戦隊には活躍の機会はなかった。

この間、スケジュールどおりに進む戦局の中で、唯一の悩みは敵機動部隊による日本軍根拠地への一撃離脱攻撃であった。被害は小さいが、南方に広がる兵站の側面を脅かされている事実は重い。

そのような状況下、二月七日に敵機動部隊が出撃した可能性を示す電波が傍受されると、これに対処する警戒部隊として第二戦隊、第九戦隊、空母「鳳翔」、「瑞鳳」の第三航空戦隊が編成された。しかしこれも結局、三日後には誤報であることが判明した。

その後も似たような誤報にたびたび振り回されたが、三月一〇日は空母「エンタープライズ」がウェーク島方面にいるという、確度の高い情報から本土空襲が懸念されたため、ついに第二戦隊が出動した。これも実際は敵空母の動向を誤解したものであったため、間もなく第二戦隊は帰投している。

ところが四月一八日には、ドーリットル中佐が指揮する陸軍航空隊のＢ－25爆撃機隊が、空母から発進するという離れ業によって、首都東京をふくむ日本各地の主要都市が空襲された。これを受けて、即座に敵空母を追って出撃した第二戦隊であるが、せいぜい二五ノットの戦艦群で逃げに入っている空母機動部隊を撃つのは到底不可能であった。

この爆撃の規模は小さく、実質的な損害はほとんどなかった。しかし連戦連勝に沸く日本においては、軍民ともに冷や水を浴びせられた事件であり、アメリカが容易ならざる敵であることを関係者に強く認識させることとなった。

このドーリットル空襲が契機となって、敵空母の殲滅と中継拠点の占領を一挙に狙ったミッドウェー攻略のＭＩ作戦が実施される。結果が惨敗であったことから、作戦の発動動機もふくめ、杜撰（ずさん）さと拙速を責める声は、特に戦後の敗因分析の中で強

■軍事ライター 宮永忠将

昭和19年10月25日、エンガノ岬沖海戦における航空戦艦「伊勢」

くなるわけだが、昭和一七年早々から、敵機動部隊による一撃離脱攻撃に悩まされていた日本海軍の立場が、MI作戦を強行させたという背景は理解しておくべきだろう。

航空戦艦としての運用方法

昭和一七年五月五日、第二戦隊は瀬戸内海の伊予灘で主砲の砲撃訓練を実施していた。開戦から半年、活躍もなく内地に置かれている旧式戦艦群のうっぷんを晴らすような主砲斉射訓練であった。

ところが訓練も終わりに近い一六四九時、主砲斉射を実施した直後の「日向」の五番砲塔の左砲身内で砲弾が爆発した。この影響で砲塔天蓋が吹き飛び、火災が弾薬庫におよぶ可能性があったため、艦長の松田千秋大佐は後部砲塔二基の火薬庫に注水を命じねばならなかった。

「日向」は戦前も演習中に二度の砲塔爆発事故を起こしていたが、戦時中の事故とあっては悠長に修理している時間はない。そこで五番砲塔を撤去して穴を鋼板でふさぎ、その上に二五ミリ三連装機銃を三基追加する応急処置で凌いだ。幸い機関などの主要部には損傷がなく、作戦に支障がなかったので、応急修理は五月のうちに終わり、ミッドウェー海戦にも参加している。

この修理期間中に「日向」には水上捜索用の二二号電探、姉妹艦の「伊勢」には対空捜索用の二一号電探がそれぞれ試験的に設置されていた。もちろん、ミッドウェー海戦は前衛部隊の南雲機動部隊の惨敗によって終わり、日本海軍の戦艦部隊には為す術がなかった。「伊勢」型二隻はアリューシャン作戦の支援に充てられていたが、ミッドウェー作戦の失敗により、作戦遂行を前に帰投命令が出されている。そして六月三〇日、「伊勢」型戦艦二隻は航空戦艦への改装が決まるのである。

ミッドウェー敗戦をカバーするために空母の増強が必要となった際に、「扶桑」型と「伊勢」型の戦艦四隻が空母ないし航空戦艦に改装する対象とされたわけだが、工期の問題から全通甲板式の空母ではなく、航空戦艦にすることとされた。この際に「扶桑」型が外されて「伊勢」型のみが残ったのは、「日向」が事故で五番砲塔を失っていたことが決め手であった。

昭和一八年度中に改装工事を終えることが軍令部の最優先要求であっ

たことから、「一八改装」と呼ばれたこの改装工事では、戦艦「信濃」に使われる予定の資材が多数流用され、また戦艦建造の見送りで仕事が少なかった砲熕兵器関係者も大量に動員された。こうした条件の良さから、「伊勢」の改装工事は八月二三日に、「日向」は一一月一八日にそれぞれ完了している。

だが、航空戦艦となれば所属する航空隊も必要となる。第四航空戦隊を編成した「伊勢」型航空戦艦二隻には、昭和一九年五月の時点で第六三四海軍航空隊が割り当てられた。これは航空戦艦を母艦として運用される変則的な水上機・艦上機部隊であるが、機材となる水偵の「瑞雲」、艦爆の「彗星」いずれも配備が間に合わなかった。結果、空母決戦となった六月のマリアナ沖海戦に、「伊勢」型は参加できなかったのである。

マリアナ沖海戦の「もしも」

世界に実例がない航空戦艦となった「伊勢」型であるが、構想されていたような運用はついにされないまま、日本海軍の機動部隊はマリアナ沖海戦で命日を迎えた。しかしもし「あ号作戦」に間に合っていたら、「伊勢」型はどのように使われただろうか。

マリアナ沖海戦（写真は米艦載機から空襲を受ける第１機動艦隊）

搭載機である「彗星」艦爆の活用に期待するなら、「大鳳」と「翔鶴」型二隻に足並みを揃えるべきだろう。しかし自身の有力な対空攻撃力と防御力を活用して、なるべく敵陣深くに進出するというのが航空戦艦としての改装コンセプトであったことから、艦隊前衛に置かれるのが妥当であろう。

この場合、実際に前衛部隊に配属された第三戦隊（「瑞鳳」、「千歳」、「千代田」）と、本隊／乙部隊（「隼鷹」、「飛鷹」、「龍鳳」）の空母配備のバランスにも影響を与えたであろう。

いずれにせよ、発艦した艦載機は友軍基地か別の空母に収容させるという運用においては、攻撃機会は一度しかなく、「七面鳥撃ち」と酷評されたほどの一方的敗戦の中では、赫々たる戦果を上げると想像するのは難しい。むしろ防空戦に威力を発揮した三式弾に期待して、実際は空襲で被害を受けた乙部隊に随伴させるべきであったろうか。

八月一〇日、マリアナ沖海戦を生き延びた「隼鷹」、「龍鳳」とともに第四航空戦隊を編成した二隻の「伊勢」型航空戦艦であるが、「伊勢」型に配備されるべき六三四空は、一〇月一二日からはじまった台湾沖航空戦に投入された。

これはフィリピンへの本格的侵攻を前に、沖縄、台湾の日本軍基地を叩きに来た米機動部隊を、日本軍航空部隊が迎撃した戦いである。この航空戦では母艦航空隊の多くが基地航空隊に転用されたが、六三四空も、作戦の中心となった福留繁司令長官の第二航空艦隊の配下に入れられて鹿児島の指宿、鹿屋両飛行場から一〇月一四日の戦闘に投入された。しかし戦果は、敵空母「バンカーヒル」に命中弾一発を与えたのみで、約半数が未帰還となった。

台湾沖航空戦は最終的に敵空母二一隻を撃沈破という、信じられない大勝利と喧伝されたが、実際は三〇〇機以上を失って、敵艦隊の損害は実質ゼロに等しい惨敗であった。

台湾沖航空戦で日本軍の攻撃を撃破するのに成功した米軍は、勢いをそのままにレイテ島に上陸し、日本軍は米軍撃退を賭して捷一号作戦を発動した。

この作戦において、「伊勢」型二隻は小沢治三郎提督が率いる機動部隊、第三艦隊に配属された。この艦隊は旗艦の「瑞鶴」以下、三隻の空母と、第四戦隊、すなわち「伊勢」型二隻を主力としていた。小沢提督はこの艦隊を率いて、ハルゼー提督の強力無比な機動部隊をフィリピン北方に誘引し、主力打撃部隊である栗田提督の第一遊撃部隊の進路を確保するのを任務とする。

海戦史に前例のない囮艦隊としての戦いであるが、六四三空が先の台湾沖航空戦で消耗していたため、二隻の航空戦艦は艦載機を持たず戦艦として出撃することになった。

昭和一九年一〇月一九日、瀬戸内海を出撃した小沢艦隊は、作戦予定にしたがい、敵機動部隊に「発見される」ように派手に動いた。しかし一〇月二四日の時点で、ハルゼー提督は小沢艦隊に気づかず、シブヤン海に発見した栗田艦隊に執拗に攻撃を加えていた。

　この状況に、小沢提督は第四戦隊を先に南下させて、その後を機動部隊主隊が追うという布陣をしていた。少しでも早くハルゼーに発見されると同時に、空母部隊はできる限り温存したいと考えたのだ。言い方は悪いが、第四戦隊は「囮艦隊の囮」であったとも言える。しかし先に発見されたのは空母部隊の方であったため、第四戦隊は急きょ北上して機動部隊に合流した。

　二五日から始まった敵空襲に対して、小沢提督は空母を二手に分けて、それぞれに「伊勢」と「日向」を配置した。〇七一三時頃に「日向」の二一号電探が敵編隊を発見、約一時間後、三式弾を充填した「日向」の発砲によりエンガノ岬沖海戦が勃発した。

　この戦いは四次にわたる空襲をともない、第三次空襲で「瑞鶴」が被弾、沈没したことで空母部隊が全滅した。そして一七〇〇時過ぎの第四次空襲は「伊勢」、「日向」を狙った攻撃となったが、至近弾多数を受けたものの、爆弾、魚雷とも直撃はなく、両艦はエンガノ岬沖海戦を生き延びた。これは事前に入念に研究された急降下爆撃回避策が奏功したこと、三式弾および対空ロケット弾である奮進砲の効果によるとされる。海戦が終わったとき、「伊勢」の戦死者は五名、「日向」ではわずか一名と、見事な戦いであった。

「伊勢」型戦艦の１番艦「伊勢」。当初は「扶桑」型戦艦の３番艦として建造が予定された

日本戦艦最後の咆哮

呉に帰投した「伊勢」型二隻には、休む間もなくフィリピンへの物資輸送が命じられた。レイテ沖海戦後も、陸軍と現地の海軍航空隊や水上艦艇の戦いは続いていたのである。

　第三一戦隊の駆逐艦群と「H部隊」を編成した「伊勢」、「日向」はフィリピンに展開する海軍航空隊に増槽や弾薬、予備パーツを運ぶ輸送任務を開始した。戦艦の防御力と、航空機用格納庫を持つ「伊勢」型は、こうした任務にうってつけであったのだ。

　一一月九日に出航したH部隊は無事にマニラ南西洋上で現地輸送部隊に積荷を移し、二戦艦はシンガポールに入港した。昭和二〇年になるとシンガポールにも敵空襲が実施されて、安全な海はなくなっていたが、「伊勢」型二隻はうまく難を逃れていた。

　二月五日、そんな二隻にシンガポールで戦略物資を満載して、内地に輸送せよとの命令が下った。この北号作戦と名付けられた物資輸送作戦には「伊勢」型二隻をふくむ六隻の艦艇が割り当てられ、第四航空戦隊司令官の松田千秋少将が指揮を執った。「伊勢」、「日向」の航空機格納庫および後部甲板には生ゴムや航空用ガソリンなどが満載された。

　作戦準備中に「伊勢」、「日向」はそれぞれ磁気機雷に触雷したが、幸い、いずれも損害は軽微であり、二月一〇日に艦隊はシンガポールを出航した。

　途中、たびたび敵潜水艦や爆撃機に発見されたが、艦載水偵の決死の防空戦闘や、スコールの発生などに助けられた。そして大陸沿岸の浅瀬を這うように進んだ艦隊は、二月二〇日に呉に到着し、奇蹟の輸送作戦を成功させたのである。

　その後、三月に四航戦は解散となり、「伊勢」、「日向」は呉で予備艦となった。呉軍港はたびたび空襲の目標とされた。しかし同じく呉で浮き砲台となっていた「榛名」と合わせ、「伊勢」型の二隻は主攻撃目標になることもなく、軽微な損害で済んでいた。

　だが幸運はいつまでも続かなかった。七月二四日の空母航空隊による大規模攻撃でまず「日向」が戦死者二〇〇名を出して大破着底、次いで二八日には「伊勢」も行動不能となった。この時の「伊勢」の防空戦闘が、日本戦艦最後の主砲発射であったと言われている。

日本海軍の誇り「長門」型解体新書

■軍事ライター 松田孝宏

●世界で初めて41cm砲を搭載した「長門」型戦艦「長門」「陸奥」のメカニズム紹介！

鹿児島湾に碇泊中の「陸奥」

八八艦隊第一陣の「長門」型

「伊勢」型に続く新たな戦艦を企図していた日本海軍は大正四年、後年の八八艦隊計画に通じる八四艦隊完成計画案の承認を帝国議会で得た。

これにより一号から四号までの戦艦と、五、六号の巡洋戦艦の建造が認められ、一号戦艦が「長門」、二号戦艦が「陸奥」として建造されることになった。

当時の列強戦艦の主砲はイギリス、ドイツが一五インチ（三八・一センチ）砲、アメリカは一六インチ（四〇・六センチ）砲の試作を開始しており、当初は一四インチ（三五・五六センチ）砲の搭載を予定した一号戦艦は一六インチ砲の搭載に設計が改められた。「金剛」型の一四インチ、「長門」型の一六インチ、「大和」型の一八インチと、日本海軍は砲口径が大きくなる節目節目で、その当時最大の主砲を搭載することになる。

また大正四年に就役したイギリスの「クイーン・エリザベス」級戦艦は一五インチ砲八門を搭載しながら二五ノットを発揮する、戦艦の攻防力と巡洋戦艦の速力を併せ持つ「高速戦艦」となっていた。

この情勢を踏まえて「長門」型と呼ばれることになる二隻の新型戦艦は、イギリスより提供されていた「クイーン・エリザベス」級戦艦の設計図を参考に日本独自の改正を加え、常備排水量三万二五〇〇トン、一六インチ砲八門、六万馬力で二五ノットという案にまとまりつつあった。

大正五年五月には呉工廠に「長門」の建造が発令されたものの、直後に行なわれたジュットランド沖海戦が、重要な戦訓をもたらした。顕著だったのが砲戦が遠大な距離で行なわれたことと巡洋戦艦の脆弱性で、これに鑑み日本海軍は「長門」型の防御設計を改正することとした。この時、最高速力の向上と主砲配置の変更なども求められ、「長門」型の建造は仕切り直しの形となった。

諸々の改正の結果、「長門」は常

備排水量三万三八〇〇トン、一六インチ砲（四一センチ砲の表記が一般的、以下これに準じる）八門を搭載、最大速力二六・五ノットという日本最初の高速戦艦として建造されることとなった。

従来の日本戦艦は、主にイギリス戦艦を参考として建造が続けられてきたが、「長門」型は日本独自の設計が数多く盛り込まれ、建造資材や兵器、装備品なども大部分を自国で生産した戦艦となった。

一番艦「長門」竣工す

「長門」は大正六年八月二八日に呉工廠で起工、同八年一一月九日に進水し、同九年一一月二五日に竣工した。この日本初の高速戦艦は、「伊勢」型までにはみられなかった多くの新機軸が採用されていた。

まず前檣楼（しょうろう）は、主柱を六本の支柱で支える七脚式（檣橋式と称した）を採用。頂部の射撃指揮装置に振動を伝えぬよう頑丈にする必要があったことと、半数の支柱が破壊されても倒壊しないとして採用された構造である。これは五〇万トン戦艦の発案者として知られる金田秀太郎大佐（当時）の強い主張によるものであった。「長門」型の設計は造船史に名を残す平賀譲大佐（当時）で、あまり知られていないが二人の個性派造船官は親しく交わった間柄であった。この七本マスト式の艦橋は日本独自のものであった。

前檣楼最上部は方位盤照準装置を円筒状ケースに収めた射撃所とされ、水線上からの高さは四一メートルに達した。延伸を続ける砲戦距離に対し、性能向上を重ねる方位盤照準装置や測距儀はできるだけ高い位置に設置して目標を観測するのが望ましいとされたためだ。そのため「長門」型に限らず、竣工から改装を重ねた日本戦艦の艦橋はおしなべて背が高くなる傾向がみられた。

測距儀は基線長一〇メートルのものが、前檣楼最上部から数段下の高所測距所に設置された。測距儀が回転するわけではなく、レール上を旋回する仕組みである。

また、中心の主柱には射撃指揮装置に通じるエレベーターが、日本戦艦では初めて装備された。

上中下と三段もの探照灯甲板が印象的だが、駆逐艦や水雷艇などの夜襲を警戒するための装備で、この時代の日本戦艦は多くが前檣楼に探照灯を装備していた。

主砲は先述のように四一センチ連装砲塔四基八門だが当初は三六センチ五〇口径として、

・砲数八門の高速戦艦（二五ないし二七ノット）の場合は連装四基または四連装二基
・砲数九～一〇門の中速戦艦（二三ないし二六ノット）の場合は三連装三基または連装二基および三連装各二基または四連装二基および連装一基
・砲数一二門の大型高、中速戦艦（二三ないし二七ノット）の場合は三連装四基または四連装三基

とさまざまな搭載案が出されていた。

四一センチ砲に変更となっても八から一〇門の数案が検討されたが、砲塔の統一なども加味して連装四基となったのである。各砲塔には測距儀が装備されたが「長門」は六メートル、「陸奥」は八メートルであった。砲塔の側盾は曲面も持ち、耐弾能力を高めている。

装甲はジュットランド沖海戦の結果を受けて水平防御を強化、主砲塔上面も「伊勢」型より厚くなった。このため副砲を搭載する砲廓部分や、水線部分の一部装甲を廃しているが、上甲板（水平防御）は七〇ミリに、主砲塔天蓋は一五〇ミリと「伊勢」型よりも頑強となり、収支はなんら問題なかったと言えよう。

副砲は「伊勢」型と同じ一四センチ砲が同数の二〇門、両舷の最上甲板と上甲板の二段に装備された。最上甲板装備の砲は最大仰角二五度、上甲板装備の砲は二〇度とされ、最大射程は一万七〇〇〇メートルとなった。

水雷防御縦壁は船体内側に湾曲した構造が新たに設けられ、より強化された。防御隔壁は実物大模型を製作し、二〇〇キロ程度の炸薬量に耐えうることが実証されたという。

その反面、非防御部分も増えた対策として約一〇〇〇区画の防水区画が設けられた。日本式の集中防御形式は、「長門」型に始まると言える。ジュットランド沖海戦の当事者であるイギリスは戦訓から装甲の厚さを増したのに対し、日本は独自の思想による防御を取り入れた。これも「長門」型の新機軸である。

速力も設計改正の際に二軸推進から四軸推進にして缶とタービンを増やし、二万馬力もの出力強化が可能になって二六・五ノットを実現した。主機はオールギアードタービン、主缶はロ号艦本式水管缶で重油専焼と石炭混燃缶を混載した。ただ

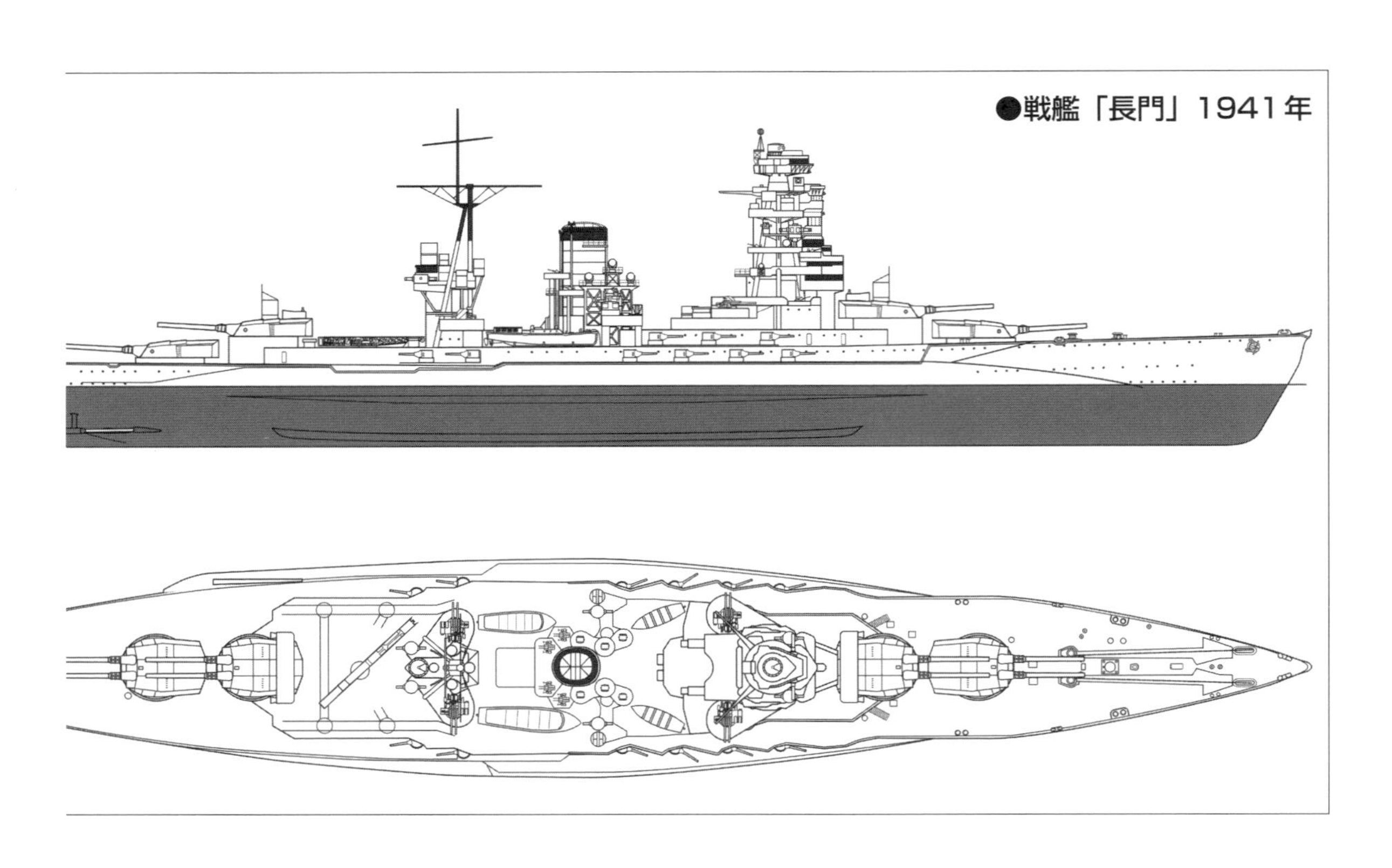

し機密に寛容な当時であっても速力は秘中の秘として、二三ノットと公表されていた。関東大震災に際して「長門」「陸奥」が演習地から全速力で東京に向かった際、居合わせたイギリス艦艇にさらなる高速と知られたようだが、当時の日本海軍は機密より国民を優先したと言える。

船体も実は細長く、長さと幅の比率（L／B）は約七・四。「伊勢」が約七・一、「金剛」が約七・六なので巡洋戦艦に近い艦型であることがわかる。イギリスの「ネルソン」級は約六・七、アメリカの「コロラド」級は約六・四なので、一時期の米英戦艦はずんぐりとした艦型が数値にも見て取れる。

なお船体が細長く、かつ高速になると旋回半径が大きくなるが、「長門」型の旋回性能は「伊勢」型や「金剛」型よりも良好だったようだ。

依然として水中発射管も装備したが、当時は魚雷も戦艦の重要な兵器とされていたのである。門数は片舷四門の計八門だが、高速の「長門」型は従来の水中発射式が困難で、しかし水上発射式は危険も伴うとのことで、水上と水中で半数を分けた。水上の発射管は従来と異なる、半旋回式であった。魚雷防御網展張用ブームは、効果が期待できないとの理由から「陸奥」には取り付けていない。このため竣工時の「長門」「陸奥」のわかりやすい識別点となった。

ちなみに同型艦と言えど「長門」「陸奥」は細かな相違点が少なからず存在する。本稿では重要と思える点のみを記すが、こうした相違はどの型にもみられた。これは同じ図面を使用して建造しても、工廠ごとのクセや現場での工作などで少しずつ差が出てくるのも要因のひとつだ。

艦首は水線下で六〇度の角度を持ち、艦首上部へは垂直に続くスプーン状の形状を持つ。これをスプーン・バウと称し、後続する八八艦隊戦艦の一大特徴となった。この形状は、ケーブルで連結した当時の軍機・一号連係機雷を乗り切るために決まった。しかし一号機雷は昭和初年に廃止され、凌波性向上のため艦首が改正されることになる。

目立たないが「伊勢」型から格段に改良された点に、居住性がある。諸事情から、最も居住性の悪い日本戦艦となった「伊勢」型の兵員居住区は、一人あたりの床面積が二・二平方メートル。これに対し「長門」型は二・六メートルとなって乗員を喜ばせた。旗艦を務めるため長官室

や参謀室なども用意された。兵は吊床（ハンモック）で、後続の「大和」型はベッドを増やしてより快適となった。とはいえ「長門」型の居住性は、竣工当時の日本戦艦でもトップクラスと伝えられる。

艦尾には長官や艦長の遊歩に使用されるスターン・ウォークが従来艦とは違い艦内に設けられた。古き良き時代の面影が薄くなる反面、より近代的な艦容となったことになる。

「陸奥」の竣工

二番艦「陸奥」は「長門」に遅れること一年、大正七年六月一日に横須賀工廠で起工、同九年五月一一日に進水した。竣工は大正一〇年一〇月二四日と公表されているが、これは折しも打診のあった国際的な軍縮条約会議を意識して「陸奥竣工」という既成事実を提示するための方便で、実際はこれ以後も密かに工事が続けられた。

「陸奥」は建造決定時、さらに設計を改めて四一センチ連装砲塔二基、三連装砲塔二基という計一〇門を搭載する「陸奥変体」案も検討されたが、「長門」と戦隊を編成するためには同型艦として建造されることとなった。ただしこの時期、三連装砲塔の製造は技術的にはめどがついており、搭載が見送られたのは先述の理由と、製造そのものに時間を要するためであった。

よく知られているように「陸奥」の竣工を強引に認めさせたため、アメリカ、イギリスに二隻ずつ新戦艦の建造を認めざるを得なくなった。

また、ワシントン軍縮条約により各国は戦艦の保有に制限がなされ、八八艦隊計画も頓挫のやむなきに至った。この結果、日本の「長門」「陸奥」、アメリカの「コロラド」級（「コロラド」「メリーランド」「ウェスト・バージニア」）、イギリスの「ネルソン」級（「ネルソン」「ロドネー」）は一六インチ主砲を搭載する七隻の戦艦として「ビッグ・セブン」として条約期間中（海軍休日、ネーバル・ホリデーと称した）の戦艦を象徴する存在となった。イギリス海軍という師匠に恵まれたとはいえ、建軍から短い期間で世界に比する戦艦を建造した先人の努力は、称賛されてよい。

また当時、戦艦は現代における核兵器のような存在であり、「陸奥」を保有するために相手国の戦力増強を認めた悲喜劇も現代の感覚で推し量るのはなかなか困難と言えよう。

「陸奥」の45口径41センチ主砲。「長門」型は世界で初めて41センチ砲を搭載した戦艦である。

親しまれた屈曲煙突

二隻が揃った「長門」型は、日を重ねるごとにほかの戦艦同様、細かい追加、変更がなされた。

外見において最も著名なものは、煙突であろう。公試で計画を上回る速力を記録した「長門」だが、前部煙突の排煙の一部が艦橋に吸い込まれる現象が認められた。このため大正一一年、煙突にキャップを取り付けた。「陸奥」のものはより大型で通風用のスリットも設けられたが、これでも効果不十分とされた。そこで造船官の藤本喜久雄は煙突を後方へ曲げることを提案した。計画主任

1917年8月に起工され、1919年11月に進水、1920年11月に竣工した戦艦「長門」。速力26.5ノットは当時の戦艦の中で最も高速であった

の平賀は「みっともない」と一蹴したが、当の平賀が屈曲煙突案を無断で取り入れることになる。

工事は大正一二年から一三年に「陸奥」「長門」と実施されて好結果を得たが、当然のごとく平賀と藤本の間には確執が生まれた。

それはともあれ、この屈曲煙突を備えた「長門」型は、長らく国民に親しまれることになった。幼児でも主力艦の名前をそらんじて当たり前だった時代、みな好んで屈曲煙突の「長門」型を描いたと伝えられる。当時の雑誌『少年倶楽部』付録のカルタに「む　陸奥と長門は日本の誇り」という札があるほどだ。

煙突の屈曲工事に際しては上部探照灯甲板から探照灯二基を撤去、同所を拡大して測的所とした。「長門」はこれ以前となる新造直後、六基の副砲方位盤照準装置を艦橋各所に設けているが、艦橋が徐々に複雑化していく過程はなかなか興味深い。この時、「長門」のみ三門の八センチ高角砲も増備されたという。

航空兵装として大正末期頃から弾着観測用の気球を運用していたが、大正一四年に水上機と特殊発信装置が搭載されたが、これはすぐに撤去された。

大正一五年頃には一四式水偵が搭載され、水偵吊り上げ用のデリックも設けられた。まだ射出機がないため、水偵はデリックで降ろされた海面から発進するのである。その後の昭和七年、後部艦橋と三番砲塔の間に呉式二号三型改二射出機が装備され、ようやく艦からの飛行機射出を可能とした。

昭和二年は、「陸奥」のみ艦首形状を変更した。従来の形状では波切りが悪く、艦橋部にも波しぶきがおよぶことがあったための改正だが、見込まれた効果はなかったため「長門」には実施されなかった。このため、艦首形状もまた識別点となる。さらに「陸奥」と「長門」では艦首フェアリーダーの位置も違う。

昭和七年から八年にかけては武装面の変更が多く、二、三番砲塔の測距儀を「長門」は六メートルから八メートルに、「陸奥」は八メートルから一〇メートルにそれぞれ変更した。従来の八センチ高角砲は、八九式一二・七センチ連装高角砲に換装した。艦橋も測的所を拡大して見張方位盤を設置、中部探照灯甲板は前部主砲予備指揮所となるが、櫓檣式艦橋は三脚式艦橋よりこうした拡張も容易であった。

艦橋の探照灯は、二基を残して煙突両側に新設された探照灯台に移設された。この両側には九一式高射装置や四・五メートル高角測距儀が装備された。その後方の後部艦橋も見張所などを新設、形状も改められた。

これら諸工事は、近代化大改装の事前工事と言うべきものであった。

大改装で艦容を一変

日進月歩で進歩する技術は、建造から一〇余年を過ぎた「長門」型をしだいに旧式としていった。軍縮条約では戦艦の建造は禁じられたものの既存艦の近代化工事は排水量三〇〇〇トンを超過しない範囲で認められていたが、「長門」型の近代化工事完了時は軍縮明け後が見込まれたため、規定を超える大規模な工事が実施された。「長門」の改装工事は昭和九年四月から一一年一月、「陸奥」は九年九月から一一年九月であった。

「長門」型戦艦「陸奥」。「長門」とともに「世界七大戦艦（ビッグセブン）」と言われ。国民からも「いろはがるた」等で親しまれた

その内容は船体、機関、武装と各部にわたるもので、「長門」型の艦容を激変させる結果となった。

順に記していくと、まず船体は四一センチ九一式徹甲弾に対して距離二万～三万メートルで耐える強度が目標とされ、水雷防御縦壁に沿って甲鈑を追加し、さらにバルジを装着した。バルジは燃料タンクとしても使用され、航続距離は増大した。遠距離から大落下角を描いて飛んでくる砲弾に対抗すべく、火薬庫にも甲鈑が追加された。機関部も二万～三万メートルで三六センチ砲弾に耐える防御が施された。

主砲塔は軍縮で未成となった戦艦「加賀」「土佐」のために製造されていたものを改造、俯仰角はマイナス三～プラス四三度として最大射程は新造時の三万メートルから三万八〇〇〇メートルに増大した。砲塔測距儀は二、三番砲塔のみに一〇メートルのものが設置された。前盾、側盾、天蓋も増厚されるとともに、水圧式の砲塔動力も強化され、装填機構は空気式となった。砲弾も新しい九一式徹甲弾を積んだ。

副砲も仰角を三五度として、新造時一万七〇〇〇メートルの射程が二万メートルまで引き上げられた。ただし上甲板最前部の七、八番副砲は撤去されている。

高角砲や機銃（この時期は四〇ミリ）などはすでにこれまでの工事で装備されており、位置や数に大きな変化はない。魚雷発射管は昭和初期からほとんど使われなくなっており、この際に撤去された。

武装の強化は、艦橋の外観にも影響が及んだ。前檣楼トップには方位盤と観測鏡が一体になった九四式方位盤に換装され、そのまま主砲射撃所となった。

測距儀も新しい九四式一〇メートル測距儀となった。新造時に探照灯甲板があった付近はその名残を見つけるのが困難なほど、副砲射撃指揮所、見張所、照射指揮所、主砲前部予備指揮所や測距儀、機銃台などが次々と設けられた。

いささか余談ながら副砲前部予備指揮所は「長門」がガラス窓、「陸奥」が窓なしの開放式であった。このため「陸奥」の同所はキャンバスで覆われていることがほとんどで、この時期の判別手段となる。

後部艦橋には大改装前に前檣楼トップにあった一三式方位盤を設置して予備指揮所とした。ほか副砲予備指揮所なども追加されたが装備の違いなどから、後部艦橋もまた「長門」「陸奥」の識別点となる。

機関については主機タービンは従来のものを改良する程度で、缶は重油専焼缶一五基、混燃缶六基が重油専焼缶一〇基となった。機関出力はほとんど変わらなかったものの排水量の増大により、速力は二五ノットに低下した。燃料搭載料は増えたため、航続距離は一六ノットで八六五〇浬に増大している。特徴的な煙突は一本にまとめられ、その前方には片舷三基ずつ計六基の探照灯が設置された。また蒸気駆動だった舵取装置は電動油圧方式に変更となった。なお艦尾を約八・七メートル延長した際（この工事は速力向上に至らなかった）、スターン・ウォークは廃止された。

注排水装置もこの時、「長門」型が初めて備えたものであった。

これらの文字通り「大改装」工事により、「長門」型は速力こそ落ちたものの基本スペックじたいは条約

明けとなる昭和一二年以降に建造された他国の戦艦に対抗できる性能を持つことになった。

開戦へ向けた出師準備

大改装によって建造時の端正な姿から、浮かべる城と呼ぶにふさわしい姿となった「長門」型は、その後も細々とした追加工事がなされていた。

目立つものとしては射出機の換装が挙げられ、「陸奥」は昭和一一年末から一二年初頭にかけて射出機を呉式二号射出機五型改一に変更、装備の場所は変わらないが従来あった甲板を撤去してより低い位置への設置とした。

併せて左舷の舷側に張り出しを設け、搭載機を揚収する四トン起倒式クレーンを新設した。「長門」も同様だが、時期はやや遅れて昭和一二から一三年となった。搭載機は九五式水偵三機であった。

「長門」は昭和一三年、「陸奥」は一五年に四〇ミリ機銃を撤去、二五ミリ連装機銃を一〇基装備した（時期は諸説あり）。これに伴い機銃台の拡張や新設、機銃射撃装置の追加なども行なわれた。

昭和一五年は「長門」「陸奥」とも艦橋トップに防空指揮所を設置、同所と戦闘艦橋には遮風装置が取り付けられた。

昭和一五年末、対米開戦も間近いとして出師準備が発動され、バルジ内部への水密管充填、舷外電路の装備、主砲塔バーベットの甲鈑追加などが「長門」は昭和一六年四月から六月にかけて、「陸奥」は同年六月から七月にかけて施工された。

この状態で「長門」型は太平洋戦争の開戦を迎え、連合艦隊旗艦となっていた「長門」は柱島で真珠湾奇襲成功の報を受けたのであった。

大戦中の変化

太平洋戦争は航空戦が主戦法となり、対空兵装の増強や飛行機、艦艇を探知する電探の装備などが必要とされた。ただしこれらの取り付け工事は空母など実質的な主力艦艇が優先され、柱島から動かない戦艦群は「長門」型もふくめて後回しとされていた。

昭和一八年六月、「長門」は対空見張用の二一号電探と機銃が増備された。機銃については諸説あるが、二、三番砲塔上に三連装が二基ずつの計一二門が有力視されている。

「陸奥」にも同様の工事が行なわれる予定であったが、同年の六月八日に原因不明の事故で爆沈したため、先述した出師準備の状態が最後の姿になると思われる。

昭和一九年六月のマリアナ沖海戦で「長門」は、初めて米軍機と交戦。この時は空母「隼鷹」に迫る敵編隊を主砲から対空三式弾を放って一掃する見事な活躍を示した。

帰投した「長門」にはマリアナ沖海戦の戦訓に基づき、装備の追加がなされた。主なものとして防空指揮所の両舷に張り出しを設けて水上見張用の二二号電探を設置、後部マスト両舷には対空見張用の一三号電探を装備した。

機銃も二五ミリ三連装が一四基、連装が一〇基、単装が三〇基増備され計九二門にも達した。

機銃を増設した時期や数には諸説があり、九八門とする資料もある。だがこの時期は二番砲塔上の三連装機銃二基が存在しなかったという乗員の証言などから、六門を引いた九二門が正しいと思われている。

これら電探や機銃の増設で重量が増えたため、副砲二門を撤去した。

その他、上甲板以下の舷窓の廃止、戦闘艦橋両側に味方識別用の赤外線式哨信儀が装備された。

こうした強化工事を施された「長門」は昭和一九年一〇月のレイテ沖海戦に出撃。三発の直撃弾で竣工以来の大きな損害を受けたが戦闘や航行に支障はなく、竣工以降初めて主砲と副砲を敵艦に対して放った。

一一月下旬、内地に帰投した「長門」は横須賀で修理が行なわれた。この時に一二・七センチ連装高角砲を二基増設、二五ミリ三連装機銃を一〇基設置して射撃指揮装置も増備した。単装機銃は少し減って一八基となったものの、重量増加のため四門の副砲を撤去した。

しかし、レイテ沖海戦で連合艦隊は壊滅的な損害を受けたため、さらなる強化を遂げた「長門」が出撃する機会はもはやなかった。

最後まで保たれた偉容

すでに戦争の趨勢も決した昭和二〇年二月、「長門」は横須賀鎮守府警備艦となったが燃料不足のため洋上には出られず、二一号電探はこの時期に撤去された。機銃も逐次、撤去がなされて二五ミリ三連装機銃が九基、連装が三基、単装は一二基が

八八艦隊計画の一環で建造された「長門」型戦艦の「長門」。「大和」型戦艦が建造されるまでは日本最大最強の戦艦であった

残された。

六月には本土決戦に備えて特殊警備艦となるが、その実態は浮き砲台であった。この時点で高角砲と副砲が撤去されたと思しく、高角砲は付近の山頂など、副砲は上陸する米軍に備えて海岸地帯へ移されたと推定される。主砲方位盤や探照灯、射出機の撤去もほぼ同時期とされている。

なお主砲による相模湾方面への間接射撃も考慮されたが、これは大楠山に設置された観測所から指揮を受けるものとした。

煙突の頂部や後部マスト上部も撤去したため中途半端な印象となり、均整のとれた艦影が失われた。

七月の段階で「長門」の武装は四基の主砲塔と一部の機銃のみとなった。同月一八日、「長門」は米軍機の空襲を受け直撃弾によって損傷した。煙突や後部マストは被害部分の撤去としてこの時期に行なわれたとする説もある。このあと撮影された写真によれば二番砲塔上に破損した機銃が映っているが、終戦までにはこれも撤去したと推定される。この例に限らず、大戦末期における「長門」の装備追加状況は不明点も多く、本稿や参考とした資料でも推測が含まれる。

また大戦末期は、工事よりも迷彩塗装や偽装作業が多かった。

つまり「長門」は主砲以外の武装はすべて撤去した状態で終戦を迎えたのであろう。終戦時は、唯一行動可能な日本戦艦でもあった。

「長門」は原爆実験の標的艦としてビキニ環礁に沈むが、世界の軍事バランスを左右した四一センチ主砲と城閣のような艦橋は、最期まで偉容を保ち続けていた。

「長門」（新造時）
基準排水量：3万2720トン、全長215.8m、全幅：29.0m、機関出力：8万馬力、最大速度：26.5ノット、航続力：16ノットで5500海里、兵装：41㎝45口径連装砲4基8門、14.0㎝50口径単装砲20門、7.6㎝40口径単装高角砲4基4門、53.3㎝水中魚雷発射管8門

「長門」（近代化改装時）
基準排水量：3万9310トン、全長225m、全幅：34.6m、機関出力：8万2000馬力、最大速度：25.0ノット、航続力：16ノットで1万600海里、兵装：41㎝45口径連装砲4基8門、14.0㎝50口径単装砲18門、12.7㎝40口径連装高角砲4基8門、25㎜連装機銃10基20挺、水上偵察機3機

型の墓標

●関東大震災、マリアナ沖海戦、捷一号作戦、そしてビキニ環礁等、戦艦「長門」「陸奥」の歴史を紹介！

世界で初めて41cm砲を搭載した戦艦「長門」。ジュットランド沖海戦の戦訓をとり入れて水平防御も強化されていた

戦艦「長門」の予期せぬ戦い

戦間期における一六インチ（四〇センチ）級主砲搭載艦、いわゆる「ビッグ・セブン」の番格であった「長門」型戦艦。長らく日本国民の誇りであった「長門」と「陸奥」の二隻は、いざ太平洋戦争では活躍の場がなく、期待ほどの活躍はできなかった。

だが、欧米の近代海軍の背中を追いながら建造した「扶桑」型と「伊勢」型戦艦が、完成度という点では及第せず、数度の大改装でキャッチアップしながらどうにか戦力化を果たしたのに対して、「長門」型戦艦ははじめから完成度が高かった。それだけに長い戦間期にこそ、むしろ「長門」型戦艦の戦歴と呼ぶにふさわしい出来事があるので、最初に触れておきたい。

一九二一年までに相次いで完成した「長門」型戦艦にとって、最初に直面した大事件が、関東大震災であった。

地震が起こった当日、「長門」型をふくむ連合艦隊は中国の遼東半島沖で演習中であり、一五〇〇時頃に関東大震災の一報は、ちょうどこの日の訓練を終えたばかりのタイミングで艦隊に届いた。しかしその情報は混沌としており、艦隊としては何も判断できなかった。

緊急閣議において海軍省は海軍全力での被災民救護を決定し、三日には海軍震災救護委員会が設置されて、艦隊は救援物資の海上輸送に従事することとなった。しかし東京周辺の被害が甚大であることがはっきりした二日一四〇〇時の時点で、連合艦隊は直ちに東京湾に急行することを決めていたのであった。

連合艦隊では、身軽な軽巡や駆逐艦が押っ取り刀で進発する一方、「長門」と「陸奥」は二日一八三〇時に出航、台風の中を突いて四日午前に南九州の内之浦湾に入港した。そして「伊勢」、「日向」と会同すると、各艦の食料、医薬品をすべて「長門」に移して、以後、「長門」は単独で横須賀に向かったのである。

この途次、「長門」は伊豆半島沖を航行していたイギリス軽巡「ダーバン」と遭遇した。「長門」が公称の最高速二三ノットではなく、二六ノットで航行する能力が明らかにされたという有名な出来事は、この「ダーバン」の計測によるものである。「長門」は二〇ノットでの航行を指定されていたが、被災地の救援を最優先した判断による全力航行であった。

五日午後に横須賀に到着した「長門」は、三浦半島周辺に縁故者を持つ乗組員を降ろすと、すぐに東京に向かい、芝浦沖に停泊して物資の陸揚げを開始した。翌日には他の艦艇も続々到着、救援活動は連日続き、九日には広島で食料を調達してきた「陸奥」も到着した。「長門」は東京湾に留まっていたが、「陸奥」は被

連合艦隊旗艦も長く務め、国民に親しまれた戦艦「長門」。
最後は米軍のビキニ環礁での原爆実験の標的として沈没した

ビッグ7の騎士「長門」

■軍事ライター 宮永忠将

災民の輸送にも従事している。

関東大震災に派遣された海軍艦艇は、最大で大小八〇隻におよび、救援活動は一〇月三日まで続けられた。関東大震災の海軍救援動員は規模、期間ともに日露戦争以来の大きさであり、まさに総力戦であった。自然災害における自衛隊の貢献が賛美されるのが昨今の世相だが、旧軍におけるこの事例は、もう少し詳しく知られるべきであろう。

「陸奥」の爆沈事件

太平洋戦争は択捉島単冠湾に集結した南雲機動部隊がハワイに向けて出航した昭和一六年一一月二六日をもって、実質的に始まっていた。そして一二月二日一七三〇時には、外交交渉による日米開戦の回避は不可能と判断され、連合艦隊旗艦を務める「長門」から各艦隊に開戦期日の電文である「ニイタカヤマノボレ一二〇八」が発信された。

一二月八日未明に、「長門」は真珠湾奇襲成功の信号を受け取ると、その日の午後、「長門」、「陸奥」以下六隻の戦艦群が、機動部隊の出迎えという名目で柱島を出航した。

その後、「長門」型二隻には目立った出撃もなく、翌年二月一二日に戦艦「大和」が就役すると、二〇年以上の長きにわたり務めていた連合艦隊旗艦が「大和」に変更された。

しかし旗艦の重責から解放された「長門」型にも、依然として出撃機会はなく、ようやくかなったのはミッドウェー攻略のMI作戦であった。しかし五月二九日、第一艦隊の主力部隊として出撃した「長門」型二隻であったが、前衛の南雲機動部隊が壊滅して、作戦計画は根底から崩壊した。夜戦による挽回の声も上がったが、山本五十六連合艦隊司令長官の決断で作戦は中止された。

この出撃で重要だったのは、惨敗した南雲機動部隊の生存者と負傷者の救助と収容だろう。「大和」は長官座乗を理由にこれには参加せず、「陸奥」も早い段階で引き上げている。結局、出撃した海域に最も長く留まり、負傷兵の収容や治療に当たったのは「長門」であった。

ミッドウェー敗戦後、連合艦隊では慌ただしく編制替えが実施されたが、その効果が出るより先に、八月七日、米軍がガダルカナル島に上陸した。

連合艦隊は決戦場をソロモン方面と定め、第二艦隊、第三艦隊と共に

戦艦「長門」も参加したマリアナ沖海戦

旗艦「大和」がトラック島に進出、これに「陸奥」も出撃する一方、「長門」は内地に留まった。ガ島攻防戦における最初の空母決戦となった八月二四日の第二次ソロモン海戦で、実質的な初陣を飾ったはずの「陸奥」であったが、機動部隊の速度について行けない「陸奥」はお荷物となり、護衛の駆逐艦を与えられて後方に残される始末であった。

昭和一八年、新年早々に整備のために「陸奥」は内地に帰投し、「長門」とともに教育部隊として少尉候補生の訓練に当たっていた。そのさなかの六月八日昼過ぎ、柱島に停泊中の戦艦「陸奥」の三番砲塔付近が突然、大爆発を起こし、その巨体からすれば瞬時と表現すべき二分ほどで波間に姿を消してしまったのである。もっとも近くに停泊していた戦艦「扶桑」はおろか、柱島に向かって航行中であった「長門」までも、自艦が潜水艦の雷撃を受けたかと誤解するほどの衝撃が伝わってきたと言われている。

この時、「陸奥」には多数の飛行予科練習生をふくむ、一四七四名が乗艦していたが、最終的に死者と行方不明者は一一二一名にも達し、その中には艦長の三好照彦大佐もふくまれていた。

即座に海軍にはM査問委員会（Mは「陸奥」を指す）が設置されて、原因究明が始まったが、あらたに積み込んだ主砲用三式弾の自然発火が疑われたのみで、ついに調査は打ち切られた。「陸奥」沈没のニュースには徹底した箝口令が敷かれ、国民の大半は終戦までこの事件を知らなかった。「大和」型戦艦はその存在が国民に秘匿されていたため、帝国海軍自慢の「不沈戦艦陸奥」が喪われたことへの悪影響を考慮しての措置である。

事件の秘匿のために乗組員の手紙の検閲などが強化されたのも、状況を考えればやむを得ない。しかし「陸奥」の生存者をトラック島に運び、そのままマキンやタラワ、マリアナ諸島などの基地や陸戦隊要員としてバラバラに配備したのは、戦死にともなう口封じを狙った悪意の塊のような措置であった。結局、終戦を迎えることができた「陸奥」の元乗員は一〇〇名に満たなかった。

捷一号作戦と「長門」

「陸奥」の爆沈後、「長門」は「大和」、「扶桑」とともにトラック島に進出した。しかし昭和一八年の残りを通じて、「長門」をふくむ戦艦の出動を要するような作戦は起こらなかった。

昭和一九年二月二五日には第一艦隊が解散、連合艦隊は水上打撃部隊中心の第二艦隊と、機動部隊としての第三艦隊を軸に再編成された。「長門」は第二艦隊第一戦隊の所属となった。

この時期、連合艦隊では絶対国防圏に来寇してくる敵を、再建なった第三艦隊が迎撃して主導権を取り戻す狙いの「あ号作戦」を準備中であった。「長門」は空母「隼鷹」、「飛鷹」、「龍驤」の三隻を要する第二航空戦隊基幹の乙部隊所属となり、空母の護衛にあたった。これらの空母は「長門」と同程度の二五ノットなので、作戦にも支障はなかった。

しかし六月一九日に始まったマリアナ沖海戦は日本の機動部隊の一方的な敗北となり、翌二〇日には日本側が敵大編隊の攻撃に晒された。「長門」も乙部隊への空襲に直面し、「隼鷹」のやや前方を占位して、三式弾を使った防空戦闘に突入した。これは「長門」がはじめて敵に主砲弾を放った瞬間であった。三式弾の威力に恐れをなした米軍機は、「隼鷹」を諦めて「飛鷹」に狙いを変えた。しかし全体的な敗勢は覆いようもなく、日本艦隊は撤退を強いられたのであった。

いったん第二艦隊とともに沖縄に退避した「長門」は、再びリンガ泊地に進出して、敵の次の来寇にそなえて訓練に努めていた。その再戦の機会はすぐに訪れる。フィリピンのレイテ島に上陸してきた米軍に対して、一〇月一八日に捷一号作戦が発令されたのだ。

「長門」は、第二艦隊を主体とする栗田艦隊、すなわち第一遊撃部隊の

第一部隊において、戦艦「大和」、「武蔵」とともに第一戦隊を編成し、打撃戦力の中心として作戦に臨んだ。

一〇月二四日未明、難所のパラワン水道を抜けてシブヤン海に入った栗田艦隊は、間もなく米偵察機に発見され、一〇二六時を皮切りに、ハルゼー提督の機動部隊から五度にわたる空襲を受けた。このうち一四一六時に始まる第四次攻撃において、「長門」は空母「フランクリン」、「カボット」の攻撃機から二発の爆弾命中を受けた。この攻撃で缶室の換気口が破壊されて、一時速力低下を強いられ、また酒保付近も破壊された。

しかし二四日の空襲は戦艦「武蔵」に集中したために、「長門」にこれ以上の損害はなかった。同日夜半、さらなる難所のサンベルナルジノ海峡の突破に成功した栗田艦隊は、サマール島を東に抜けて南進を開始した。この海を抜ければレイテ湾は目と鼻の先である。

その時、「長門」は南方洋上に敵艦を発見した。北方に発見した小沢艦隊を追って、ハルゼーの高速機動部隊が抜けた穴を埋めるように配置された、敵第七艦隊所属の護衛空母群である。

栗田艦隊司令部は、突然の会敵を敵の正規空母部隊との遭遇と誤解し、全艦に突撃を命じた。〇七〇一時、「長門」は四一センチ砲を猛然と撃ちまくりながら敵艦隊を追った。この戦艦対空母という珍事における各艦の戦果は不明なところも多いが、米艦隊の損害内容から見ても、「長門」の主砲弾はどうやら命中しなかったようだ。

サマール沖海戦で栗田艦隊は護衛空母一隻、駆逐艦三隻撃沈の戦果を上げた。しかし敵の立ち直りは予想より早く、周辺の護衛空母部隊からの増援が組織的反撃を開始してきたことから、〇九一一時に、栗田長官は戦闘中止と全艦集結を下令し、最終的にレイテ突入を断念したのであった。

核兵器の標的として

レイテ作戦後、「長門」は横須賀に送られたが、一九四五年になるといよいよ戦艦の使い道もなければ、燃料にさえ事欠くようになり、第一戦隊は解散。「長門」は横須賀鎮守府の警備艦に所属替えされた。

以後、四月二〇日には予備艦に格下げとなって、装備と乗組員の転用が行なわれ、乗組員が定数の三割ほどになった六月には特殊警備艦、有り体に言えば本土決戦用の浮き砲台に指定されてしまう。まるで戦況の悪化と本土空襲の進展に歩調を合わせるような凋落ぶりである。

敗戦時、東京湾にいた「長門」は空襲の被害に遭ってはいたものの、唯一まともに航行できる戦艦であった。その後、「長門」は米軍に接収されて、横須賀を出港するとビキニ環礁に向かった。この海域で、米軍による対艦隊核攻撃実験「クロスロード作戦」の標的艦に選ばれたのである。この実験には、「長門」以外、日本の軍艦として軽巡「酒匂」も加えられていた。

昭和二一年七月一日の空中爆破実験では、「長門」には目立った損傷はなく、二五日の水中爆発実験では、爆心への距離が三番目に近い艦であったにも関わらず、わずかに傾斜した姿が認められたのみであった。しかし実際には吃水下に大きな損傷が発生しており、四日後の七月二九日朝になると「長門」は忽然と姿を消していた。

現在、ビキニ環礁はダイビングのメッカとなっているが、とりわけダイバーが接近できる深さに眠っている「長門」は、世界で唯一目にすることができる「ビッグ・セブン」として、このダイビングスポットの人気を後押ししている。

「陸奥」についても、戦後の引き上げ品が各地の資料館、博物館に収蔵されている。「長門」型の二隻の戦艦は、戦前の人気にふさわしく、今日最も痕跡を多く残している、大東亜戦争時の日本の戦艦となっている。

マーシャル諸島のビキニ環礁での原爆実験

巨大戦艦「大和」型の建造＆メカ

■兵器研究家
小高正稔

当初計画と基本コンセプト

「大和」型戦艦は日本海軍が最後に完成させた戦艦であり、外国戦艦の強い影響下に建造されてきた日本戦艦の中で、日本オリジナルの設計で建造された最初の戦艦でもあった。

「大和」型戦艦のルーツをどこに求めるのかは、意外に難しい。しかし一六インチ=四一センチ以上の巨砲を搭載した大型戦艦というコンセプトに注目するなら、昭和八年に軍令部の石川信吾少佐によって提案された大型戦艦案に「大和」型戦艦のルーツを見ることが出来るだろう。この「石川案」は、二〇インチ程度の主砲を搭載し、速力三〇ノット以上、排水量五万トンの大型戦艦を建造することで、パナマ運河に制約される米主力艦を質的に圧倒することを狙っていた。この案は石川個人の着想によるものではなく、海軍大学校での研究や艦政本部による技術的な裏付けも得たものであり、昭和九年三月二一日の「軍備制限研究委員会」で藤本喜久雄造船官が提示した二〇インチ砲搭載の五万トン戦艦案（排水量五万トンで二〇インチ砲一二門、一四万馬力で速力三〇ノット超、

●日本海軍最後の戦艦であり日本戦艦の集大成ともいえる「大和」型はどのような経緯で立案され、設計・建造が行なわれたのだろうか――あらゆる戦艦に打ち勝つ世界最強の攻防力を誇った「大和」型の開発からメカニズムを解説する！

昭和16年9月20日、呉工廠で艤装工事中の戦艦「大和」。予行運転を前にした完成直前の姿で、第3砲塔右砲が最大仰角まで上げられている。

舷側装甲一六インチ、甲板装甲一一インチ、副砲一六門、高角砲八～一〇門と艦載機一二機）へとつながってゆく。

この藤本案は石川案の基本コンセプトを引きつぎ、米海軍はパナマ運河による制約から一六インチ以上の砲を搭載した戦艦を建造することが困難という点に着目し、一八インチ以上の巨砲を搭載した戦艦を建造することで対米抑止力とするというものである。新型戦艦の設計はこの後、様々な変更があったが、このコンセプトは最後まで貫徹されている。

藤本案が高速戦艦として構想されているのは、この高速戦艦と高速空母の組み合わせによる小規模な遊撃部隊（機動航空部隊）を複数編成して空母部隊を含む、米前衛部隊に対抗することを構想したためである。

このためある時期までの新型戦艦は軍令部内で「新高戦」「重高戦」といった、高速戦艦であることを示唆する名称で呼ばれ、巡洋艦、空母部隊である第二艦隊への配備が予定されていた。だが藤本案は実現することなく消えることになる。「軍備制限研究委員会」開催直前に発生した「友鶴事件」によって、「藤本案」は修正を余儀なくされたからだ。

設計完成までの道のり

昭和九年三月一二日に佐世保港外で発生した水雷艇「友鶴」の転覆事故は、本来一一〇度までの復原範囲を持つはずの新鋭水雷艇「友鶴」が、四〇度程度の傾斜で転覆したことから、海軍に大きなショックをあたえた。なぜならば、この事故は「友鶴」だけにとどまらず、同一手法で設計された艦艇全ての安全性に疑問を投げかけるものであり、計画中の新型戦艦にも、全面的な見直しが求められた。

この結果、「藤本案」は破棄され、江崎岩吉造船中佐を暫定的な設計主務者として新しい設計案が立案された。「友鶴事件」から四ヵ月後の昭和九年七月のことである。江崎による新型戦艦案は二種類あり、一つは速力三三ノットの高速戦艦案、もう一つは速力二八ノットの戦艦案であった。これらの案では、主砲は四六センチ三連装砲塔三基とされ、副砲も三連装砲塔四基一二門と「藤本案」よりも減少している。

だが、こうした改正にも関わらず、三三ノットを維持した高速戦艦案は六万七〇〇〇トンにまで肥大化しており、ディーゼル機関によって必要な速度性能を得るために六軸推進を採用する無理のあるものだった。これに対して戦艦案では、排水量五万トンとする一方で、兵装等は高速戦艦案と同一とされ、速力は一四万馬力で二八ノットに低下している。この「江崎案」は、これに続く新型戦艦案の叩き台といった性質のものであるが、軍令部による要求性能の基礎となった。

江崎案を受けた軍令部が、艦政本部に以下のような新型戦艦の要求性能を伝えたのは、昭和九年一〇月のことである。

主砲　四六センチ（一八インチ）八門以上
副砲　一五・五センチ砲三連装四基（一二門）または二〇センチ砲連装四基（八門）
速力　三〇ノット以上

防御力　主砲弾にたいして二万～三万五〇〇〇メートルの戦闘距離に耐えること
航続力　一八ノットにて八〇〇〇浬

　これを受けて艦政本部第四部は福田啓二造船大佐をトップにすえ、正式に新型戦艦の基本計画策定に着手した。その最初の設計である基本計画番号A140は昭和一〇年三月に立案された。だがそれは、後の「大和」型戦艦より、排水量、全長、全幅いずれも大きく、主砲が艦首に集中配置されているなど、福田体制以前のデザインを踏襲している。江崎案以前の設計との大きな違いは、機関がディーゼルから蒸気タービン（二〇万馬力）に変更された点があげられる。この案は、性能的には軍令部の要望を満たすものであったが、七万トン近い排水量は現実的ではなく廃案となった。

　このため新たにA140AからA140Dの四種類と、そのバリエーションからなる一連の設計案が艦政本部により立案された。A140Aは、原案であるA140の主機構成を、ディーゼル機関と蒸気タービン機関の混載に変更した高速戦艦である。A140Aの速度は、A140から一ノット低下して三〇ノットとなったが、軍令部の要求を満たしており、航続距離も改善されている。A140Aのバリエーションとして設計されたA1は、三連装砲塔を艦首二基、艦尾一基としたもので、A2は、連装砲塔二基ずつを前後に振り分けている。なおA140A1、A2は速力等の諸性能に変更はなく、砲塔が一基多いA2のみ、若干排水量が増大している。

　これに対してA140Bは速力を二八ノットに押さえ、船体規模を縮小した設計である。主機をディーゼルのみとしたこともあり、排水量は六万トンに抑制され、水線長もA140より約三〇メートルも短い。その反面、主機をディーゼルのみとしたA140Bは、主機からの蒸気供給が不可能となり、砲塔旋回用水圧機の駆動に専用缶を装備しなければならない不合理な面もあった。なおB1、B2は、主砲配置をA1、A2と同様としたものである。軍令部の要求を満

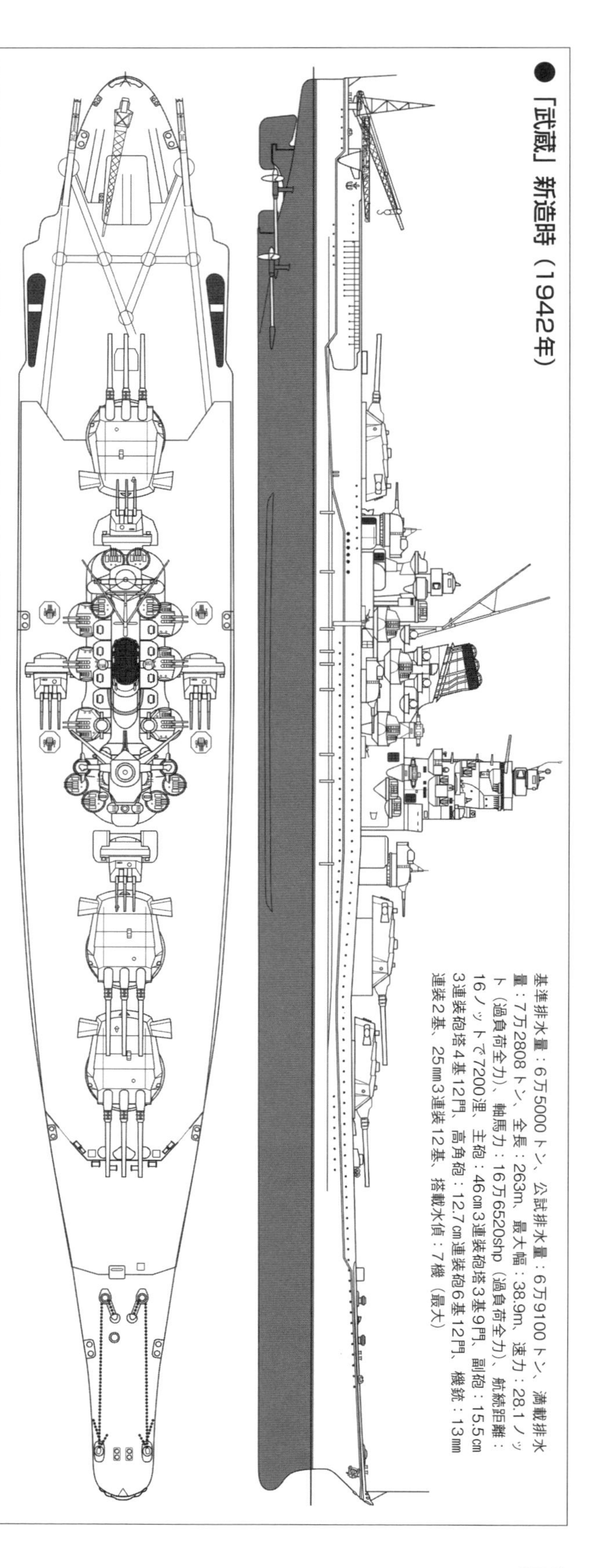
●「武蔵」新造時（1942年）

基準排水量：6万5000トン、公試排水量：6万9100トン、満載排水量：7万2808トン、全長：263m、最大幅：38.9m、速力：28.1ノット（過負荷全力）、軸馬力：16万6520shp（過負荷全力）、航続距離：16ノットで7200浬、主砲：46cm3連装砲塔3基9門、副砲：15.5cm3連装砲塔4基12門、高角砲：12.7cm連装砲6基12門、機銃：13mm連装2基、25mm3連装12基、搭載水偵：7機（最大）

たさないこの設計は、江崎による戦艦案の福田版といえる内容であり、江崎案が二案並記で立案されたように、A、B両案は対になる設計であったのだろう。

　これに対して、A140CとA140Dは、それぞれ速力と防御力を犠牲として船体規模を縮小した設計である。A140Cは速力を二六ノットまで引き下げた設計で、機関はA140B同様にディーゼルのみとすることで、A140Aより機関室区画長を一七・二メートルも短縮している。もう一方のA140Dは、防御力を対一六インチ防御に止めた軽防御案である。機関構成はA140Bと同様だが、防御重量減少により速力は二九ノットに向上している。これら四系統の設計が出そろった時点で、後にA140で検討されるデザインの方向性は、ほぼ出尽くしていた。A140諸案を軍令部がどのように受け止めたのかは、明らかではない。

　だがA140の小型化を狙ったA140Aであっても、艦政本部は、なお艦型過大と見なしており、要求性能を緩和してでも船体規模を縮小することを希望していた。これ対する軍令部の回答が、A140Gである。軍令部提案にもとづくA140Gは、火力と装甲をそのままに、機関をディーゼルとタービン混載とし、速力を二八ノットに、航続距離をA140と同等に引き下げることで船体規模を抑制した案である。

　目標であった速力三〇ノットを諦めたことは、当初想定されていた空母や巡洋艦との共同運用を不可能にするとして、軍令部内の一部から強硬な反発を生じたが、これ以降の軍令部の要求速力は二八ノットが基準となる。

　だが軍令部の妥協案というべきA140Gに対して、艦政本部は、なお艦型過大と判断しており、排水量五万トンの四一センチ砲戦艦案であるA140J系統の提案もおこなっている。また艦政本部内からは、主砲の艦首集中をやめ異種砲塔混載で四六センチ砲一〇門を実現する平賀提案のI案、速力を二四ノットまで落として攻防性能と排水量をバランスさせるK案なども提案されたが、これらは軍令部の興味を引くものではなかった。

　こうして昭和一〇年頃には軍令部と艦政本部との間での新型戦艦設計作業は対立と迷走を深めていた。こうした状況が一変するのは昭和一〇年九月に発生した「第四艦隊事件」によってである。大型台風に遭遇した演習中の艦隊が風浪によって大きな損傷を負ったこの事件は、前年の「友鶴事件」に続く不祥事であったが、同時に設計者への用兵側の過剰な要望を戒める効果もあった。

　このためもあってA140は設計者側の要望に妥協した二七ノット戦艦案を受け入れる方向に調整され、I案の延長上にある福田造船官によるF案に沿って調整が進められることになる。昭和一〇年一〇月に立案されたA140F3とF4の二案は、A140Fの修正案であるが速力は二七ノットに押さえられる一方で、主砲は四六センチ九門とされ、排水量もA140原案と同等の六万二五四五トン（F4の場合）となった。

　そして昭和一〇年一〇月一九日の海軍高等技術会議において、このA140F4が新型戦艦の基本計画案に決定された。この後、A140は昭和一一年七月二〇日の審議決定で細部に修正を受け、基本計画番号はA140F4からA140F5に変更された。性能諸元はF4とかわらないものの、排水量、水線長とも若干大型化されている。

　昭和一二年一月一五日、日本全権はワシントン・ロンドン条約からの脱退を正式に表明。これによって日本海軍が無条約時代を迎えることは決定された。

　A140F5はその後、搭載の予定されたディーゼルエンジンの信頼性不足を理由に改設計され、ディーゼルと蒸気タービン混載の機関設計から蒸気タービンのみの機関設計に変更されA140F6となった。F6ではオール・タービン化にともない燃料搭載量が増加し、船体長が三メートル延長され、排水量も約三〇〇〇トン増加した。一方、主機変更によって、機関出力は一五万馬力に強化されている。

　このA140F6をもって、ついに新型戦艦の基本計画案は完成をみた。A140F6が成案した直後の昭和一二年三月二九日、第七〇回帝国議会は海軍予算を協賛し、㊂計画予算は成立し、新型戦艦二隻は基本計画番号A140F6として建造が決定された。仮称艦名「一号艦」、「二号艦」の名を与えられたこの二隻が、後の「大和」と「武蔵」である。

建造にあたっての防諜対策

　昭和一〇年に新型戦艦の基本設計は一応の決定を見たが、昭和一二年のワシントン海軍軍縮条約からの脱退にあわせた起工のためには、なお残された課題があった。なによりも大きな問題となったのは建造施設である。昭和一〇年時点で基準排水量六万トンを超える巨大戦艦の建造が可能な施設は呉海軍工廠の造船船渠（一部拡張が必用）しかなく、これ以外には昭和一六年頃に稼働予定の横須賀の新船渠があるのみだった。このため二号艦の建造は最大進水重量三万五〇〇〇トンを許容できる三菱長崎造船所が選定されたが、それでも基準排水量六万四〇〇〇トンの巨艦の進水重量を三万五〇〇〇トンに抑えるためには苦労があった。

呉海軍工廠での一号艦の起工は昭和一二年一一月、三菱長崎での二号艦の起工は昭和一三年三月であったが、呉、長崎ともに起工以前から準備作業は実施されていた。また建造に先だって防諜対策も実施されているが、この面でも民間造船所である三菱長崎では苦労が多かった。高所からの造船中の船体を見えないようにするための対策は呉でも実施され造船船渠に大屋根がかけられるなどがされたが、三菱長崎では山上からの視界を塞ぐ「目隠倉庫」の建設や棕櫚縄による船影の隠蔽に加え、進水式当日は軍事演習の名目で市民の外出に制限が加えられ、煙幕が展張された。また巨大な船体が狭隘な湾奥に進水したために造船所対岸では高波による浸水被害がでるなどの椿事も生じている。

この他にも三菱長崎では、進水後の進水台撤去を外部の目のある沖合で出来ないために特殊な冶具を用いて岸際で実施するなど対策が必要となっており、二号艦こと「武蔵」の建造費用は呉建造の「大和」と比較して相当にコスト高となった。この建造費用をめぐっては海軍と三菱長崎の見積もりにかなりの懸隔があり、造船事業として見れば三菱長崎にとって「武蔵」の建造は利益のでるものではなかった。

一番艦「大和」は昭和一五年八月の進水後、一貫して呉海軍工廠で建造作業が進められ昭和一六年一二月一六日に竣工しているが、「武蔵」は一五年一一月の進水後に佐世保海軍工廠で軸系工事を実施して最終的な艤装を呉海軍工廠において実施した後の昭和一七年八月五日に竣工している。

「大和」型の技術的特徴

船体と機関

「大和」型戦艦は比較的枯れた技術で設計建造されているが、それでも強大な攻防性能を可能なかぎりコンパクトな船体に収めるために幾つかの技術的挑戦がなされている。船体設計から見て行けば、外観上の最大の特徴は大きな前方突出をもつバルバスバウ（球状艦首）の採用である。バルバスバウは艦首水線下を膨らませた形状とすることで、艦首部で生じる造波抵抗を減少させようという工夫である。バウルバスバウの採用は海外の大型客船や軍艦が先行しており、日本海軍でも「翔鶴」型空母が既に採用していたが、これほどの規模の前方突出をもつ例はなく、入念な水槽試験によって採用されたものである。

舵についても工夫されており、主舵と副舵を前後に距離をおいて装備している。これは被雷によって自由を失わないように配慮すると同時に、並列に二枚舵を装備するよりも抵抗の少ないレイアウトを模索した結果である。もっとも結果的には副舵のみでは旋回を止めることができず、充分な能力を発揮できなかった。「大和」型の旋回半径は船体規模の割に比較的小さく小回りの利くものであったが、一方で舵を切ってから回頭が始まるまで一分近い時間が必要、という回想もある。なお二七ノットで回頭を開始した「大和」型が反転するまでにかかる時間は約三分ほどであった。

このような新たな取り組みが見られる反面、機関設計について「大和」型は極めて保守的である。A140F5までの設計では、機関の半分を燃費と防御力向上の面からディーゼルとする構想であったが、大型艦用ディーゼルエンジンとして開発された一一号内火機械の運用実績が極端に悪く、抜本的な改良を図った一三号内火機械についての信頼性に自信が保証できないという理由で搭載が見送られ、最終的に蒸気タービンのみ搭載で完成している。

機関の蒸機条件は一九四〇年代に就役した軍艦としてはかなり低く、信頼性を重視して大きくマージンを取っている。これは燃費についても同様で、一六ノット七二〇〇浬の航続性能が求められたにも関わらず、実際の航続力は一万浬を超えている。航続力過大は過小よりはよいが、必要以上の燃料搭載は船体規模の拡大など、あまりよいことではない。慎重にすぎた設計の弊害とも言えるだろう。

機関配置にはシフト配置などは採用されていないが、幅の広い船体を利用して四軸分の缶（ボイラー）と機械（タービン）を四列に配置している。この結果、舷側の水中防御が破られ、外側機関区画が浸水しても内側機関区画は生き残る可能性が高い構造となった。

推進器は直径五メートルの三翼のもので、戦前日本では最大級の大きさである。現存する図面からは二種類の翼断面形状が確認出来き、「武蔵」が建造中に推進器を交換していることが記録上確認できるものの、詳細は不明である。なお空母に改装された姉妹艦の「信濃」では、船型や排水量の変化にともない推進器直径を五・一メートルに変更している。

あらゆる敵艦艇を撃破可能

主砲

戦艦の本質は強力な火力と強靭な防御力であるが、四六センチ砲とそれに対応する装甲をまとった「大和」型は日本戦艦の掉尾を飾るにふさわしいものである。「大和」型戦艦の主砲である四六センチ砲は検討段階で四五口径砲と五〇口径砲が比較されており、威力や命中界といった点から五〇口径砲が有利と見なされたものの精度を重視した重量砲身を採用した場合一門で二〇〇トン前後の重量に達することや、砲身素材として二〇〇トン級の鋼塊を製造する必要があり呉海軍工廠製鋼部の大規模な施設拡充が必要なこと、遠距離砲戦での甲板面への貫通力に関しては四五口径砲の砲が優っていることなどから四五口径砲が採用された。

主砲塔は日本戦艦としては初めての三連装砲塔が採用されたが、二〇〇〇トンを大きく超える砲塔旋回部重量のために砲塔動力には新基軸として五〇〇〇馬力のタービンポンプが採用されている。タービンポンプは「大和」での採用にさきがけて練習戦艦から戦艦に復帰する「比叡」に搭載され、良好な実績を収めたことを確認しての採用であった。

弾火薬庫から砲室までの揚弾は、従来の日本戦艦では砲弾を寝かせたかたちで揚げていたが、「大和」型では旋回部直系をコンパクトにするために立たせた形で揚弾している。装薬（発射薬）は絹製の薬嚢に収納され、収納時は軽金属製の薬缶に収容されていた。一つの薬嚢は六〇キロで、火薬庫から揚薬筒までは人力で運搬された。運搬に機械を介さないのは、可動部や動力部で火花を発した場合の事故を嫌ったためであるが、乗員の疲労によって発射速度が落ちないように火薬庫内の通路幅は従来の戦艦より広くとられ、レイアウトにも配慮がなされていた。

こうした配慮と、砲尾栓の開放動作が従来の三挙動から二挙動に改良されたことや、砲身の俯仰速度が従来の日本戦艦より高速化し秒八度となっているため、四六センチ砲の発射速度は大口径化にも関わらず「長門」型と同等の一発／四〇秒程度を維持している。「アイオワ」級など米戦艦との比較で、「大和」型の主砲発射速度がやや遅く（「アイオワ」級は一発／三〇秒程度）、仮に交戦となった場合に不利なのではないか、という指摘がなされる場合もあるが、実際の戦闘では艦の動揺にあわせて方位盤射手がタイミングをみて引き金を引くために常にカタログ上の発射速度が発揮できるわけではないし、逆に近距離砲戦では砲身の俯仰にかかる時間が短縮されるために発射速度はカタログスペックよりも早くなることもある。

仮に「アイオワ」級との対決が実現した場合、カタログ上での発射速度よりも日米海軍の射法の差による弾着観測、修正能力の差の方が大きな影響を発揮しただろう。主砲の発射速度の差はこうした差を形成する諸要素の一つに過ぎず、あまり重視する必要はない。

砲の威力という面から見れば、「大和」型戦艦の四五口径九四式四六センチ砲は、間違いなく世界最強である。砲口初速七八〇m／sで撃ち出された直径四六センチ、重量一・五トンの九一式徹甲弾の最大射程は四万メートルを超えるが、弾着観測の関係から現実的な射距離は三万メートル前後で、他の戦艦と大差はない。一方、その威力は一六インチ級以下の艦砲と隔絶しており、「大和」型以外のあらゆる戦艦の舷側／甲板装甲を主砲戦距離で貫通可能である。四六センチ砲は距離二万メートルで垂直（舷側）装甲四九四ミリ、水平（甲板）装甲一〇九ミリを、距離三万メートルでは垂直装甲三六〇ミリ、水平装甲一八九ミリを貫通可能と試算されているが、これは「アイオワ」級戦艦の水平一二一ミリ（主装甲）、垂直三〇七ミリ（傾斜一九度）の装甲を二〜三万メートルで貫通可能であることを意味する。「大和」型戦艦の主砲が撃破できない水上戦闘艦は第二次世界大戦を通じて存在しないのである。

副砲・高角砲・機銃

「大和」型は新造時に四基、対空兵装強化後も二基の一五・五センチ三連装砲塔を副砲として搭載した。戦前の砲術学校の研究では、航空機の発達への対応として、主力艦の副砲は廃止して高角砲に一本化することが望ましいというものもあったというが、現実的には数的に優勢な米軽快艦艇への対処のために副砲を残さざるを得なかった。

副砲として搭載された一五・五センチ三連装砲塔は「最上」型が軽巡時代に搭載していた砲塔を改修したもので、このクラスの砲としては優秀な性能をもっていた。また一五・五センチ三連装砲塔は比較的旋回、俯仰速度が早く、「最上」型の設計当初は高角砲兼用として構想されていたこともあり、レイテ沖海戦などでは対空射撃も盛んに実施し、長射程高角砲的な運用もなされている。

高角砲として搭載された八九式一二・七センチ高角砲は日本海軍の標準的高角砲であり、「大和」型の場合は九四式高射装置とセットで運用された。新造時の「大和」型に搭載された高角砲は主砲発射時の衝撃波や爆風から砲と兵員を保護するためのシールドがついていた。しかし昭和一九年の舷側の副砲撤去にともなって「大和」に高角砲が増設されたさい、当初からの高角砲に装備されていたシールドは新設の高角砲に移設され、従来からの高角砲はシールドなしとなった。なお「武蔵」は副砲の撤去と高角砲座の設置までは行なわれたが、高角砲の手配がつかず暫定的に機銃を増備し、その姿で戦没している。

対空機銃は艦橋中段に装備された一三ミリ連装機銃二基を除けば新造時から最終時まで、「大和」、「武蔵」が装備したのはすべて二五ミリ機銃である。計画当初は二五ミリ連装機銃の装備が予定され、爆風除けシールドの試験も連装機銃によって実施されているが、竣工時に実際に装備されたのは三連装機銃である。対空機銃は段階的に強化されてゆき、レイテ沖海戦では多数の単装機銃も装備されたが、対空射撃の効果という点では多連装機銃に分があり、沖縄特攻時の「大和」では殆どを三連装機銃に置き換えていた。なお近年の海底調査で沖縄特攻時の「大和」は甲板上の増設機銃の一部に連装機銃を搭載していたことが明らかになった。装備位置などは判然としないが、今後の研究によって最終時の「大和」のディティールは変更されることになるだろう。

敵弾を跳ね返す強靭な装甲

防御

「大和」型戦艦の防御力は強靭である。舷側の傾斜四一〇ミリのＶＨ鋼鈑、甲板の二〇〇ミリのＭＮＣ鋼鈑は二万メートル前後の砲戦距離（日米海軍が主砲戦距離と見なしていた距離でもある）では、自艦の主砲を含めてほぼ貫通を許さない堅牢なものである。「大和」型のライバルと目される「アイオワ」級戦艦が「大和」型の装甲を打ち抜こうとする場合、二万メートル以下、おそらくは一万メートル台半ばまで踏み込んで舷側装甲の貫通を狙うか、三万メートルを超える遠距離で甲板装甲の貫通を狙うかであるが、いずれの距離でも「大和」型の主砲は「アイオワ」級の装甲を貫通可能である。「大和」型の装甲は強力な主砲火力との組み合わせによって、対峙する敵戦艦にとっての勝利を難しいものとしている。

ちなみに「大和」型が装甲材として用いたＶＨ鋼鈑、ＭＮＣ鋼鈑はいずれも新採用の鋼鈑であり、従来のＶＣ鋼鈑、ＮＶＮＣ鋼板に替わって（ＮＶＮＣ鋼板はＣＮＣ鋼鈑と共に部分、補助的に使用されている）採用された新鋼板である。ＶＨ鋼鈑は、従来のＶＣ鋼鈑の生産性を改善するとともに四〇〇ミリを超える極厚鋼鈑製造のために開発されたもので、ＶＣ鋼鈑とは異なり鋼鈑表面の浸炭処理を省略する一方で、熱処理によって硬化層を厚くとっている点に特徴がある。

長時間の浸炭処理から解放されたことで、「大和」型用鋼鈑の製造は順調に進み、「大和」「武蔵」はスケジュール通りの建造が可能となった。

ＭＮＣ鋼鈑は靭性の高い水平防御用鋼鈑として、ドイツ海軍のモリブデン添加型鋼鈑を参考に開発されたものである。ＭＮＣ鋼鈑は正式採用に先駆けて「大和」型で使用された可能性があり、「大和」型以外での使用は装甲空母「大鳳」の煙路防御への使用が確認できる。これらの鋼鈑は日本海軍が従来の英国製鋼鈑技術から自立し、独自開発を実現したという意味で注目されるものであり、「大和」型戦艦が要素技術面においても「国産戦艦」であった証といえるだろう。

装甲による対弾防御と共に、駆逐艦や潜水艦、航空機からの雷撃に対しても「大和」型の水中防御は、原則として堅牢である。「大和」型の対水雷防御は最大で炸薬五一〇キロ（TNT換算）対応として設計されており、計画時の魚雷威力に対しては十分なものである。また諸外国の新戦艦に倍する船体規模は、それ自体が豊富な予備浮力の源泉であり、多少の設計上の問題を無視してタフネスさを発揮することを可能としている。

「大和」型の水中防御は典型的な空層式で、傾斜した舷側装甲が厚みを逓減しながら艦底部まで延長されて水雷防御縦壁になっている。この水雷防御縦壁の外側に幅の広い空層が設置され、このスペースで魚雷の命中にともなう膨張ガスや衝撃波を受け止め、飛散した弾片は水雷防御縦壁によって防ぐ構造である。被雷時の浮力喪失が比較的多いという欠点はあるが、比較的単純な構造と小さな奥行きで、効果的な水中防御を実現できる利点もある。また艦底部まで延長された舷側装甲が水雷防御縦壁を兼ねる構造は、水中弾防御としての役割も担っており、合理的な設計ではある。

だがその一方で、潜水艦の魚雷によって「大和」型戦艦が意外な量の浸水被害を受けていることも事実である。これは舷側装甲を保持するブラケットが、本来一体構造であるべきであったものを工作が容易な形状の組み合わせとしたため、魚雷の炸裂による圧力でブラケットの接合部のリベットが破断、そのまま艦内に滑るように押し込まれ、鋼鈑背後の縦壁に穴を空け、そこから浸水を生じたのである。この欠陥の原因は早期に判明したが抜本的な対策をとる余裕はなく、防水縦壁を追加することで弥縫（びほう）的な対策をとるにとどまった。もっともこの対策によって、被雷時に同様な現象がおきても浸水量

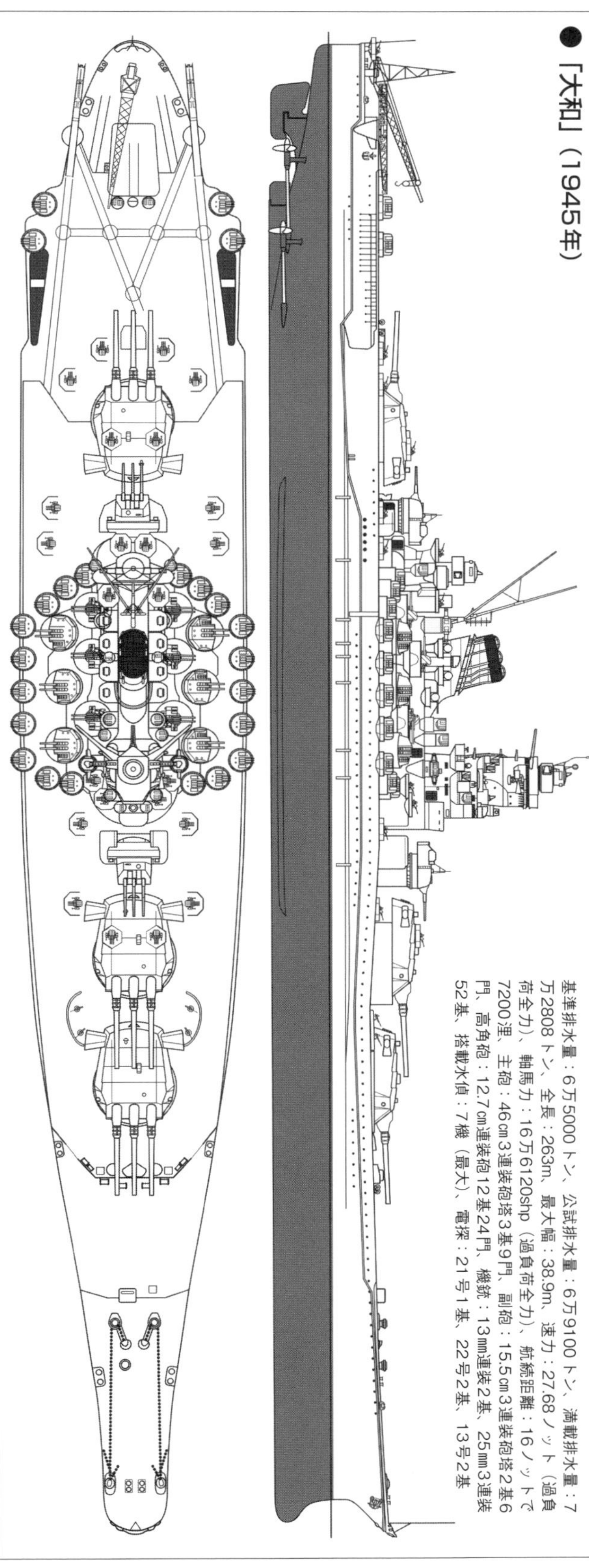

●「大和」（1945年）

基準排水量：6万5000トン、公試排水量：6万9100トン、満載排水量：7万2808トン、全長：263m、最大幅：38.9m、速力：27.68ノット（過負荷全力）、軸馬力：16万6120shp（過負荷全力）、航続距離：16ノットで7200浬、主砲：46cm3連装砲塔3基9門、副砲：15.5cm3連装砲塔2基6門、高角砲：12.7cm連装砲12基24門、機銃：13mm連装2基、25mm3連装52基、搭載水偵：7機（最大）、電探：21号1基、22号2基、13号2基

は相当に抑制できるようになった可能性は高い。

「大和」型の水中防御には幾つかの問題があったことは事実であるが、少なくともバイタルパート部の防御については、「信濃」が魚雷一発の被雷によって機関室が短時間（回想では、瞬時に満水と見える）で満水になった一例を除いて、基本的には魚雷の命中に耐え、同一箇所への複数の魚雷命中がなければ致命的な浸水にいたっておらず、充分な能力をもっていたと言えるだろう。

ダメージコントロールは応急注排水装置による傾斜復原を主とするものであるが、この分野で進んでいた米独海軍と比較した場合、注排水ポンプの力量に劣り、区画への注排水時間等では見劣りがする。とはいえ絶対的な排水量の大きさに助けられたこともあり、「大和」型戦艦は実戦において相応の傾斜復原能力を発揮している。一方で弱点としては前後方向ツリムの調整能力が限定されており、艦首非装甲部への大量浸水に対する対応能力に限界があったことが指摘できる。

「大和」型が計画時に目標とした水雷防御は、魚雷一発の命中に耐えて戦闘継続可能というもので、三発以上の命中に対しても艦を保全できることを目標とするものであったが、実戦における「大和」型の実績はこれをよく満たしており、水中防御とダメージコントロールに関しても、実用上十分な能力を有していたと言えるだろう。

アップデートされたレーダー

艦橋と光学、電波兵器

「大和」型戦艦の艦橋は、従来の日本戦艦の艦橋とは全くイメージの異なる塔型艦橋が採用されている。塔型艦橋は昭和初期に研究された「金剛代艦」の時点で確認できるが、「大和」型のそれは「友鶴事件」の反省から極力、軽量化と風圧面積の縮小が行なわれた結果、コンパクトなものとなっており、正面積、側面積は改装を重ねた「長門」型の艦橋と比較しても小さいものである。艦橋の基本的な構造は基部に装甲化された司令塔をもち、羅針艦橋を中段に戦闘艦橋（昼戦艦橋）を上部にもつ日本戦艦の基本的な構成で、艦橋トップに測距儀と方位盤照準装置を備えていた。艦橋各層の構成は図面や模型による検討と同時に、大改装を実施した「比叡」によって検証されており、このために「比叡」の艦橋は「大和」型に類似した外観となっている。

艦橋トップと主砲塔には平均基線長一五メートルの、後部艦橋トップには平均基線長一〇メートルの大型測距儀を備えており、これが主砲による砲戦時の主要な光学兵器となる。それらの測距儀は日本光学（現在のニコン）製であるが、同社は海軍の指導によっての有力レンズメーカーを統合するなどして誕生した、いわば海軍によって育成された側面をもつ光学機器メーカーであり、一五メートル測距儀の開発は海軍による産業育成の成果を示すものとも言えた。

この測距儀で得られた的艦との距離情報は、その他の射撃に必要な情報（自艦や的艦の速力、針路、気温、風速、砲身寿命や地球の自転速度等）と共に、射撃盤に入力され射撃に必要な諸元が算出された。射撃盤は一種のアナログコンピューターであり、艦内に設置されている。射撃諸元にもとづいた発砲は、艦橋トップにある方位盤射撃指揮装置の射手が引き金を引くことで行なわれる。

「大和」型に搭載された九八式方位盤射撃指揮装置もまた、「比叡」に搭載されてテストされており、「大和」型戦艦の設計に対する大改装を利用した「比叡」の貢献は大きなものがあった。

索敵および射撃用電探に関しては、「大和」型の計画時には実用化されておらず、一番艦の「大和」は実装されることないまま竣工し、初陣となったミッドウェー海戦に出撃している。一方で竣工がミッドウェー海戦後になった「武蔵」は、竣工直後に艦橋トップに二一号電探を装備している。

二一号電探はメートル波を利用した対空見張り用電探で、能力的には平凡なものであったが、ミッドウェー海戦に出撃した「伊勢」が試作機を装備していたように、比較的早い段階で実用化に成功しており、昭和一七年後半以降、大型艦を中心に配備が進められた。性能的には単機なら七〇キロ、編隊であれば一〇〇キロで探知可能であり、実戦でも相応の活躍を見せている。「大和」型の場合は艦橋トップの測距儀左右の腕上に空中線を設置しており、「大和」型の特徴的な外観の形成にも一役かっている。

一方の二二号電探はセンチ波利用

の水上見張り電探である。技術的には二一号電探より高度なものであり、試作機が「日向」に搭載されて試験を受けたが二一号電探とは異なり動作が安定せず、撤去予定のままミッドウェー海戦に参加、霧中での航行に効果を発揮したことから開発が継続されたという。試作機の段階では長円形の空中線であったようだが、実用型では電磁喇叭二個を上下に並べた特徴的な形状となった。

比較的小型であったことから、昭和一八年以降、駆逐艦以下の小型艦艇を含む多くの艦に搭載されており、夜戦や夜間、視界不良時の航海兵器として相応の実績を残している。もっとも改良が進み、確実な動作が期待できるようになったのは昭和一九年半ば以降のことであり、一時期は二二号電探の不安定さへの対応として対空見張り用の二一号電探に水上索敵、射撃モードを付加して利用する研究も行なわれたほどであった。

レイテ沖海戦直前には参加艦艇の多くで回路構成等のアップデートが実施された結果、「金剛」などの戦闘詳報では電探射撃に自信を見せるまでになっていた。客観的に見て最終的な二二号電探による索敵、射撃能力は、昭和一八年頃の米軍の水上見張り電探レベルには達していたと思われ、第二次世界大戦における水上見張り電探としては最低限の水準に達していたと思われる。

「大和」型に搭載されたもう一つのレーダーが一三号電探である。一〇系の名称から明らかなように本来は地上用の小型電探であるが、軽量で安定した性能を発揮したために広く艦載電探としても利用された。無理に高性能をねらわずメートル波利用の平凡な性能ではあったが信頼性が高いことに加え、偶然ながら米海軍機の敵味方識別装置の信号を受信することで想定以上の遠距離から敵機を探知できる能力をもっていた。

「武蔵」に搭載された零式観測機

ゼロ観三機一組を二セット搭載

航空関連艤装

「大和」型は本来六ないし七機の艦載機の搭載を予定していた。これは三機で一組の弾着観測機を正副二組搭載することを期待したものである。このため搭載機の構成は二座水偵あるいはその後継機である水上観測機であり、長距離偵察や夜間長時間索敵が主任務である三座水偵は原則として搭載しない構想であった。これは水上機格納庫レセスが、九五式水偵や零式観測機には対応するものの、零式三座水偵には対応していないことからも明らかである。現実には連合艦隊司令部がおかれた場合、零式三座水偵一機程度を連絡や参謀の移動用に搭載することは多く、作戦時でも前路哨戒用に三座水偵を搭載することはあった。

搭載航空機は艦尾両舷のカタパルトによって射出され、艦尾のクレーンによって回収される。なお計画時には艦尾にハインマット（艦尾に長いマットを展開して艦尾波を抑えて艦載機を収容する装置）を装備することも検討されたが、波高同調などが難しく見送られている。

艦載機は「大和」が公試から竣工直後の時期、九五式水偵を搭載した以外は零式観測機を運用しているが、前述のように少数の零式三座水偵を搭載したこともある。またレイテ沖海戦後の戦闘詳報では、低速で航続力の短い零式観測機にかわって彗星か瑞雲の配備を求める意見があり、またレイテ沖海戦で壊滅した空母の穴を埋めるために瑞雲多数を後部甲板に搭載することも検討されたが、いずれも実現していない。

戦前の見通しと現実との乖離

「大和」型戦艦は海軍軍縮条約による二〇年近いブランクをへて建造された戦艦であったが、日本海軍における最初の純国産設計の戦艦と言えるものであったと同時に、最後の日本戦艦ともなった。その設計は全体に保守的なものではあったが、水上戦闘艦としては攻防性能をバランスさせた完成度の高い設計であったと評価できる。実戦において華々しい戦果に恵まれなかったことは、「大和」型戦艦の設計より戦前の見通しと現実の戦争との乖離によるものと考えるべきだろう。

戦艦「大和」型かく戦えり

●太平洋戦争勃発とほぼ時を同じくして全海軍の輿望を担って巨大戦艦「大和」が、その半年後に姉妹艦「武蔵」が誕生した。二大戦艦の戦いぶりを振り返る！

〈左〉昭和19年10月24日、シブヤン海で米空母機の攻撃をうけ艦首に爆弾が命中した瞬間の「大和」。〈右〉昭和18年、トラック泊地に碇泊する「武蔵」（右）と「大和」

開戦直後に誕生した最大最強の戦艦

昭和一六年一二月七日、山口県の周防灘にて戦艦「大和」の主砲発射試験がおこなわれた。六ノットで航行する「大和」の一番砲塔から一門ずつ順々に砲弾が放たれた後、最後に全門が斉射されたが、その反動はもし真横に撃った場合の反動圧力は約八〇〇〇トン、船体が九度は傾斜するほどであるという。

奇しくも翌日、ハワイでは南雲機動部隊が真珠湾奇襲に成功、また数日後にはマレー沖海戦で英国海軍の二戦艦が海軍陸攻隊に撃沈される。海戦の主役が戦艦から空母と航空機に移ったことが明らかになった瞬間に、史上最大、そして最強の戦艦が誕生したというのは、なんとも皮肉な巡り合わせである。

昭和一七年二月一二日、「大和」は戦艦「長門」から連合艦隊旗艦を引き継ぎ、山本五十六司令長官の大将旗を掲げていた。しかしこの時期は南方攻略第一段作戦の仕上げにあたり、各地で散発的な海戦はあるものの、戦艦主体の第一艦隊に出動を求めるような展開にはなっていなかった。

その「大和」の初陣は、ドーリットル空襲の衝撃と、引き分けに終わった珊瑚海海戦の結果を受けて実施されたミッドウェー攻略、ＭＩ作戦であった。五月二九日に二五七二名の乗員とともに柱島を出撃した「大和」は、連合艦隊の主力部隊を率いて東進した。南雲機動部隊が敵機動部隊を叩いた後、「大和」を筆頭とする戦艦群が残敵にとどめを刺し、あるいはミッドウェー島を確保するという二段構えの作戦であった。

しかし、六月五日のミッドウェー海戦に空母機動部隊は惨敗し、ＭＩ作戦は中止を強いられた。第一艦隊主力部隊は主砲を撃つどころか、敵を見ることなく引き返すほかなかったのである。

しかし、ある意味、日本海軍の絶頂期、連戦連勝の中で就役した「大和」は幸福であった。姉妹艦の「武蔵」の公試は、ミッドウェー海戦敗戦直後の六月一八日であり、八月五日に就役した直後に、米軍はガダルカナル島に侵攻している。いずれも日本海軍の勢いが削がれた不吉なタイミングに節目を迎えていたのだから、なんとも験が悪い。

当初は楽観的な見通しで始まったガ島の奪回作戦は、日を追うごとに困難の度合いを増していた。機動部隊の戦いとなった八月二三日からの第二次ソロモン海戦では、戦闘はもっぱら機動部隊同士で終始し、参加した戦艦「陸奥」はおろか、高速戦艦の枠に入っていたはずの「比叡」、「霧島」も戦局にはなんら寄与できなかった。

この間、「大和」は八月二八日にトラック島に進出していたが、出動の機会は得られなかった。陸軍の増援投入に合わせて、輸送船団に多くの犠牲を強いていた敵飛行場の夜間艦砲射撃も度々実施されたが、投入されたのは速度に優れる「金剛」型戦艦ばかりで、「大和」はトラック島の置物になっていたのである。

翌年、一月二一日には「武蔵」もトラックに進出し、「大和」型戦艦二隻が轡を並べての偉容を見せていたが、翌月に始まるガ島撤退の「ケ号作戦」にも参加はできなかった。

海軍の高級ホテルと呼ばれて

昭和一八年二月一一日、紀元節の遥拝式を終えたばかりの「武蔵」に、連合艦隊旗艦の任が移った。もともと「大和」型戦艦は艦隊司令部機能を備えていたが、太平洋戦争序盤の戦訓を反映できた「武蔵」のほうが、航空主兵時代の戦争指揮に向いていると判断されたのだ。

トラック島での「大和」型戦艦二隻は、いつ出撃になっても力を発揮できるよう、訓練に余念がなかった。しかし水兵にまで簡易ベットがあり、空調も行き届いている新鋭戦艦は、南洋の太陽が照りつけるトラック島に在泊していた他の艦艇からは羨望の的であり、彼らから浴びせられる「大和ホテル」「武蔵旅館」との陰口を忍ぶのも、ある意味での戦いであったかも知れない。

五月八日、「大和」は改装工事のために呉に向かったが、内地にいた間に柱島での「陸奥」爆沈事故に遭遇したために、破壊工作の懸念から厳戒態勢に置かれる場面もあった。

八月二三日に「大和」は再びトラック島に進出したが、これといった任務はなかった。一二月には「大和」が輸送支援として、物資を満載して前線に向かったが、一二月二五日にトラック島西方二〇〇キロメートル付近を航行中に敵潜水艦スケートに雷撃されて、右舷機関室後部付近を損傷した。損害は軽微であったが、修理のためにまた内地に向かうことになった。

このように「大和」がトラックと内地の間を慌ただしく行き来していたのに対して、「武蔵」は海軍甲事件で戦死した山本五十六元帥の遺体を内地に運んだ昭和一八年五月の航海を別とすれば、大半の期間をトラックで過ごしていた。しかし昭和一九年になり、ラバウルでの航空決戦と並行しての、米機動部隊によるトラック島襲撃の可能性が高まると、予防措置として「武蔵」は本国に向けて出航した。その一週間後の二月一七日、実際にトラック島は空襲によって壊滅的被害を受けて、拠点としての機能を喪失したのであった。

シブヤン海の死闘

昭和一九年春、日本軍はマリアナ諸島からパラオ、ニューギニア西部に繋がる線に絶対国防圏を設定して、長期持久戦の構えから各地の防備を強化していた。そして敵機動部隊の動向を掴んだら基地航空隊を正面からぶつけて、機動部隊と連携して叩くという「あ号作戦」の準備を急いでいた。

しかしその上を行く米軍は、ニューギニア方面と中部太平洋の二本の攻勢軸から次々に攻撃を繰り出して、日本軍に重点的な防御戦闘を許さなかった。実際、六月一一日に正規空母七、軽空母八隻、航空機約九〇〇機を擁する米第5艦隊がマリアナ諸島に来寇したとき、「大和」と「武蔵」はニューギニア西部のビアク島を襲った敵に対処する「渾作戦」に従事している最中であり、マリアナ防衛では後手を踏んでしまったのである。

結局、マリアナ沖海戦では小沢機動部隊が大敗し、「大和」と「武蔵」は後退する空母部隊の護衛に付くしかなかった。この間、二〇日夕方に襲来した約二〇機の敵機に対して、「武蔵」は三式弾を使用し、「大和」も対空戦闘に従事している。これが両戦艦の実戦における初めての発砲であった。

マリアナ諸島を陥落させて、日本の絶対国防圏を突き崩した米軍は、一〇月にはフィリピン攻略に着手した。日本海軍はフィリピンに来寇する敵艦隊を、基地航空隊と戦艦群を中核とする水上打撃部隊の連係攻撃で撃つという「捷一号作戦」を計画していた。

そして一〇月一七日に敵軍のレイテ上陸の動きを認めた日本海軍は、捷一号作戦を発令。他の戦艦の戦歴との重複になるが、この作戦は、レイテ湾に蝟集する敵上陸船団を水上部隊で叩くのが最終目標である。海軍としては艦隊決戦に賭けたかったが、マリアナ沖で敗北し、陸軍部隊を玉砕に追い込んだ負い目から、今回は陸軍の支援として敵上陸船団を優先目標としたのだ。

レイテ沖海戦で対空戦闘中の「大和」

この際、もっとも脅威となる敵機動部隊主力を主戦場から遠ざけるため、まず機動部隊の残存兵力と「伊勢」型航空戦艦二隻を擁する小沢艦隊が、フィリピン北部で敵を誘引する。そして、この動きによってできた敵防空網のほころびを突くように、栗田提督の第一遊撃部隊がシブヤン海を突破してフィリピン東部沖に進出、南下して一気にレイテの敵船団を襲うのが作戦である。栗田艦隊の戦艦群は、当初は戦艦七隻で構成されていたが、後に作戦時間の問題から鈍足の「扶桑」型二隻が第三部隊として外され、これが西村艦隊として別行動をとることになった。その結果、栗田艦隊の戦艦は「大和」型二隻と、「長門」、「金剛」、「榛名」の五隻となったのである。

一〇月二二日にブルネイを出撃した栗田艦隊は、途中、パラワン水道で潜水艦に伏撃されながらも、二四日に中部フィリピンのシブヤン海にさしかかった。しかしこの動きは二四日早朝には敵偵察機に察知され、一〇二六時に始まった第一次攻撃を皮切りに、栗田艦隊は五次の空襲に見舞われた。

栗田艦隊は、第一、第二部隊に分かれて、それぞれが戦艦を中心に置く対空警戒重視の輪形陣で航行していたが、敵の攻撃は「大和」型二隻と「長門」が構成した第一部隊に集中した。

最初の攻撃は輪形陣のやや外側で巨体を目立たせていた「武蔵」に集中した。急降下爆撃こそ猪口敏平艦長の的確な操艦で回避されたが、魚雷一本が命中した衝撃で、前部主砲射撃方位盤が故障した。第二次攻撃も「大和」と「武蔵」が標的とされたが、「大和」が至近弾に留まったのに対して、「武蔵」には魚雷三本が命中して左舷に傾斜、速度も二二ノットに低下して、ついに艦隊から落伍した。
以後、攻撃は「武蔵」に集中し、特に第五次攻撃の結果、「武蔵」には累積二〇本もの魚雷が命中してしまう。そして一九三五時、不沈戦艦は左舷に転覆してシブヤン海に没したのであった。

水上特攻に消えた「大和」

シブヤン海では延べ二五〇機以上の敵空母艦上機に襲われたにもかかわらず、「武蔵」が被害担当艦になったことで、栗田艦隊の他の艦艇の損害は少なく、「大和」も爆弾二発の命中に留まった。

栗田艦隊は二四日深夜に難所のサンベルナルジノ海峡を抜けたが、サマール島東方沖を南下中の二五日早朝、突如として南方に複数の敵艦がいるのを発見した。これはクリフトン・スプレイグ提督麾下の護衛空母群であった。

戦艦の射程圏内に不倶戴天の敵空母群を捕らえるという僥倖に、艦隊司令部は各戦隊に判断をゆだねる形での全艦突撃を命じた。この中で、「大和」はまず〇六五八時に艦首砲塔二基で斉射を繰り返した。敵艦の周囲には各艦から放たれた砲弾の着水による水柱が林立したが、「大和」の四六センチ砲のそれは優に一〇〇メートルを超えてひときわ目立っていた。

坊ノ岬沖海戦の「大和」（上）と駆逐艦「冬月」

〇七三五時には敵空母追跡を重巡部隊に任せ、「大和」は敵駆逐艦を副砲で滅多打ちにしていた。しかし右前方から迫る魚雷を見て反転回避した結果、両舷を魚雷に挟まれたまま、主戦場から離れるように併走を強いられてしまい、戦闘機会を逸してしまった。

結局、〇九一一時に栗田提督は戦闘停止と全艦集結を命じたことで、サマール沖海戦は終了した。その後、損傷艦、落伍艦の手当を済ませた栗田艦隊は、レイテ湾まで二時間の距離まで艦隊を進めたものの、一二一五時にレイテ突入を断念し、帰投したのであった。

一一月二四日に呉に帰投した「大和」であるが、捷一号作戦で消耗し尽くした連合艦隊にあって、もはや戦艦に期待を寄せられる展開は望めなくなっていた。

しかし昭和二〇年三月に米軍の沖縄上陸が不可避となると、「大和」には最後の役割が求められた。航空機による神風特別攻撃が最大の戦果を上げた瞬間を狙い、「大和」を中核とする水上挺身艦隊が沖縄に突入して敵上陸部隊を叩き、これに呼応して陸軍が総反撃に出るという作戦だ。これは有り体に言えば、水上艦隊による「特別攻撃」であった。

四月六日に徳山沖を出撃した第二艦隊旗艦の「大和」と、軽巡「矢矧」以下駆逐艦八隻は、九州東岸を南下すると、佐多岬沖で変針して種子島との間をかすめるように西に向かい、途中から南進して一気に沖縄を目指すコースに入った。

しかし、この動きは豊後水道から出た時点で米軍に逐次把握されていた。米第5艦隊司令長官のスプルーアンス提督は、当初、真珠湾以来の脇役とされて不満をため込んでいた戦艦部隊による撃破を考えていた。しかし機動部隊を率いるミッチャー提督は麾下の空母一二隻に「大和」攻撃を命じた。

四月七日、一二三四時に襲来した攻撃機群は、七〇〇メートルと低い雲高に悩まされて効果的な急降下爆撃ができなかった。しかしその分、雷撃機の接近が容易となり、一三三〇時に始まった第二次攻撃と合わせて、「大和」は左舷を中心に大量の魚雷をくらって戦闘不能となり、一四四五時に大爆発を起こして波間に姿を消したのであった。「大和」の最後の戦いは坊ノ岬沖海戦と呼ばれている。

日本海軍が艦隊決戦の切り札と信じ、国民にその存在を秘匿して建造された「大和」型戦艦は、ついに戦局を変える働きをすることはできなかった。そして「大和」の竣工から沈没までのわずか三年の間に、誕生した時と同じように、ほとんどの日本人に知られることなく、二隻ともに姿を消したのであった。

主砲メカニズム解説

●「金剛」型から「大和」型が搭載した14インチ砲、41センチ砲、46センチ砲の各主砲を砲術の専門家がレクチャー！

写真は「長門」型の41センチ砲

■元防衛大学校教授・海将補

堤　明夫

＊

日本海軍の戦艦に搭載した主砲は「富士」などの一二インチ砲を始めとして各種のものがあるが、本稿ではド級型艦の「金剛」型以降に搭載した一四インチ、四一センチ及び四六センチの三種についてその概略をご紹介する。この三種の大口径砲及びその使用弾薬についてその主要性能要目の比較を表1及び表2として纏めたので、各砲の解説に併せて適宜参照されたい。

1 一四インチ砲

英国ビッカース社が開発した四五口径一四インチ砲で、日本海軍はこの最新の一四インチ砲を英海軍に先駆けて採用し、「金剛」型四隻、次いで「扶桑」型二隻及び「伊勢」型二隻の計八隻の主砲として搭載したものである。

「金剛」は当初の計画では装甲巡洋艦として既存の四五口径一二インチ砲を搭載することで立ち上がり、英国での建造時に艦型もその砲熕武器なども可能な限り最新式のものを導入することとしていた。艦型についてはド級型艦誕生を受けて最新の巡洋戦艦として設計・建造されたが、主砲についても当時同社で開発の最終段階にあった五〇口径一二インチ砲とこの四五口径一四インチ砲の二種のいずれかを採用することで検討された結果、試験成績などにより同砲に決定され、この「金剛」型との共通性から「扶桑」「伊勢」型も本砲を採用した。

なお本砲を日本の出版物などでは一四インチ砲でなく三五・六センチ砲と記すものが多いが、口径は正一四インチであり、センチ表記に換算すると正しくは三五・五六センチであるので、もしインチでなく略式のセンチで言うとするならばむしろ制式名称どおりの三六センチ砲とするのが適切であろう。

ちなみに、一四インチとは砲腔内の施条（ライフル）の山から反対側の山までの直径のことを言う。したがってその砲弾の弾体の直径（弾径）はそれより僅かに小さく、逆に施条に食い込んで砲弾に旋転力を与えるための導環の直径は口径より大きいものとなる。本砲の場合、弾径は三五・四七センチ、導環の最大径は三七・六二五センチであり、これは弾種による違いはなく全て同一値である。また砲身の長さを示す四五口径とは尾栓を含む砲身の全長ではなく、尾栓を閉鎖した時の尾栓頭の前面から砲口までの「膅腔全長」を砲の口径値で表したもののことを意味する。したがって、本砲では尾栓を含む砲身全長は一六・四六九mで四六・三一口径となるが、砲の性能を示す諸元の一つである膅腔全長は一六・〇〇二mで四五・〇〇口径である。なおこれらのことは他の砲でも全て同じであり、また諸外国海軍でも共通の表記法である。

一番艦の「金剛」及び国内建造した二番艦「比叡」に搭載した砲はビッカース社で製造したオリジナルのものであるが、「榛名」以降はこれを国内でライセンス生産し、かつ砲の尾栓をオリジナルの毘式から四一式に換えたものである。

四一式の尾栓とは明治四一年に有坂鉊蔵の考案による方式ものを兵器採用したもので、基本的には毘式と同じであるが、操作性の向上と安全対策など日本海軍独自の改良を加えたものである。ちなみにこの操作性の面では、本砲の毘式の砲では砲塔の砲室及びその下部の換装室の砲員定数は二一名であるのに対して、四一式ではこれが一七名で四名の省力化に繋がっていることからも、この尾栓方式がいかに優れたものであるのかが判るであろう。

本砲は「金剛」で採用した時にその制式名称を当初単に「十四吋砲」と名付けられたが、これの顛末はP78の拙稿『帝国海軍戦艦建造

〈表１〉14インチ、41センチ、46センチ砲主要性能要目

砲種	四十五口径三十六糎	四十五口径四十糎砲	九四式四十糎砲
尾栓型式	毘式／四一式	三年式	（不明）
口径（cm／in）	35.56／14.00	41.00／16.14	46.00／18.11
砲身長（m）	16.469	18.840	21.300
膅長（m／口径）	16.002／45.00	18.294／44.62	20.700／45.00
砲身重量（ton）	Ⅱ型、Ⅲ４型：84.689 Ⅲ型、Ⅲ２型：85.650	102.000	167.000
弾量（kg）	五号、八八式徹甲弾：635.03 九一式徹甲弾：673.50	五号、八八式徹甲弾：1000 九一式徹甲弾：1020	九一式徹甲弾：1460
弾長（cm）	五号徹甲弾：127.90 八八式徹甲弾：127.59 九一式徹甲弾：152.47	五号：146.25 八八式徹甲弾：149.65 九一式、一式徹甲弾：173.85	九一式、一式徹甲弾：195.50
装薬形式	薬嚢式	薬嚢式	薬嚢式
薬量（kg）	常装　薬嚢×４：146.7 弱装　薬嚢×３：115.4 減装　薬嚢×２：63.30	常装　薬嚢×４：219.0 弱装　薬嚢×３：166.8 減装　薬嚢×２：107.0	常装　薬嚢×６：330
射表初速（m／秒）	五号、八八式徹甲弾：790 九一式、一式徹甲弾：770	八八式徹甲弾：790 九一式、一式徹甲弾：780	九一式、一式徹甲弾：780
俯仰範囲（度）	−5〜＋43（改装後）	−3〜＋43（改装後）	−5〜＋45
旋回速度（度／秒）	3	3	2
俯仰速度（度／秒）	5	5	8
発射速度（秒／発）	30〜40（最大仰角付近）	21.5（改装後）	約40
最大射程（m）	35,450／九一式、45度	38,300／九一式、43度	41,800／九一式、45度

（注）：１．薬量は使用薬種により多少の差違がある。２．射表初速は常装薬使用時

表２：主砲砲弾主要目

砲種	14インチ砲				
弾種	五号徹甲弾	八八式徹甲弾	九一式徹甲弾	零式通常弾	三式焼霰弾(改一)
弾量(kg)	635.03		673.50	621.00	553.00
弾長(cm)	127.90	127.59	152.47	120.00	120.00
弾径(cm)	35.47				
炸薬量(kg)	9.312		11,102	29.53	(弾子×480)
使用信管	一三式三号	一三式四号改一	一三式四号改一	零式時限 八八式二型	零式時限

砲種	41糎砲				
弾種	五号徹甲弾	八八式徹甲弾	九一式徹甲弾	零式通常弾	三式焼霰弾(改一)
弾量(kg)	1000.00		1020.00		844.00
弾長(cm)	146.23	149.65	173.85		140.00
弾径(cm)	40.90				
炸薬量(kg)	13.842		15		(弾子×735)
使用信管	一三式三号	一三式四号改一	一三式四号改一	零式時限 八八式二型	零式時限

砲種	46糎砲	
弾種	九一式徹甲弾	零式通常弾	三式焼霰弾(改一)
弾量(kg)	1640.00		1360.00
弾長(cm)	195.50		160.00
弾径(cm)	45.85		
炸薬量(kg)			(弾子×1,056)
使用信管	一三式五号	零式時限 八八式二型	零式時限

（注）：弾種及び使用信管は代表的なものを示す。また弾長は使用信管により多少差違がある。

●オリジナルのⅠ型の砲身構造図　旧海軍史料より

史』の中で紹介したとおりである。

そして大正四年海軍省達第九九号により同六年以降新製の兵器は全て仏国度量衡法（メートル法）とすることとされたことに併せ、大正六年に内令兵第一七号『砲術長主管兵器中名称改正』により日本海軍における砲熕武器の名称を一斉にインチ（吋）呼称からセンチ（糎）呼称に変え、「四十五口径毘式十四吋砲」を「同毘式三十六糎砲」に、「四十五口径四一式十四吋砲」を「同四一式三十六糎砲」に改称している。したがってここまでの間に当初の「十四吋砲」の名称からこの時の改正時における旧称に変わっているはずであるが、残念ながらその時期は不詳である。

◎砲身型

本砲の砲身はいわゆる「積層鋼線砲」で、オリジナルの英国製を含め型式として五種がある。当初の英国製の「金剛」のものを「Ⅰ型」、「比叡」のものを「Ⅱ型」としているが、この違いについては不詳である。一説には「比叡」には「Ⅰ型」と「Ⅱ型」が混載されており、この「Ⅱ型」は国産で薬室容積を増大したものとするものがあるが、あくまでも推測であり確たる根拠は不明である。そもそも薬室容積とは尾栓頭から装填された砲弾の弾底までの腔内容積のことであるが、弾種が同じであるのに薬室容積が大きくなったとするとそれに伴って砲身諸元が変わっていなければならないはずであるが、基本的な諸元は同じであることからこの説には疑問がある。

国産の砲身には「Ⅲ」「Ⅲ$_2$」「Ⅲ$_3$」「Ⅲ$_4$」の型があり、「Ⅲ型」は毘式に替わり四一式の尾栓を取り付けられるようにしたもので、この「Ⅲ型」は「榛名」以降「日向」まで各艦の就役時はこの型であった。「Ⅲ$_2$型」はその「Ⅲ型」で砲仰角を高めた際に弾丸が滑落するのを防ぐセレーションと呼ばれるもの付けた形状に弾室を改良したもの、「Ⅲ$_3$型」は更に装薬の滑落を防ぐように改良したものとされているが、この「Ⅲ$_3$型」の具体的な形状などについては不詳であり、また少なくとも太平洋戦争期にはこの砲身型のものは使用されていない。「Ⅲ$_4$型」はオリジナルの英国製「Ⅰ型」「Ⅱ型」の内筒を国産のものに交換したもので、尾栓が毘式のままである他は「Ⅲ型」と同じとされている。この他に「Ⅱ型」の内筒を施条の様式を換えた「Ⅳ型」

●オリジナルの毘社製の砲塔構造略図　海軍兵学校砲術教科書より

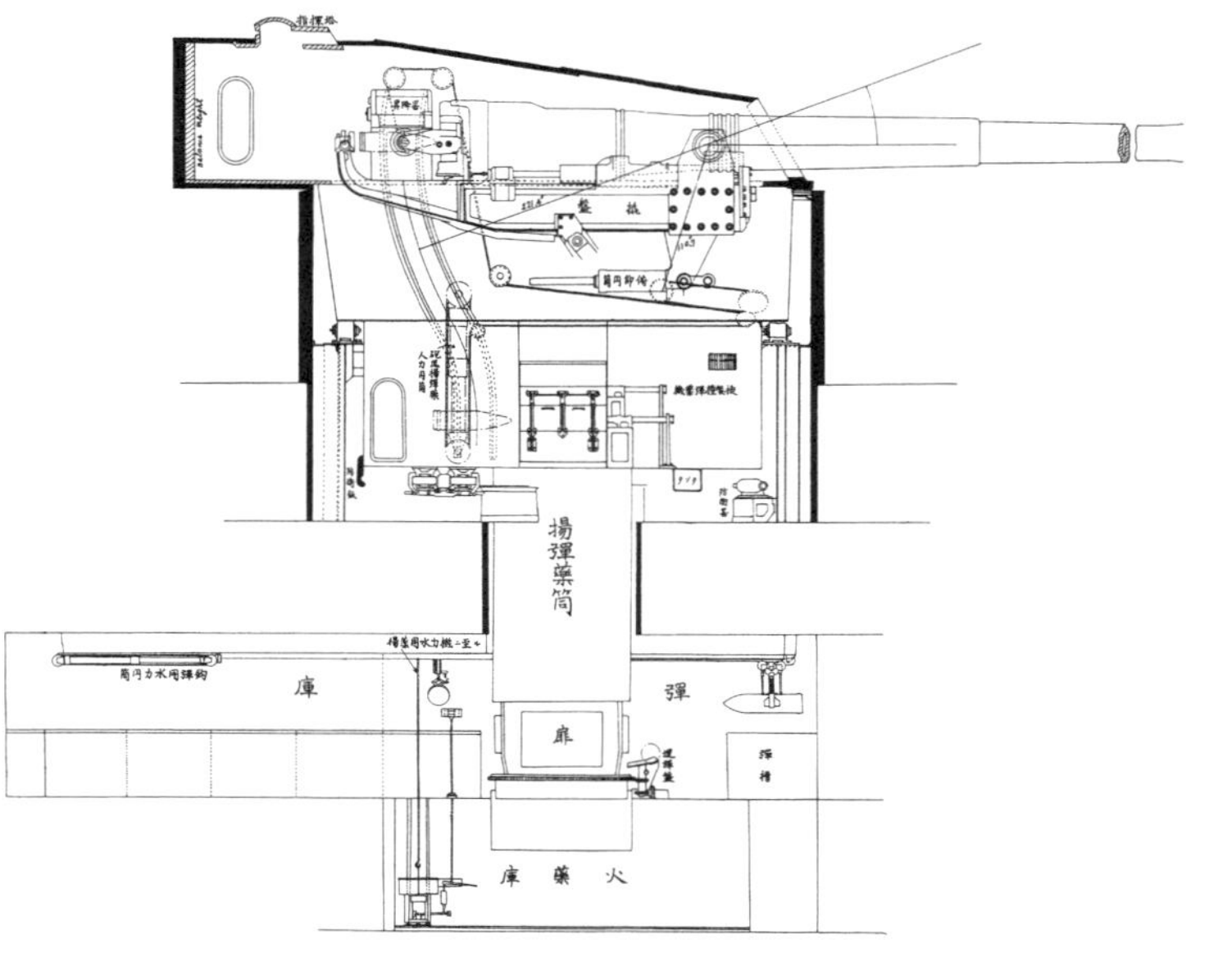

というのがあったとされているが、これは試験用であって実用砲ではない。

一説には大正一三年にフランスのシュナイダー社から自己緊縮法（オートフレタージュ）と呼ばれる特許を購入し、これを内筒に採用したとしているものがあるが、砲身の型式は今次大戦終了までⅢ型とその派生型であることから、この説にも疑問がある。

◎砲塔

日本海軍では「金剛」型、「扶桑」「伊勢」型までの全てでこの砲を連装砲塔として搭載した。「金剛」の砲塔は毘社による設計そのものであり、俯仰範囲は－五～＋二五度であるが他の三隻は＋二〇度である。

装填機構もそれぞれの限度内での自由装填角度方式となっている。しかしながら「比叡」は「金剛」と同じ図面を使用したとされているが最大仰角が何故「榛名」「霧島」と同じ＋二〇度なのかの理由は不明である。

「金剛」型四隻は、大正一三年の「榛名」に続き順次砲俯仰範囲を－三～＋三三度に最大仰角を引き揚げ、装填角度も「金剛」と同じ＋二五度までの自由装填となった。そしてその後の近代化改装（練習戦艦となった「比叡」は戦艦復帰工事）の際に更に最大仰角を＋四三度に引き揚げたが、その際に装填角度範囲は＋二〇度までに戻したとされている。この戻した理由はよく判っていない。

「扶桑」「伊勢」型共に就役時の砲俯仰範囲は「金剛」型の「比叡」以下三隻と同じ－五～＋二〇度であったが、大正一一～一三年にこれを＋－〇～＋三〇度（何故「金剛」型と同じでないのかは不明）とし、次いで昭和五年からの近代化改装時に順次俯仰範囲を－五～＋四三度としている。この時に同時に九一式弾搭載のための各種改装を併せて行なっている。なお、一説によると「伊勢」型は最後部の六番砲塔は船体の関係で＋三〇度のままとされたとするものもあるが、根拠が明確でなく、かつ揚弾薬機及び装填機などの改修を考えるとこの説には疑問がある。

また、「扶桑」型では就役当初は仰角＋五度の固定装填式であったとする説があるが、その根拠及びその後の改装に伴ってどの様になったのかが不明であるなど疑問点が多く、このため本稿ではこの説を採っていない。

●新旧の被帽徹甲弾と同通常弾の略図　海軍兵学校砲術教科書より

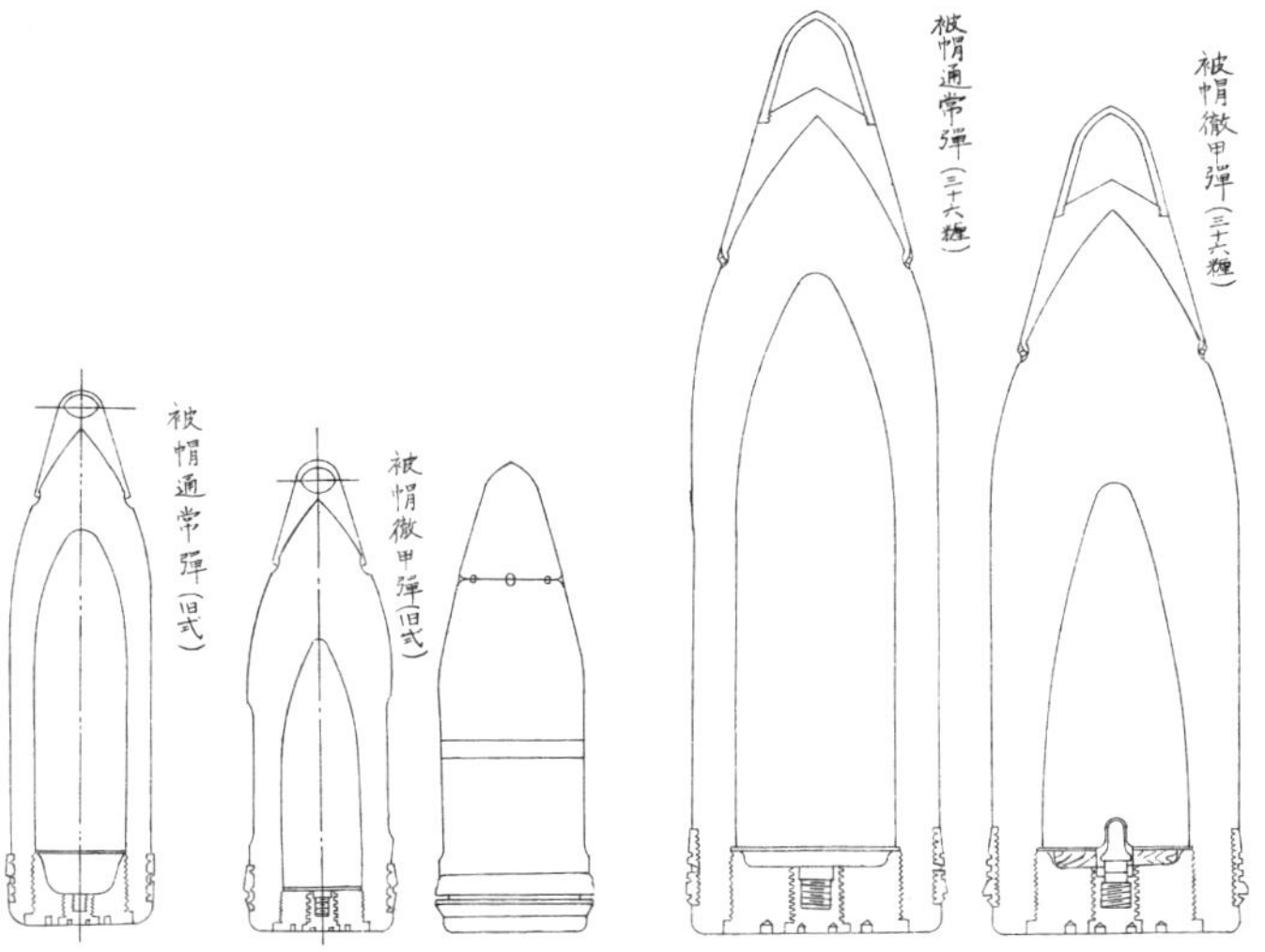

●九一式徹甲弾寸法図　戦後の呉工機（株）による実弾計測図

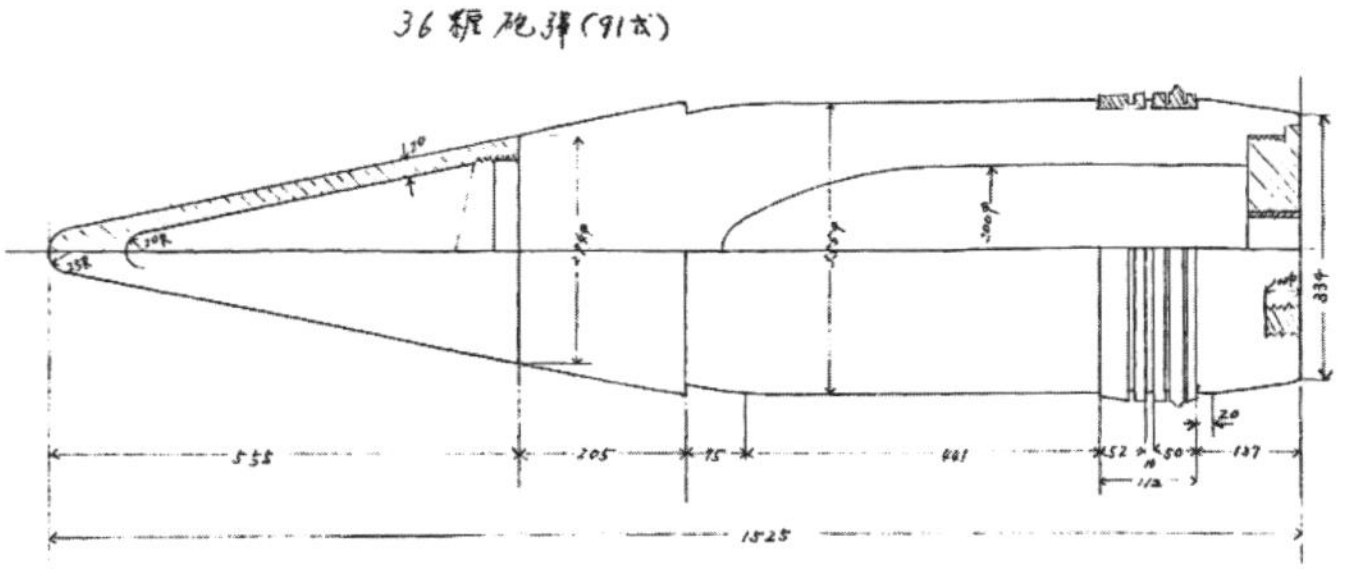

●一式徹甲弾外観イラスト　米軍史料から

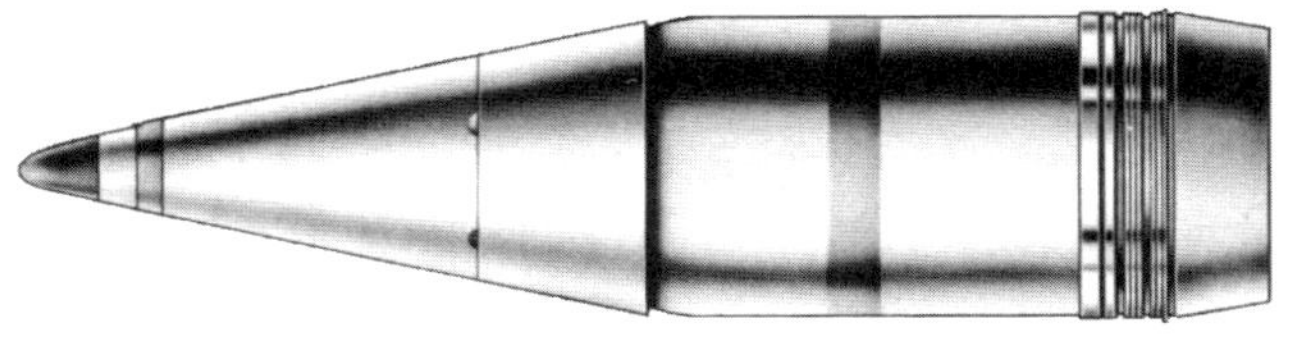

●45口径36糎砲常装薬弾道図（九一式徹甲弾）

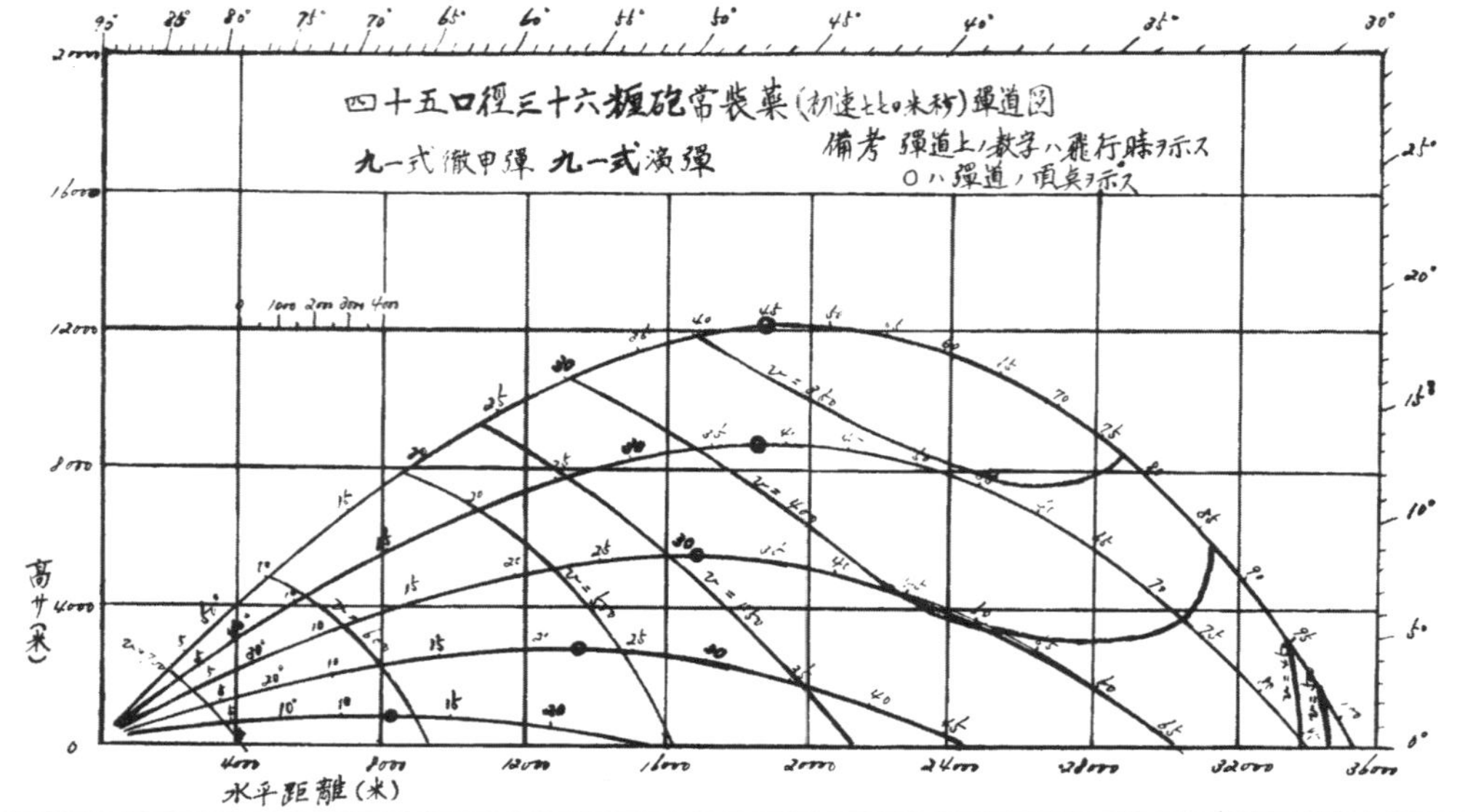

砲塔の外形自体は「金剛」「比叡」がオリジナルの角張ったもので、「榛名」「霧島」は丸まったものとなっているが、この二つの砲塔型の砲室の装甲厚は前盾二五四ミリ、天蓋七六ミリで同じであるものの、前盾の傾斜は前者が三〇度であるのに対して、後者は一八度である。この理由もよく判っていない。そして「金剛」型は第一次改装の際に砲塔の防御も強化され、中でも砲室天蓋の装甲厚は二重装甲により倍の一五二ミリとなっている。

「扶桑」型二隻及び「伊勢」型二隻の砲塔は「金剛」「比叡」と同じ角張った形状のものであるが、多少改善がされており、装甲厚は前盾二八〇ミリ、天蓋一一五ミリであった。なお砲塔そのものではないが、「扶桑」「伊勢」型ではバーベットの装甲厚が「金剛」型の二二八ミリから三〇五ミリに強化されている。

加えて、「金剛」「扶桑」「伊勢」型とも、九一式徹甲弾の採用に伴いこれを装備する際、それまでの弾種より重量、寸法ともに大きくなったため揚弾・装填機構の改修と、弾庫及び給弾装置の改善を行なっており、併せて弾火薬定数を第一回目の砲仰角引き揚げ時に当初の八〇発／門から一〇〇発／門にしたものを、この時に更に一二〇発／門に増加している。また砲塔動力を水圧式だけだったものを、近代化改装時にその強化及び砲の復座を空気圧式に改めている。これにより明治期から交互打方を常用とせざるを得なかったものを斉発（一斉打方）も可能となった。

◎砲弾及び装薬

本砲で使用する砲弾は当初「三十六糎砲被帽徹甲榴弾」と「同被帽通常榴弾」の二種で、両種とも明治四五年に波（ハドフィールド）社製を兵器採用したものであったが、大正三年に被帽を朱（シュナイダー）社製のものを模した三年式被帽（通称、三年帽）とした新型となった。なお大正七年に被帽徹甲榴弾は「被帽徹甲弾」に、被帽通常榴弾は「被帽通常弾」に改称されている。

その後大正九年に大・中口径砲弾種単一主義が採用されたため、被帽通常弾の既存分はそのまま残されたものの、以後の新規開発は徹甲弾のみとなり、大正一四年にハドフィールド社製の製造権を得て開発した「五号徹甲弾」、昭和三年に水中弾道性能を改善した「六号」（昭和六年に「八八式」と改称）、遠達性能を向上させた昭和六年の有名な「九一式」、そして太平洋戦争直前に「九一式」を改修した「一式」が開発された。

「一式」は「九一式」の風帽内に着色剤を封入し着色弾としたものであるが、加えて風帽の弾体への装着要領不具合を改善（強化）した以外は同徹甲弾と全く同一のものであり、太平洋戦争開戦前後に「九一式」は全てこの「一式」に換装されている。

ちなみに、この「一式徹甲弾」には一型から四型までが制式採用されているが、これは封入された着色剤の色の違いを表し、一型：無色（白）、二型：黄色、三型：赤色、四型：青色である。そして先の通り「九一式」と「一式」とは全く同一の形状であるため、この識別用として各種砲弾の弾頭（風帽頭部）に弾底信管装着済みと炸薬充填済みとを示す赤色と緑色の塗色の下に、一式弾では各着色剤の色の帯が塗られ、また弾体弾肩部に「九一」の黒書きの代わり「一」と記されている。

　この一式弾は、「金剛」型では「金剛」：三型、「比叡」：一型、「榛名」：二型、「霧島」：四型が搭載されたことが判っているが、「扶桑」型及び「伊勢」型へ供給された一式弾の型式は不詳である。

　通常弾については、結局のところ大口径砲においても徹甲弾の一種のみでは各種の射撃用途として不十分であると認識されたことから、太平洋戦争前に各種砲用の零式通常弾、次いで三式焼霰弾が開発されて、本砲でも昭和一九年に「三十六糎砲零式通常弾」及び「三十六糎砲三式焼霰弾」として兵器採用されたが、特に後者は制式採用以前に「試製三式通常弾」として既に生産・配備されており、昭和一七年一〇月「金剛」「榛名」によるガダルカナル島の米軍ヘンダーソン飛行場（日本側名はルンガ飛行場）に対する夜間陸上射撃で使用されたことは有名な話しである。ちなみにこの時の発射弾数は、「金剛」が一式弾×三三一発、三式弾×一〇四発の計四三五発、「榛名」が一式弾×二九四発、零式弾×一八九発の計四八三発であった。そしてこのこともあり、一式徹甲弾、零式通常弾及び三式焼霰弾では不足することが見込まれたため、太平洋戦争中に古い被帽徹甲弾、同通常弾、及び五号徹甲弾なども再度供給されているが、その詳細については不明である。

　装薬（発射薬）は薬嚢式で、薬嚢数は常装薬四個、弱装薬三個、減装薬二個であるが、減装薬は常装・弱装薬とは異なる薬種のものが使用されている。常装薬では弾種にかかわらず同じ装薬を使用するが、弾種で重量が異なるため、射表初速は八八式が七九〇m／秒、九一及び一式七七〇m／秒、零式通常弾八〇〇m／秒、及び三式焼霰弾八二五m／秒である。また弱装薬及び減装薬を使用する場合は、弾種にかかわらず射表初速がそれぞれ六六〇m／秒及び五〇〇m／秒となる薬嚢を使用することとされていた。

2 四一センチ砲

「長門」型が世界に先駆けて搭載した一六インチ砲は、これまでのような外国から輸入あるいはライセンスを得て国内製造したものでなく、日本海軍が初めて独自に設計・製造した大口径砲であり、かつ「長門」就役時には戦艦の主砲として世界最大のものであった。ただし当時の日本海軍が採用した度量衡に関連し、大正四年の海軍省達第九九号により大正六年以降新規に製造する兵器は全てそれまでの英国度量衡（ヤード・ポンド法）から仏国度量衡（メートル法）とすることとなり、このため本砲も設計図面などはもちろん工作機械もこれに合わせたものとされたことにより、口径は正一六インチ（四〇・六四センチ）ではなく正四一センチとされた。

　このため大正六年に内令兵第一〇号により兵器採用された当初の制式名称は「四十五口径三年式四十一糎砲」であったが、大正一一年「長門」就役直後のワシントン軍備制限条約の成立により戦艦の口径が一六インチ以下と規定されることとなったため、列国に対して誤解を生じさせないように同年の内令兵第九号により「四十五口径三年式四十糎砲」と改称されたが、当然ながら実口径はそのままであった。もちろんこれは後の「大和」型で採用した四六センチ砲のように、実口径を知られないための秘匿名称とは全く性格が異なり、単に採用する度量衡からくる問題であるので、条約参加各国においても暗黙の了解のものであったと言える。

　本砲搭載の「長門」「陸奥」は当初八四艦隊計画の一つとして始められ、その後八八艦隊構想の第一陣となり、両艦に続く第二陣以降の戦艦及び巡洋戦艦にも本砲が搭載される計画であったが、ワシントン軍縮条約により建造中止となったことから、結局実搭載されたのはこの「長門」型二隻だけとなった。

◎砲及び砲身型

　上記のとおり、本砲の口径は正四一センチである四一・〇cmであり、

●45口径40センチ砲砲身構造略図

旧海軍史料より

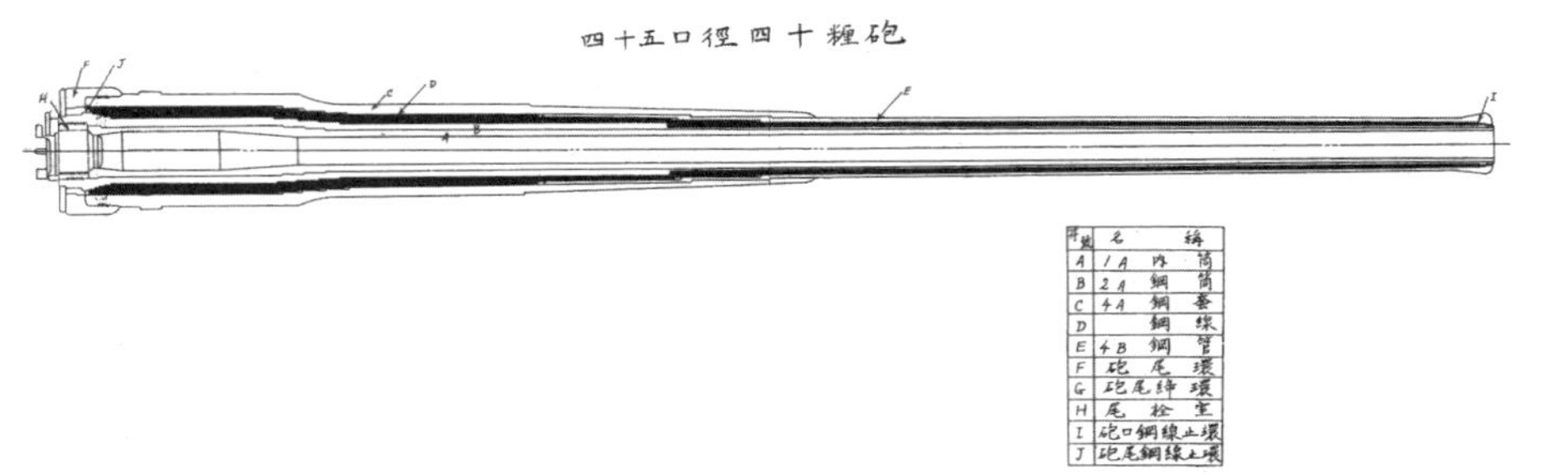

四十五口径四十糎砲

符號	名稱
A	1A 内筒
B	2A 鋼筒
C	4A 鋼套
D	鋼線
E	4B 鋼管
F	砲尾環
G	砲尾締環
H	尾栓室
I	砲口鋼線止環
J	砲尾鋼線止環

尾栓も含めた砲身全長は一八・八四〇mの口径長四五・九五、砲の性能の示針となる腔全長は一八・二九四mの口径長四四・六二で、正確に言うと名称の四五口径よりは僅かに短いものである。

砲身の構造は一四インチ砲よりは改良されたものの、典型的ないわゆる積層鋼線砲である。

本砲の砲身型は「Ⅱ型」「Ⅱ2型」「Ⅱ3型」「Ⅱ4型」の四種であるが、「Ⅱ」型と他の三種とでは後者の薬室径が僅かに（一・八ミリ）大きい以外は同一諸元であり、各型の違いの詳細は不詳である。

また、尾栓形式は三年式であるが、これは四一式をメートル法により新たに設計し直したもので、基本的な構造などは四一式と同じである。

◎砲塔

「長門」「陸奥」共に就役時には砲の俯仰範囲は－五～＋三〇度であった。これは当時予想された砲戦様相から決められたものであったが、第一次世界大戦での英独海軍による海戦はそれまでの予想を遙かに上回る長射程での砲戦となり、今後は更に延伸が予想されることとなったため、日本海軍においても直ちに遠距離射撃の研究に着手することとなった。

そしてこれに併せて、従来からの砲塔動力の不足により連装砲塔においても常用の射撃は左右砲交互に発射する交互打方とせざるを得なかった問題の解決が求められたのであるが、結局これらの解決は昭和九年まで持ち越されることになった。

即ちワシントン軍縮条約により新規の戦艦の建造に制限がかかったことにより、条約参加各国は既存艦の近代化により戦力向上を図ることとなった。日本海軍においても既存戦艦の近代化に力を入れ、「長門」及び「陸奥」については昭和九年から近代化改装により、この遠距離射撃と砲塔動力の問題の改善を行なうこととなった。

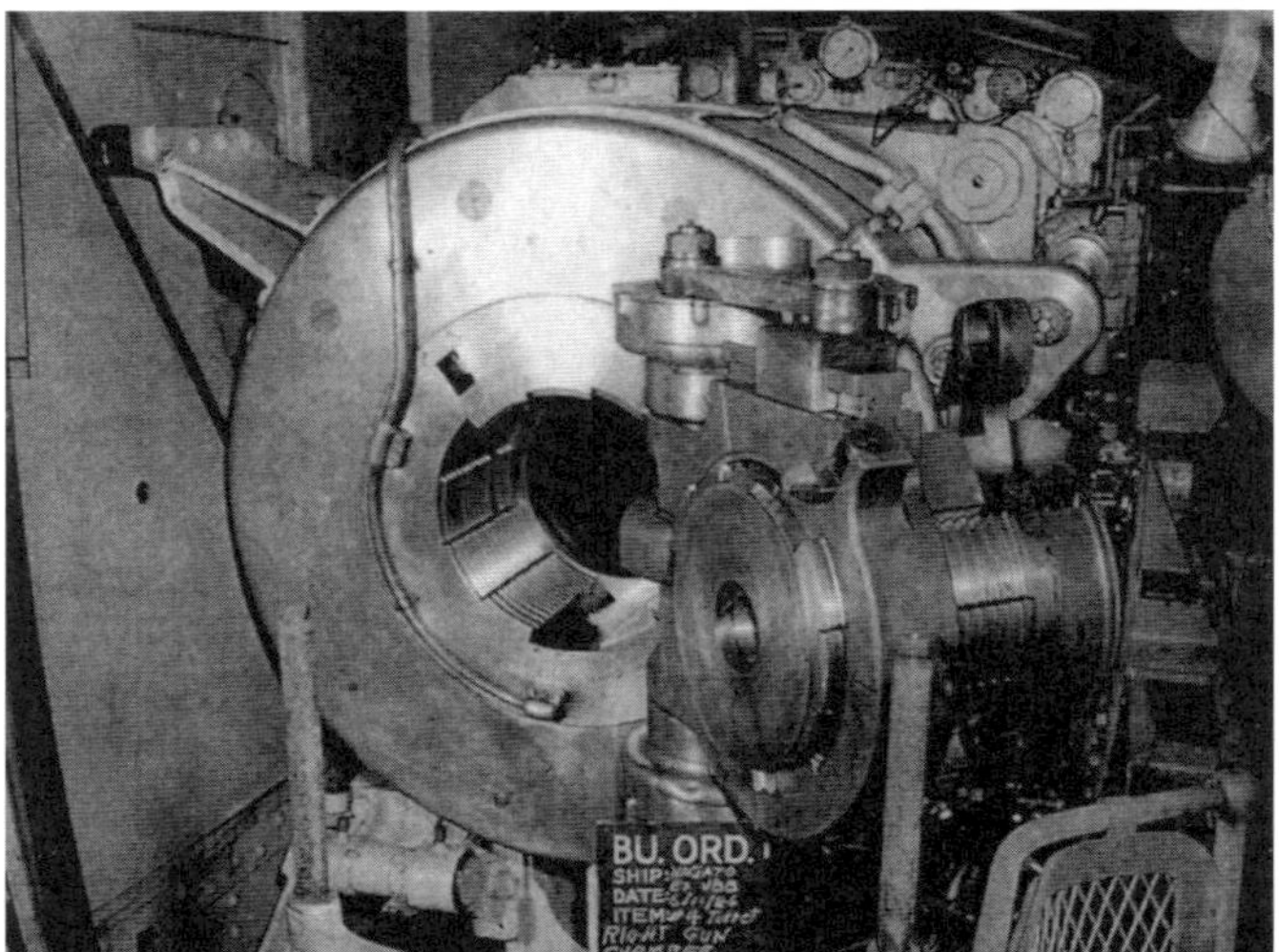

前者については未成となった「土佐」型のものを改造して就役時からのものと置き換えた。この時の改造により、砲の俯仰範囲を－三～＋四三度とし、これにより九一式徹甲弾使用で最大射程を三万八三〇〇mに延伸し、これに併せて揚弾・装填機などを九一式徹甲弾の重量・サイズに合わせたものとした。砲室の装甲も遠距離砲戦に対応する如く強化され、前盾が三〇〇ミリから五〇〇ミリ、側面が二三〇ミリから二八〇ミリ、天蓋が一五〇ミリから二五〇ミリへとなったが、これらはいずれも元の装甲板の上に追加装甲を貼り付けたものである。

またもう一つの課題であった砲塔動力は、水圧機の増設や砲身推進（復座）装置を空気圧式にするなど

「長門」の41センチ砲の砲尾部——戦後米海軍撮影写真より

の改善を行なって大幅に強化したことにより、連装砲の左右砲斉発を実用レベルとし、また再装填秒時をそれまでの二四秒から二一・五秒に短縮した。

この砲塔動力の改善は、「長門」型以外においてもこの頃から順次行なわれ、明治三〇年代からこれまで連装砲では交互打方を常用とせざるを得なかったものが、これによる結果として昭和一三年に『艦砲射撃教範』の全面改訂を行なって射法における全砲塔全門による斉射を正式に「一斉打方」として採用し、これまでの常用であった「一斉打方」を実態に即した「交互打方」とした。これにより日本海軍の公算に基づく緻密な射法は更に進歩することとなったのである。

なお、この時に換装された「陸奥」の新造時からの古い砲塔の一つが江田島の海軍兵学校の校庭に設置され、これが現在も残されていることはよく知られているとおりである。ただし、元々は実習機材として動力装置も含めた完備したものであったが、残念なことに終戦後に進駐した豪州軍の手によって破壊され、砲塔内部は砲身以外は尾栓も含めた全てのものが撤去されてしまっている。

そして近代化改装によって換装された新しい砲塔については、昭和一七年に柱島泊地で爆沈した「陸奥」の三番及び四番砲塔が戦後引き揚げられたが、これらは江田島に陸揚げされた後に解体されてしまい、残された砲身四本だけは紆余曲折を経て、現在では横須賀のベルニー公園と呉の呉市海事歴史科学館(通称、大和ミュージアム)前に各一本が展示されている。

「陸奥」の砲室前盾の追加装甲の状況――引き揚げ解体時の写真より

◎砲弾及び装薬

本砲用の砲弾は当時の日本海軍における弾種単一主義に則り当初から「四十糎砲被帽徹甲弾」のみであり、その後一四インチ砲と同様に「五号」「六号(後の八八式)」「九一式」そして「一式」の徹甲弾が順次開発された。

九一式徹甲弾はご存じのとおり日本海軍における砲戦の切り札として開発されたものであるが、昭和六年に兵器採用されて以降、艦隊の訓練射撃において本砲及び一四インチ砲で度々不規弾(弾着が正しい距離から大きくずれる)が発生したことから調査した結果、風帽の早期脱落が原因と判明したものである。しかしながら炸薬の入っていない演習弾も含め既に大量の九一式弾が製造され艦隊に供給されていることから、この不具合を表面化したくなかった造兵関係者が九一式の風帽内に着色剤を封入したものとする名目で昭和一六年の内令兵第二七号をもって「一式徹甲弾」を新たに兵器採用した形とし、全ての九一式弾を逐次回収し改修を行なった上で再配布することによりこの問題を内輪で穏便に解決しようとしたものであった。

このことは昭和一七年に艦本機密により九一式弾は一式弾に換装中であり、射表は九一式のものをそのまま使用するよう指示文書が出さていること、また捷号作戦でのサマール沖海戦における「長門」の戦闘詳報

「長門」弾庫の一式徹甲弾――戦後の米海軍撮影写真より

で一式弾が使用されていることが記録されていることなどでも確認できる。

したがって、有名な終戦後（ビキニ環礁における原爆実験時とされる）に米軍により撮影された「長門」の弾庫の写真は、多くの出版物で「九一式」とのキャプションが付いているものが多いが、これは「一式」の誤りであり、実際昭和二〇年八月の『軍艦長門現状報告』では主砲弾の在庫が一式徹甲弾五〇〇発、零式通常弾四一四発とされているのである。

「長門」弾庫の零式通常弾——戦後の米海軍撮影写真より

この一式徹甲弾については一四インチ砲のところで説明したものと同様に風帽内に封入された着色剤の色により一型から四型があり、「長門」は四型（青色）であったことがサマール沖海戦での戦闘詳報から明らかであるが、「陸奥」にどの型（色）が搭載されたかは不詳である。

通常弾の弾種は本砲では当初開発・装備されなかったが、一四インチ砲で述べたように太平洋戦争前になって通常弾の必要性が認識された結果、本砲においても「四十糎砲零式通常弾」と「四十糎砲三式焼霰弾」が開発・搭載され、捷号作戦におけるシブヤン海での対空戦闘で「長門」により実戦使用された。この時に「長門」は零式弾五二発及び三式弾八四発を発射している。

ただし、本来は水上射撃での平射用である射撃指揮兵器関係をどの程度までこの対空射撃に対応する如く改修・改造が行なわれたのかの詳細は不明であるが、少なくとも方位盤を「九四式方位盤五型」には改修し最低限の対空射撃能力を有したものと考えられる。

なお、昭和一八年六月に柱島泊地で爆沈した「陸奥」について、当初はこの三式焼霰弾（当時はまだ制式採用前の「試製三式通常弾」）に内蔵されている弾子の焼夷剤が自然発火したことがその原因として疑われたが、呉海軍工廠造兵部による調査・試験の結果、その可能性はほぼ無いと結論付けられている。

3 四六センチ砲

この砲については「大和」型に搭載され、戦艦主砲として世界最大の口径砲として有名ではあるものの、残された日本海軍の公式資料はほとんど無く、詳細な砲身データでさえ公式なものはなく、終戦直後に米軍の求めに応じて関係者により作成された断片的なものなどしか知られていない。

更には、この砲が一八インチ砲（四五・七二センチ）なのか、正四六センチ砲なのかを明確に示した公式資料も残されていないが、この実口径については上記の四一センチ砲の開発経緯及び戦後ものされた造兵関係者の資料、そして戦後に呉工機（株）が（株）中国火薬に残されていた旧海軍の各種実弾を計測した際の「九四式四十糎砲九一式徹甲弾」の数値などを総合して弾径が四五・八五センチであることから、正四六センチ砲で正しいと判断される。

ちなみによく知られているとおり、この四六センチ砲の実口径を列国海軍に知られることを防ぐために、昭和一六年に内令兵第二七号により兵器採用された際の制式名称は「九四式四十糎砲」とされ、この砲に関する文書類などは全て「軍機」扱いとしたことにより、実口径については海軍部内でも直接の関係者以外は知るものは少なかったと言われている。

◎砲及び砲身型

旧海軍の公式なデータが残されていないので詳細は不明であるが、構造については後述の教科書付図に次のとおり掲載されており、いわゆる積層鋼線砲である。

尾栓は、九〇度ずつ四等分したも

のをそれぞれ三段の螺子部と一段の平滑部とし、二二度回転させることにより開閉する一挙動方式で、全体の構成及び形状は三年式に似ているものの、制式名称は不明である。

◎砲塔

砲塔の構造などについては江田島の海上自衛隊第一術科学校に昭和一八年一二月に横須賀海軍砲術学校が作成した『兵器学教科書（九四式四十糎砲塔）』が付図と共に残されている（現在は大和ミュージアムに展示用として貸出中）。ただし、付図は砲塔組立図及び各部の詳細図など全一〇五葉のものであるが、残念ながら公式図面を元に学生への解説用として多少なりともデフォルメされたものであり、かつ寸法データなどは記入されていない。

この教科書及び同付図以外でこの砲についてそれなりに纏められているものは、日本側では故大谷豊吉氏が昭和三〇年に残した手書きの『旧戦艦大和　砲熕兵装』であり、また米側のものでは終戦直後に日本側関係者からの聴取内容を主体として纏めた米海軍対日技術調査報告書（USNTMJ Report）の一つ『O-45(N) 18" Gun Mounts』が主要なものである。その他当時の関係者のメモなどもあるが、いずれも断片的なものであり、かつ元の根拠が判らないものも多い。

本砲の砲塔は日本海軍の戦艦の主砲として初めて三連装が採用された。これは各種砲装が検討された結果として四六センチ砲の採用が決定されたものの、軍令部の要求は主砲八門以上というものであり、これを

●46センチ砲の構造図　兵器学校教科書付図より

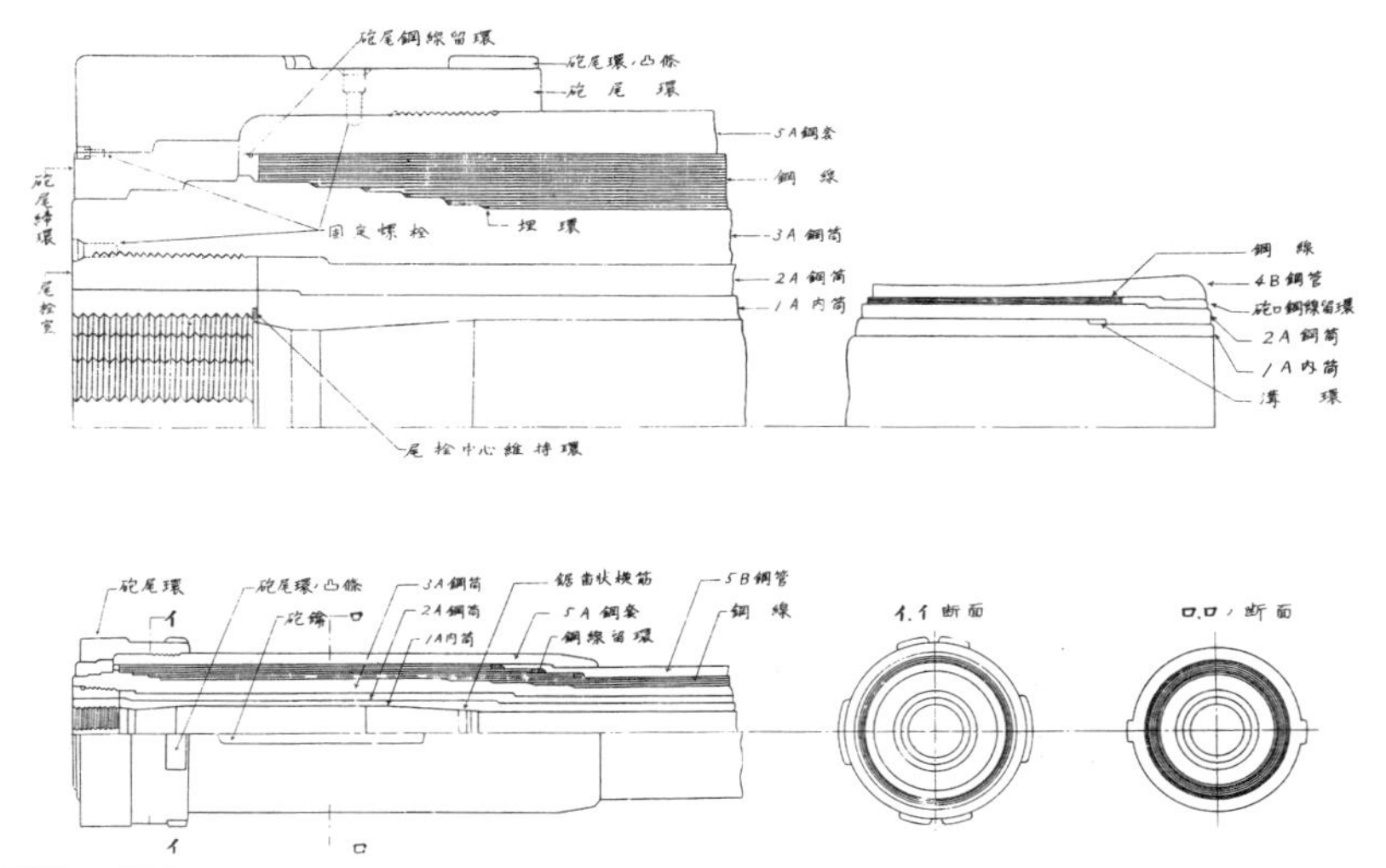

●46センチ砲塔内部構造　兵器学校教科書付図より

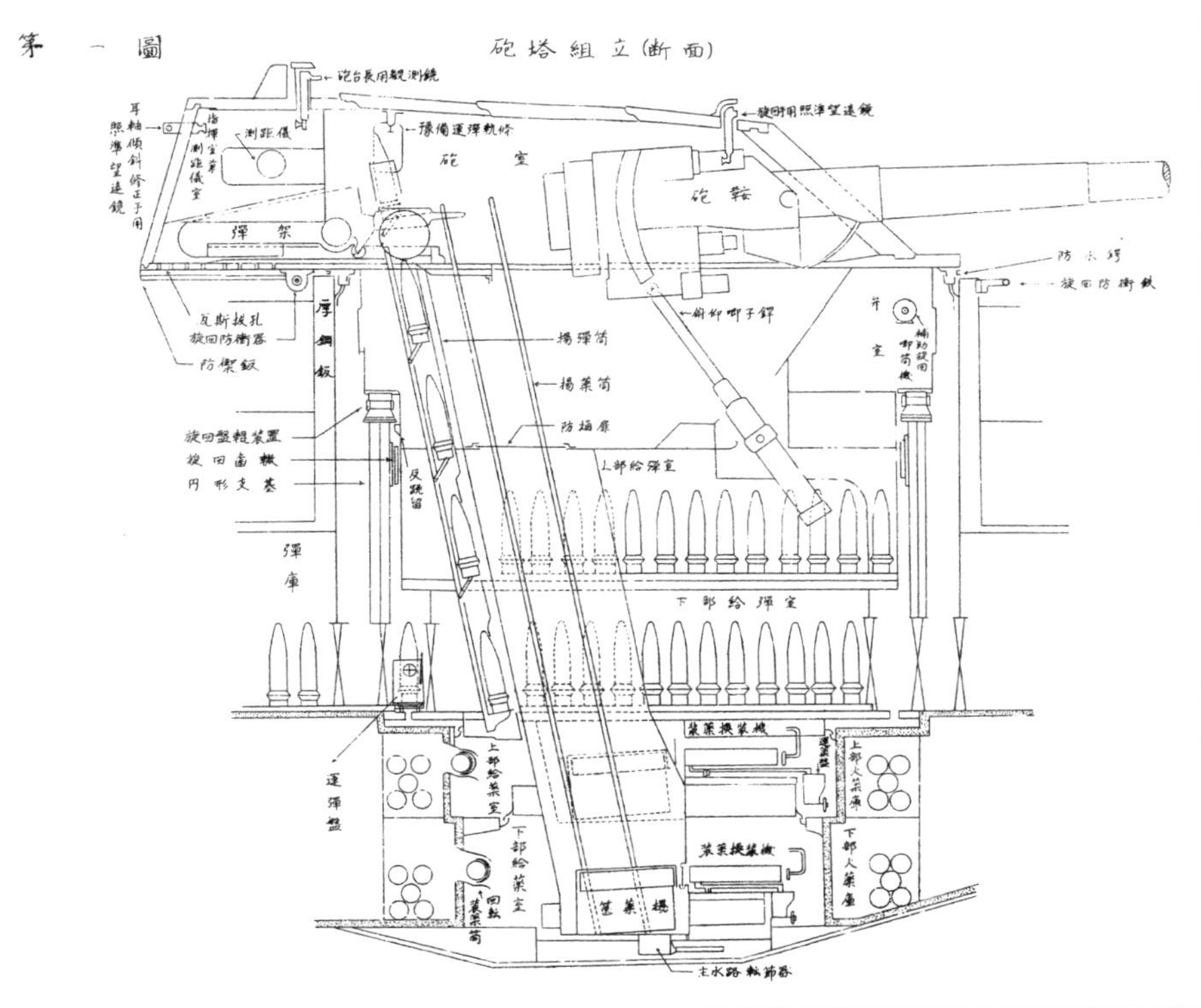

●46センチ砲砲室内部構造図

兵器学校教科書付図より

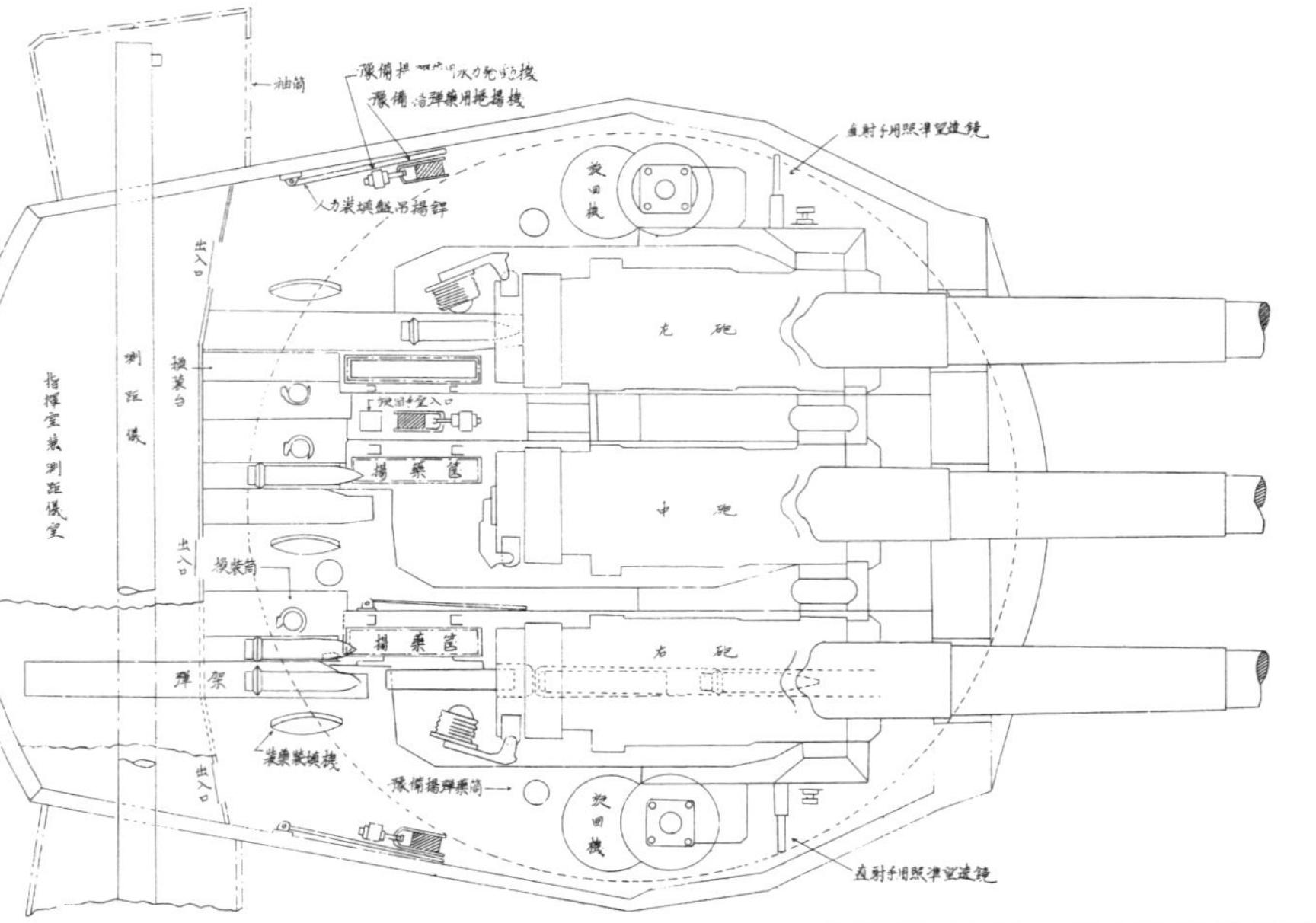

極力小さな船体に防御力も併せて効率的に配置するごとく設計する必要から採られたものである。

　このため砲塔構造そのものは、これまでの大口径砲の連装砲塔とは大きく異なったものとなった。教科書付図に表されるように、砲室及びその下段の旋回盤の下に各二段の給弾室と給薬室を設け、従来の換装室を廃して直接砲尾まで揚弾機及び揚薬機により供給し、これを装填機により砲仰角+五度の固定角装填方式で砲に装填する形とした。

　そして更に従来と異なるのは、二段の給弾室内に徹甲弾定数の大部分を縦置きで送弾装置上に格納し、残余を砲塔に隣接する弾庫に置く形とすると共に、弾庫及び火薬庫からの移送も含め、揚弾薬関連の機構を極力機力化・省力化したことである。

　特に徹甲弾をバーベットの内側となる砲塔内に置いたことは防御の面からも有効な方法であった。これは米海軍の最新の一六インチ砲塔載艦と同じであるが、ただし米海軍は揚弾室内の砲弾格納位置から砲弾を揚弾機へ移す方法が本四六センチ砲塔より機力化の点で多少手間暇のかかるものであるものの、砲弾定数の全てをこの砲塔内に格納することとしたことは一歩先を行っていたと言える。

　本砲塔は砲塔動力についても強化が図られ、砲の俯仰範囲は－五～＋四五度、俯仰速度八度／秒、旋回速度二度であり、かつ次弾の再装填に要する秒時の短縮を図ったことにより、発射速度約四〇秒を維持可能とした。

　砲室の防御は前盾の装甲厚が六五〇ミリとされたのを始め、天蓋二七〇ミリ、側面二五〇ミリ、後面一九〇ミリであったとされているが、残された写真からも複雑な組合せ方であったことが明らかとなっており、このため砲室全体の正確な形状は判っていない。

　また、砲室から下の旋回部を防護するためのバーベットは、曝露部舷側が五六〇ミリ、最上甲板下が四九〇ミリ、前後部側が三八〇～四四〇ミリであったとされるが、厚さの異なる一四～一六枚の装甲板で構成される形状は、これも残された資料及び写真などでもハッキリしていない。特に呉工廠で建造された一番艦の「大和」と三菱長崎で建造された二番艦の「武蔵」とで同じ形状であったのかさえ不明である。

　なお、この三連装に纏められた砲塔構造及び船体構造からする強度上の問題から、三砲塔全九門による連続斉射には堪えられなかったとも言われているが、しかしながらこれについては、日本海軍の射法上からして五門・四門の交互打方が主体となっても実用上はそれ程問題とするものでは無かったと考えられる。

　ちなみに、あまり知られていないことであるが、砲弾を含めて一基二七〇〇トンにも及ぶ砲塔の全重量は、砲室下部の旋回盤にある旋回ローラーを経て円形支基と呼ばれる船体に固定された円筒の上部に付けられたローラーパスに掛かっている。つまり砲塔全体がこのローラーパスの上に乗っているだけと言うことである。したがって、戦闘被害などで船体が大きく傾斜すると、砲塔及び旋回盤はその重量のために下部に連なる揚弾室と揚薬室、そして給弾薬機構などを引きちぎって外れることになり、急激に転覆した場合には砲塔全体がそのままスポッと海中に抜けてしまうことにもなるのである。

　つまり、「大和」も「武蔵」も、最近の海底調査の映像によれば主砲塔のバーベットはもちろん、その内側にある円形支基も綺麗に残っていること、そして発見された砲塔部分の残骸からも、両艦の沈没時に主砲塔は抜け落ちたことが明らかであり、一部に言われているような徹甲弾の爆発は無かったと言えるのである。

「武蔵」の46センチ3連装砲塔——人物と比較して大きさがわかる

◎弾火薬

　本砲の兵器採用時には弾種は「九四式四十糎砲九一式徹甲弾」のみであったが、一四インチ砲や四一糎砲と同様の理由から、これは直ぐに改修・改善された一式徹甲弾となっている。この一式弾にも一型から四型があることも同じである。ただし「大和」及び「武蔵」にどの型が搭載されたのかは判っていない。

　また、一四インチ砲や四一センチ砲における零式通常弾と三式焼霰弾の開発に併せて、本砲用の「九四式四十糎砲零式通常弾」と「同三式焼霰弾」が開発されて搭載されたことも同じであり、両弾とも基本的な構造及び作動については他砲とほぼ同一である。

　装薬（発射薬）は他の大口径砲と同じ薬嚢式であるが、一個の薬嚢の重量は五五kg、長さ三八cm、直径約四三cmで、常装薬の場合で薬嚢数は一発当たり六個、合計三三〇kg、長さ二二八cmであったとされている。

◎四六センチ砲の実戦射撃例

　戦艦に搭載された主砲として世界最大のこの四六センチ砲が、太平洋戦争における実戦で使われたのは三回である。即ち、捷号作戦におけるサマール沖海戦での「大和」の水上戦闘、そして捷号作戦におけるシブヤン海での「大和」「武蔵」及び天号作戦における坊津沖での「大和」の対空戦闘である。

　サマール沖海戦では断続的にスコールがある状況の中、煙幕を展張しつつ逃げ回る米護衛空母及び護衛の駆逐艦に対して、「大和」は計六回一八斉射、一式徹甲弾合計一〇〇発の水上射撃を行ない、その内の一回は煙幕越しに二号二型電探を使用した間接射撃であった。

　もちろん、各回の射撃時間は大変に短く、一～五斉射、最大でも七斉射であり、日本側の記録はともかく米側の記録による限りではほとんど成果らしい成果を上げていない。

　これは高速で回避運動を行なう目標に対しては基本的な射撃理論からして命中弾を得ることは極めて困難なことであって、決して「大和」の射撃システムの問題でも射法の問題でもなく、ましてや乗員の練度の問題でもないことには留意する必要がある。

　対空射撃ではシブヤン海での戦闘で「大和」が六九発（全て三式弾）、「武蔵」が五四発（全て三式弾）、そして坊津沖での戦闘で「大和」は零式通常弾及び三式焼霰弾を使用（発射弾数など不明）しているが、いずれの場合においても四六センチ砲のみに区分しての射撃の分析は困難であり、成果は不明である。

「土佐」型戦艦

解説・小高正稔
作図・胃袋豊彦

●「長門」型を元にしたコンパクトな船体に四一センチ砲を一〇門搭載、水平防御に優れた八八艦隊の主力艦！

「土佐」型諸元
全長：234.09m
全幅：32.3m
排水量（常備）：3万9979トン
機関出力：9万1000馬力
速力：26.5ノット
兵装
41㎝45口径連装砲5基、
14㎝50口径単装砲20基、
7.6㎝40口径単装高角砲4基、
61㎝魚雷発射管8門

四一センチ連装砲一〇門搭載

「土佐」型（「加賀」型とする史料もある）戦艦は八八艦隊計画における戦艦の第二グループとして計画された四一センチ砲戦艦である。「土佐」型の設計は、八八艦隊計画戦艦の第一グループである「長門」型戦艦の二番艦「陸奥」の建造時に、平賀譲造船官によって提案された「陸奥変体案」を祖型としている。「長門」型は「伊勢」型戦艦の発展型として英「クイーン・エリザベス」級戦艦の情報なども取り入れて設計されていたが、第一次世界大戦の戦訓を受けて水平防御の改善などが実施された。「陸奥変体案」はこれをさらに進めて、機関の合理化によって確保したスペースに四一センチ連装砲塔一基を追加して四一センチ砲一〇門にしようというものであった。

平賀のこの提案は認められなかったが、「長門」型を元に四一センチ砲一〇門搭載の戦艦を設計するというコンセプトは注目された。主砲の二門増加が高く評価されたのは、この当時の射法が交互射撃を主とするものであったため、「長門」型の主砲門数は物足りないと見なされていたのである。

こうして設計された「土佐」型は、「陸奥変体」案を下敷きにしており、全体の印象としては「長門」型に似ていたが、防御設計は「長門」型とは一線を画していた。ジュットランド沖海戦以前に基本的な設計を完成していた「長門」型は、遠距離砲戦で生じる大落角弾に対して弥縫的に装甲配置を改善すると同時に甲板装甲の張り増しをするにとどまっていた。これに対して設計時から水平防御対策を盛り込むことができた「土佐」型は、従来の戦艦より重厚な中甲板四インチ（合計）という水平防御をもっていた。また舷側装甲最厚部は「長門」型よりもやや薄い一一インチであったが、「土佐」型は傾斜装甲（一五度）を採用しており、最厚部の高さも高く実質的な防御力では大きく向上していた。「土佐」型の防御設計は「天城」型巡洋戦艦など、その後の八八艦隊主力艦の防御設計の基礎となるものであり、防御面からみれば「土佐」型において八八艦隊主力艦の設計は確立したと言える。

攻防性能で「長門」型を上回り、速力も二六・五ノットを発揮可能な「土佐」型は強力な主力艦として竣工するはずだった。あえて問題点を指摘するならば、四一センチ連装砲五基一〇門という武装を比較的コンパクトな船体に搭載したために上部構造物が圧迫され、兵員居住区に充てるべき部分の容積が不十分に見えることや、将来の近代化にともなう艤装追加の余地に乏しかったことがあげられる。「土佐」と「加賀」は大正七年に起工されたが、「土佐」はワシントン海軍軍縮条約で廃棄が決定され、「加賀」は関東大震災によって廃艦となった巡洋戦艦「天城」の代わりに空母に改装された。

●「土佐」型戦艦

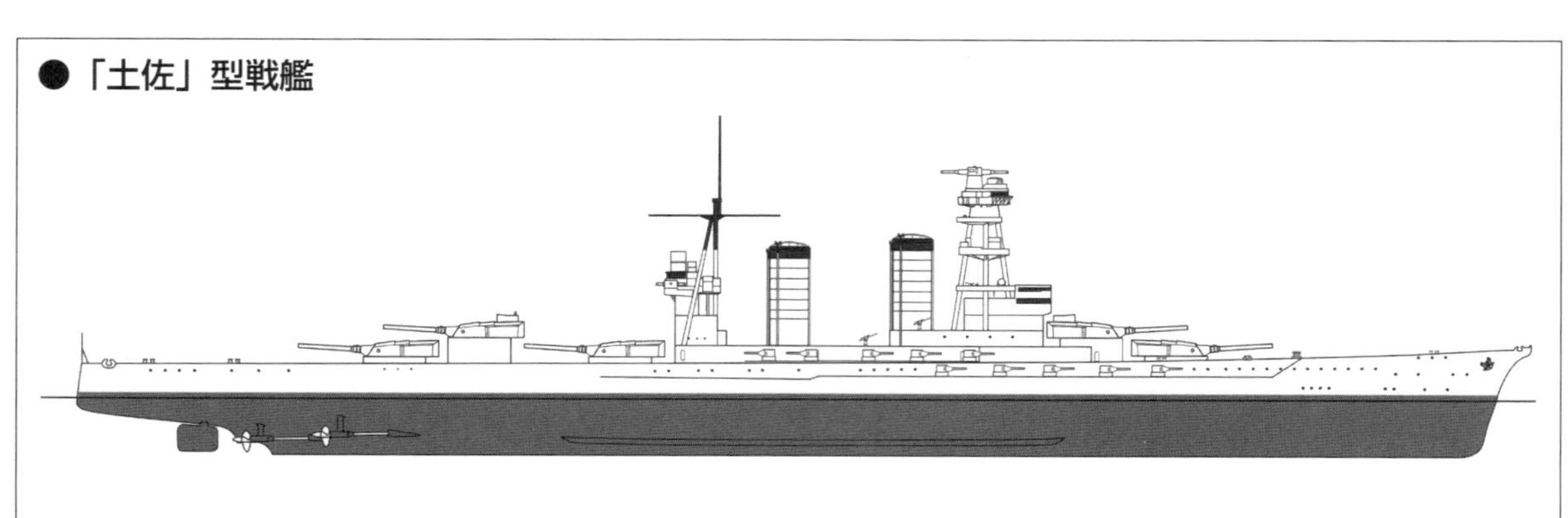

「天城」型巡洋戦艦

●八八艦隊計画の巡洋戦艦第一陣四隻は全艦起工されたものの、軍縮条約によって竣工することはなかった！

「天城」型諸元
全長：252.37メートル
全幅：32.26メートル
排水量：（常備）4万1200トン
機関出力：13万1200馬力
速力：30ノット
兵装
41cm45口径連装砲5基、
14cm50口径単装砲16基、
7.6cm40口径単装高角砲4基、
61cm魚雷発射管8門

攻防力に優れた理想の高速艦

「天城」型巡洋戦艦は、八八艦隊計画における巡洋戦艦第一陣として計画されたものである。基本的な設計は「土佐」型戦艦の巡洋戦艦化というべきもので、重厚な中甲板装甲（水平防御）や舷側装甲（垂直防御）への傾斜装甲の採用といった設計上の特徴を引き継いでいる。

初期段階では四一センチ連装砲塔四基八門で速力三四ノットなどの案も検討されたが、これは高速な米海軍の「レキシントン」級巡洋戦艦の情報に接したことも影響している。だが「レキシントン」級は艦隊前衛の巡洋艦部隊の中核としての活動が期待された大型巡洋艦というべきコンセプトであり、高速と引き換えに防御力が薄弱な設計であった。

これに対して最終的に完成した「天城」型は「土佐」型と同等の四一センチ連装砲塔五基一〇門の火力と中甲板三・七インチ、舷側一〇インチという防御力に速力三〇ノットというバランスのとれた性能でまとめられている。舷側装甲は単純な装甲厚では最厚部一二インチの「長門」型に劣るが、実際には防禦範囲の高さと傾斜配置（一二度）によって「長門」型に伍する防御力をもっていた。これによって「天城」型は「長門」型、「土佐」型といった戦艦部隊と共同して艦隊決戦を戦う、事実上の高速戦艦としての運用が可能であった。

外観的には、連携機雷の乗り越えを狙ったというスプーンバウの採用や四一センチ連装砲塔、金田大佐提案による多脚式の艦橋構造など、「長門」型以降に共通するデザインが採用されているが、「土佐」型にくらべて機関出力が九万一〇〇〇馬力から一三万馬力超に増強されているために艦中央部の機関スペースが長く、太めの煙突一本を後方に傾斜させていた「土佐」型に対して、初期設計では二本の煙突をもつデザインであった。だがこれは、煙突の排煙が艦橋に逆流して影響を与えることが危惧されたため、設計途中で二本の煙突を大きく曲げて中央で結合させる形状に変更された。また船体が「土佐」型より長く上部構造物の容積も大きかったため、竣工した場合の乗員の居住性も相対的に良好であったと思われる。

また航空機の搭載も新造時から計画されており、砲塔上に滑走台を設置して必要に応じて艦上戦闘機を搭載する構想であったが、発進した機体の洋上での回収は出来ない、過渡期的な装備であった。

「天城」型巡洋戦艦は当初、「天城」「赤城」「高雄」「愛鷹」の艦名が予定されたが、「愛鷹」は後に「愛宕」に変更された。一番艦「天城」は大正八年に起工され、翌大正九年までに全艦が起工されたが、ワシントン海軍軍縮条約によって戦艦としての竣工は放棄され、「天城」「赤城」の二隻のみが空母改装の上で建造されることになった。しかし関東大震災によって「天城」の船体が船台上破壊されたために空母として竣工したのは「赤城」一隻にとどまった。

●「天城」型巡洋戦艦

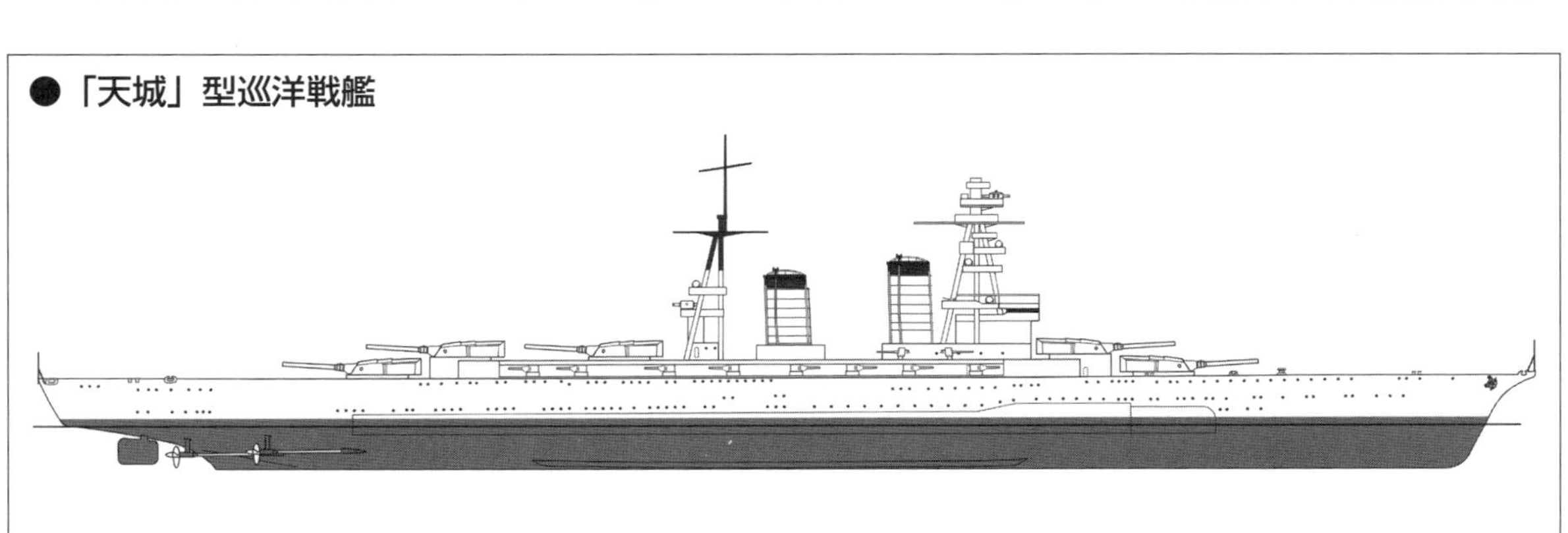

「紀伊」型戦艦

●「天城」型巡洋戦艦に続いて平賀博士が自信をもって設計した日本海軍主力艦の完成形ともいえる強力戦艦！

「紀伊」型諸元
全長：252.37メートル
全幅：32.26メートル
排水量：（常備）41600トン
機関出力：13万1200馬力
速力：29.75ノット
兵装
41cm45口径連装砲5基、
14cm50口径単装砲16基、
7.6cm40口径単装高角砲4基、
61cm魚雷発射管8門

平賀博士自信の高速戦艦

「紀伊」型戦艦は八八艦隊計画で「土佐」型に続いて建造が予定された戦艦である。当初は五〇口径砲の採用や三連装砲塔の採用も検討されたが、最終的には「天城」型巡洋戦艦を原型として、装甲防御を強化した高速戦艦として設計がまとめられた。この結果、「紀伊」型の技術的な特徴は、ほぼ「天城」型と共通している。「天城」型からの大きな改正は装甲の増厚や煙路にコーミングアーマーを追加するなどの防御力強化であり、兵装レイアウト等は基本的に「天城」型に準ずるものである。機関構成も同様であるが最大一六〇〇トンの装甲重量増加によって喫水がやや深くなったこともあり、速力は「天城」型からやや低下して二九・七五ノットと試算されたというが、二八・五ノットとする史料もある。

「天城」型の改設計によって「紀伊」型を完成させたことについて平賀譲造船官は「まず巡洋戦艦の設計を完成させたのち、（高速）戦艦の設計を完成させるのが得策」としており、「紀伊」型は応急的な設計ではないと認識していたようだ。実際に平賀は御前講義においても日本海軍における主力艦の完成形として「紀伊」型の設計を自賛しており、その設計には自信をもっていたようである。実際「紀伊」型が実現していれば、相当に強力な高速戦艦となったことは間違いない。

だが「紀伊」型戦艦は予定艦名「紀伊」と「尾張」の二隻（九号艦、一〇号艦）しか建造が明確になっていない。八八艦隊計画ではその名のとおり新鋭戦艦八隻の整備が予定されていたから、「長門」型、「土佐」型、「紀伊」型各二隻に続く二隻の戦艦建造が予定されていた。この二隻（一一号艦、一二号艦）は本来、「紀伊」型あるいはその改良型として建造が予定されていた。運用上、性能を異なる艦が多数あっても不便であり、同型艦四隻程度で同一戦隊を編制するのが一般的だからだ。

だが平賀譲造船官が残した文章では、一一号艦、一二号艦は「一三号艦」型巡洋戦艦四隻と共に「掉尾六隻」としており、「紀伊」型と異なる艦型の戦艦を予定していたことを示唆している。こうした構想が登場した背景には、米海軍の計画した「サウスダコタ」級戦艦（三年艦隊計画艦、太平洋戦争に参加した条約型戦艦とは異なる）が一六インチ砲一二門を搭載し、強靭な防御力をもつ速力三〇ノット級の高速戦艦として伝わったことも影響しているだろう（実際に計画された「サウスダコタ」級は速力を二五ノット程度と比較的低速であった）。その対抗上、一一号艦、一二号艦は、「紀伊」型の設計初期に検討された四六センチ砲搭載や四一センチ砲一二～一四門の搭載も検討され、五万トン級の大型高速戦艦として完成する可能性もあった。しかしワシントン海軍軍縮条約によって一一号艦、一二号艦は設計の完成を見ることなく終わっており、「紀伊」「尾張」も起工されることなく建造中止となった。

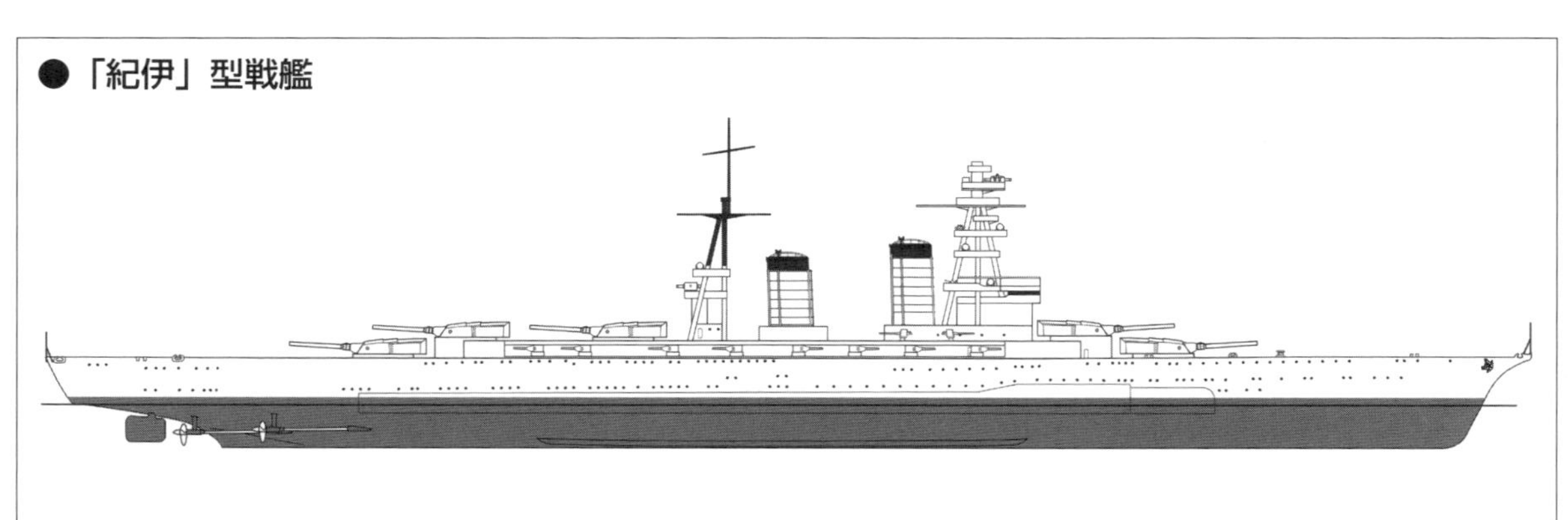
●「紀伊」型戦艦

一三号艦型巡洋戦艦

●八八艦隊計画の主力艦の掉尾を飾る巡洋戦艦として知られるものの謎多き幻のバトル・クルーザー4艦！

一三号艦型巡洋戦艦諸元
基準排水量：4万7500トン？
速力：30ノット？
兵装：41㎝3連装砲塔4基？

一三号艦　起工に至らず
一四号艦　起工に至らず
一五号艦　起工に至らず
一六号艦　起工に至らず

平賀アーカイブから判明した姿

一三号艦型は、八八艦隊主力艦の掉尾を飾る巡洋戦艦として計画された巡洋戦艦であるが、ワシントン海軍軍縮条約によって八八艦隊計画が破棄された時点で設計は完成を見ておらず知名度に反して兵装や全体形状など不明な点の多い軍艦である。現在知られている一三号艦型の姿は、旧海軍造船官福井静夫氏による想像図を元にしたものであるが、東京大学による「平賀譲デジタルアーカイブ」など近年明らかにされた史料からは、やや違った姿も見えてくる。

一三号艦型の特徴として従来注目されてきたのは四六センチ連装砲の採用である。これは平賀造船官の遺稿に一三号艦型を含む八八艦隊主力艦の最期の六隻には四六センチ砲の採用を期待する、といった記述があることなどを根拠としたものであるが、一方で軍令部を中心とした検討では、近い将来の主力艦として四六センチ砲一〇門以上搭載を理想とする反面、八八艦隊計画艦には砲の開発等が間に合わないという見方も示され、八八艦隊における後期建造の主力艦に対しては五〇口径四一センチ砲一二門艦（三連装砲塔四基）が推奨されている。仮に四六センチ砲艦となった場合、連装砲四基八門では塔交互射撃を重視する当時の射方上、主砲門数の不足が指摘された可能性が高いだろう。

造兵側史料でも四六センチ連装砲塔、四一センチ三連装砲塔、四一センチ四連装砲塔についての研究や比較検討は見られるが、一三号艦型の設計が進められている時期には四六センチ砲の試作は実施されておらず、四八センチ砲による試験が進められている情況であった。こうした砲の開発スケジュールからみて、八八艦隊後期艦への四六センチ砲の搭載予定はなく、四一センチ三連装砲塔搭載の一二門艦を建造した上で、次期主力艦に四六ないし四八センチ砲一〇門以上の搭載を目指した可能性が高く、一三号艦型は四一センチ三連装砲塔搭載で設計が進められた可能性が高い。なお主砲レイアウトは前部二基、後部二基の常識的な配置であるが、機関スペースとの兼ね合いから後部の二砲塔は「長門」型のような背負い配置にはならず、「金剛」型のように距離をおいた配置になったものと思われる。

防御構造については明確な資料が見られないが、基本的には「土佐」型以降の八八艦隊計画艦の装甲配置を踏襲したはずである。舷側装甲は傾斜一五度の三三〇ミリ、甲板は一二七ミリ（中甲板合計）とされている。

一三号艦型は建造中止が決定された時点で設計が完成されておらず諸元についても諸説があるが、装甲防御を強化しつつ巡洋戦艦（高速戦艦）として速力三〇ノットを維持すれば、基準排水量は四万七五〇〇トンに達したという巷間伝わる諸元は妥当なものだろう。結果的に一三号艦型は起工にすら至らずワシントン海軍軍縮条約によって建造中止となったが、その設計情報は戦間期の戦艦設計や「大和」型戦艦の初期検討にも利用された。

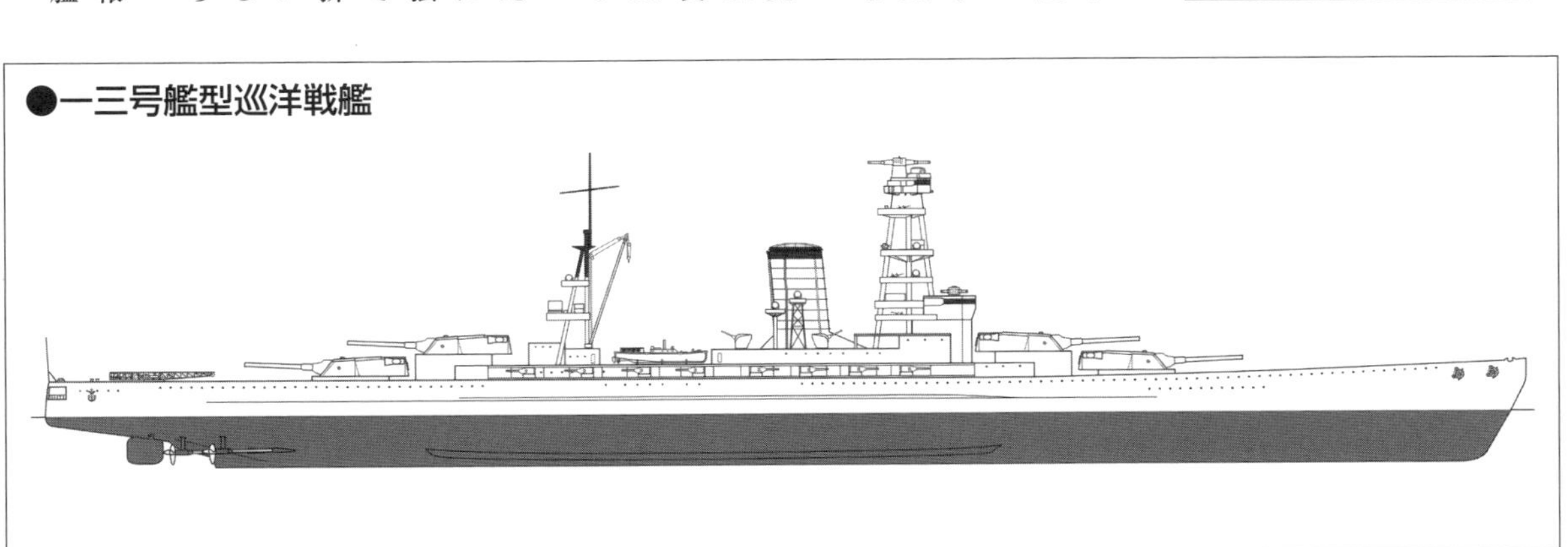
●一三号艦型巡洋戦艦

将来主力艦

●「金剛代艦」建造前に主力艦の能力を確認するために軍縮条約の枠内で検討された三万五〇〇〇トン戦艦案！

将来主力艦諸元
全長：不明
全幅：不明
速力：28ノット
兵装
41cm3連装砲塔3基、
14cm単装砲10基、
高角砲6基

四一センチ三連装砲塔三基九門搭載

「将来主力艦」は、大正一三年に軍令部からの諮問にもとづいて艦政本部で立案された主力艦設計であり、ワシントン海軍軍縮条約の下で研究された最初期の主力艦でもある。

ワシントン海軍軍縮条約によって艦齢の超過した主力艦は主砲一六インチ、基準排水量三万五〇〇〇トン以下の制約のもとで代艦建造が許されていた。日本海軍の場合、昭和五年に巡洋戦艦「金剛」の代艦建造が可能となるために、その準備として条約の枠内で建造可能な主力艦の能力を確認する目的で検討された案が「将来主力艦」である。

一般に軍艦の設計は作戦全般に責任をもつ軍令部によって要求性能が纏められ、設計部門である艦政本部によって要求性能を満たすよう設計が練られ、海軍省と大蔵省との間の商議によって予算化が進められる。しかし「将来主力艦」は三万五〇〇〇トンという政治的に決定された基準排水量の枠内で、どのような主力艦を実現できるかを見極めることが目的であり、軍令部から具体的な性能要求がないままに研究されたという点に特徴がある。

艦政本部では主力艦に必要な攻防走の諸要素を検討し、それぞれについて技術トレンドと将来における見通しを記述した上で、大正一三年時点で建造可能な三万五〇〇〇トン戦艦案を軍令部に答申している。「将来主力艦」の設計は具体的な建造を前提にしたものではなく、ワシントン海軍軍縮条約下での軍令部の対米作戦構想の基礎データを提供することにあったから、文書に添付された艦型図は単純なものであるが、それでもいくつもの特徴をもつ設計であることが見てとれる。

「将来主力艦」は八八艦隊計画の主力艦設計を下敷きにしており、後期建造艦で採用が予定された四一センチ三連装砲塔を採用している。砲塔数は三基九門であるが、艦前部には主砲塔一基、中央から後部に二基というレイアウトを採用している。これは砲塔重量を軽減するために多連装化を進める一方で、船体幅との関係から幅の狭い艦首部に砲塔二基をおけなかった結果生じたレイアウトだろう。これは将来主力艦が速力二八ノットと比較的高速を狙っていたことも影響していたと思われる。副砲は図ではケースメイト式に描かれているが、答申内では機力化についても言及があり、動力化された砲塔砲も検討されたフシがある。

防御設計は全体としては八八艦隊主力艦の延長上にあるが、魚雷や爆弾による至近弾への対策として水中防御にバルジの採用が検討されており、本格的な水雷防御の萌芽が見える。水中弾への本格的防御は検討されていない。

このように「将来主力艦」は外観的に設計内容的にも八八艦隊計画艦と後に検討される「金剛代艦」の中間的な特徴をもっている。「将来主力艦」には速力を二六ノットとして四一センチ砲一二門とした設計もあったらしく、こちらの設計は「金剛代艦」の直接の祖型であった可能性もあるが、外観を含めて詳細は不明である。

●将来主力艦

金剛代艦

●廃棄となる「金剛」に代わって建造が予定された条約型戦艦案は、その後の「大和」型の設計に活かされた！

金剛代艦緒元
〔艦政本部案〕全長：237m、全幅：32m、基準排水量：3万5000トン、速力：26ノット、兵装：41cm三連装砲塔3基、15cm連装副砲6基、12.7cm連装高角砲4基、魚雷発射管4門、艦載機：2機
〔平賀案〕全長：232m、全幅：32m、基準排水量：3万5000トン、速力：26.5ノット、兵装：41cm連装砲塔2基、3連装砲塔2基、15cm連装副砲4基、単装砲8門、12.7cm連装高角砲4基、魚雷発射管4門、艦載機：2機

藤本喜久雄と平賀譲の対立

「金剛代艦」はワシントン海軍軍縮条約下で建造が計画された主力艦である。条約の定める艦齢を超過した巡洋戦艦「金剛」を廃棄して、その代艦として条約型戦艦（主砲一六インチ、基準排水量三万五〇〇〇トン）建造することが予定されたため「金剛代艦」と呼ばれている。

「金剛代艦」をめぐっては、艦政本部で次期主力艦設計を主導する藤本喜久雄と藤本の前任である平賀譲が技術会議の席上で衝突したことで有名であるが、そこに至るまでの経緯も含めて両案の評価には誤って認識されていることも多い。

平賀による「金剛代艦」の私的な検討は、昭和二年頃から開始されていたらしいことが「平賀譲」デジタルアーカイブから伺われる。この時点で平賀による条約型戦艦の設計は、舷側装甲を水線部分から段階的に減厚して艦底部分まで延長して水雷防御縦壁とすることで水中弾防御を充実させるものであることが確認できる。「大和」型にも引き継がれるこの防御設計は、早くから着想されていたのだ。

「金剛代艦」の設計は昭和三年以降に本格化するが、この時点での「金剛代艦」平賀案の設計では主砲は四連装砲塔二基、連装砲塔一基の一〇門艦である。これは軍令部要求の主砲四一センチ砲一〇門を満たすためのものであった。また同時期に検討されたと思われる艦政本部案のラフスケッチでも主砲構成は同一であり、四連装砲塔は平賀の個人的な着想ではなく、真剣に開発が検討されていたのである。平賀批判でしばしば見られる異種砲塔混載の非合理性は、条約型戦艦の設計にあっては許容されていた可能性が高いのだ。

だがこの四連装砲塔は実現しなかった。このため平賀は連装砲塔二基、三連装砲塔二基の四砲塔一〇門艦に設計を変更している。「デザインX」として技術会議に提出された「金剛代艦」平賀案が、副砲の一部に軽量だが旧式なケースメイト式としているのは、この設計変更の影響があるのだろう。

一方の藤本案は三連装砲塔三基の九門艦として設計をまとめている。平賀が主砲一〇門に拘ったのは、八八艦隊計画時に用兵側から主砲一〇門を強く要求された経験によるものだが、すでに主砲射撃は斉発（一斉射撃）を基本とするものに移行しつつあり、藤本の設計にも相応の合理性はあった。

両者の案は昭和四年の技術会議で対立することになるが、平賀による藤本案への批判の中心は船殻重量の不足であった。藤本案は従来の日本戦艦より極端に船殻重量が少ない一方で防御重量を増していた。藤本案の重量配分は全体としては第一次大戦期のドイツ主力艦的であり、この点で英国式設計を踏襲した平賀と相いれなかったものと考えられる。「金剛代艦」をめぐる平賀と藤本の対立は、日英同盟解消後の先端軍事技術の導入をどこに求めるのかという問題を内包するものでもあった。「金剛代艦」は昭和五年のロンドン海軍軍縮条約において主力艦艦齢が延長されたために自然消滅となった。

●金剛代艦（藤本案）

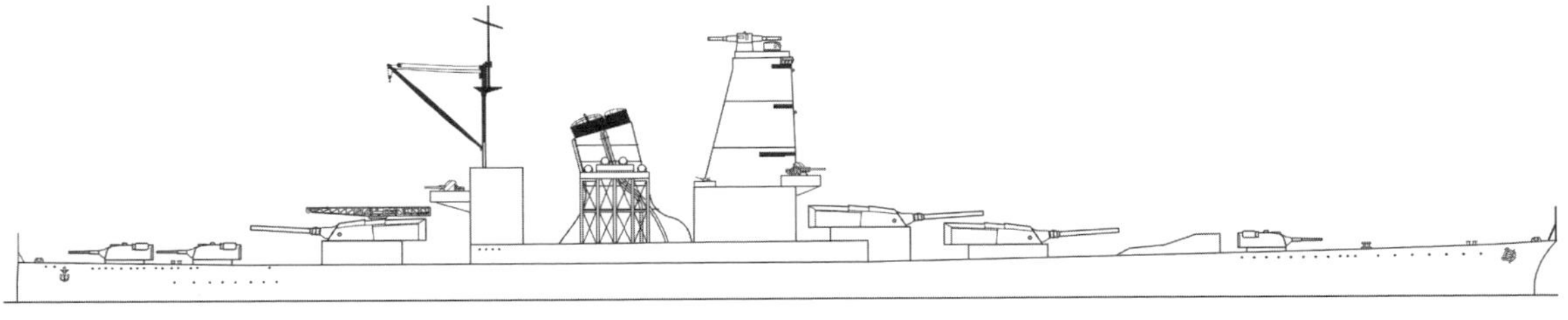

第二次ロンドン条約下の新型戦艦群

●昭和八年頃の主力艦代艦案は条約批准型の小型戦艦から脱条約型の四五センチ砲搭載大型戦艦まで複数のプランがあった！

主砲はすべて三連装を採用

日本海軍は昭和八年頃には第二次ロンドン条約を批准せず、自主軍備に移行することを内々に決定していた。しかし内外の諸条件によっては第二次ロンドン条約を批准し、ワシントン・ロンドン海軍軍縮条約体制に止まる可能性もあった。このため、昭和八年頃にまとめられた主力艦代艦案の一覧では、条約脱退を念頭においたと思われる排水量五万トン、主砲四五センチ（一八インチを丸めて表記したもの）級の大型戦艦案から第二次ロンドン条約への対応を睨んだ排水量二万一七〇〇トン、主砲三〇センチ級の小型戦艦案まで複数の設計が並んでいる。

すべてのプランに共通する特徴として主砲は三連装主砲が採用されており、砲塔数は三基である。これは交互射撃から斉発主体の射法変化に対応したものだろう。兵装配置は判然としないが、時期的に主砲の艦首集中配置が有力視されていた可能性はある。また全計画案で機関に内火式＝ディーゼルエンジンが採用されているが、これは当時の技術トレンドを示したものである。燃費に優れ、蒸気タービンよりも甲板の吸排気開口部を小さくできるディーゼルエンジンは防禦面でのメリットから注目されていたのだ。

一連の戦艦案の速力は、三〇センチ砲、三六センチ砲搭載の小型戦艦案では二五ノットであるが、四一センチ砲、四五センチ砲搭載の四万〜五万トンの大型戦艦案では二五ノット案と三〇ノット以上の高速戦艦案の二案が併記されている。小型戦艦案の速力が比較的低速な二五ノットで共通しているのは、この程度の船体規模で二五ノット以上の速力を実現しようとすると装甲が薄弱になるということなのだろう。と同時に、二五ノットの速力があれば二一〜二三ノット程度の米戦艦に対して速力面で優位を確保し、巡洋艦に対しては火力と装甲で優位に立てるという判断があるのかもしれない。これはドイツ海軍の装甲艦と同様のコンセプトだが、排水量一万トンの「ドイッチュラント」級と比較して排水量二万トンを超える三〇センチ戦艦、三六センチ戦艦の防御力は相当に強靭であり、巡洋戦艦を保有していない米海軍に対しては有効だったろう。またこの小型戦艦案の研究は、その後の超甲巡の参考となった可能性がある。

一方の大型戦艦案は二五ノットで強靭な防御力をもつ戦艦案と三〇ノット以上の速力をもつ高速戦艦案が併記されている。注目すべきは小型戦艦案と異なり、大型戦艦案では排水量が同じで速力に応じて防御力が変化していることである。これは日本の造船インフラの規模を対応したものだろう。日本で建造できる戦艦の排水量上限は約五万トンという了解があったのだ。これは後の基本計画番号A140＝「大和」型の設計でも、艦政本部が基準排水量を五万トン程度に抑制するために速力の引き下げや主砲の四一センチ砲化を提案していることからも伺える。第二次ロンドン条約時に検討された戦艦案は、その後の大型水上艦設計の中に生きることとなった。

●第二次ロンドン条約期に検討された新型戦艦諸案

排水量	20,000 戦艦	22,500 同左	25,000 同左	27,500 同左	40,000 同左	40,000 同左	50,000 同左	50,000 同左
全長	198	—	—	193	275	232	290	240
全幅	26.65	—	—	30.6	33	32.5	38	37
喫水	7.7	—	—	9.3	9.1	8.7	9.8	10.5
速力	25	同左	同左	同左	32	25	30	25
馬力	46,000	—	—	66,000	150,000	76,000	151,200	90,000
公試排水量	21,700	—	—	30,000	43,000	同左	55,000	同左
航続力	18-10,000	同左	同左	同左	同左	同左	同左	同左
主砲	30cm3連 3基	30cm3連 3基	36cm3連 3基	36cm3連 3基	41cm3連 3基	41cm3連 3基	45cm3連 3基	45cm3連 3基
副砲	15.5cm連装 6基	15.5cm連装 6基	15.5cm連装 6基	15.5cm連装 6基	15.5cm連装 8基	15.5cm連装 8基	15.5cm連装 8基	15.5cm連装 8基
高角砲	12.7cm連装 4基	12.7cm連装 4基	12.7cm連装 6基	12.7cm連装 6基	12.7cm連装 8基	12.7cm連装 8基	12.7cm連装 8基	12.7cm連装 8基
カタパルト	2基	同左	同左	同左	同左	同左	同左	同左
飛行機	4機	同左	同左	同左	6機	同左	同左	同左
防御	甲板 3.3″ 舷側 10″	甲板 4.5″ 舷側 11.5″	甲板 5.5″ 舷側 12.3″	甲板 7.7″ 舷側 12.3″	甲板 7.2″ 舷側 15″	甲板 13.5″ 舷側 15″	甲板 7.7″ 舷側 15″	甲板 13.5″ 舷側 15″

松本喜太郎資料「Capital Ship」呉市海事歴史科学館　蔵

A140

●排水量六万九五〇〇トン、全長二九四メートルの空前のマンモス戦艦案はのちに「大和」型として結実した！

A140原案諸元
基準排水量：6万9500トン
全長：294m
全幅：41.2m
速力：31ノット
兵装
46cm砲3連装3基
15.5cm砲3連装副砲4基
高角砲・機銃は不明

藤本少将立案の戦艦案が基礎

A140とは基本計画番号と称される設計ナンバーであり、当初設計案であるA140から「大和」型として完成したA140F6まで相当数の設計が立案、検討されている。

A140の基礎となったのは、昭和八年に当時の艦政本部四部部長である藤本喜久雄造船少将が立案した五万トン戦艦案で、排水量五万トンの船体に二〇インチ（約五〇センチ）三連装砲塔四基一二門を搭載し、速力三〇ノット超、艦載機一二機搭載というものであった。言うまでもなく兵装過多で、実現の可能性は低いものだった。この案は友鶴事件による藤本設計の問題点が露呈したこともあり廃案となったが、その後、藤本の下で新型戦艦の設計の従事していた江崎岩吉造船官によって、主砲口径を四六センチに縮小した高速戦艦と中速戦艦の二案が立案され、高速戦艦案が藤本の後任となった福田啓二造船大佐によって立案されるA140の直接の祖型となった。A140は四六センチ砲による強大な攻撃力と重厚な装甲、三一ノットの高速力という有力な戦艦であったが基準排水量六万九五〇〇トン、全長二九四メートルという船体規模は日本の造船インフラ面で無理があり、予算面からも実現は困難だった。このためA140は船体規模を縮小した幾つかの設計案へと進んでゆく。最初に立案されたのはA140A～Dの諸案である。中でも有力視されたのはA140AとA140Bである。A140Aは原案に近い三〇ノットの高速戦艦であり船体規模を排水量六万八〇〇〇トン、全長二七七メートルまで縮小したものである。これに対してA140Bは速力を二八ノットに抑制し、主機をオールディーゼルとすることで船体長を二四七メートル、排水量は六万トンに抑制している。またこの時に提案されたA～Dの諸案にはA140A1などの主砲配置の異なるバリエーションがあった。

A140A～Dはそれぞれに特徴がある設計であったが、船体規模と戦闘力のバランスはいずれも軍令部を納得させるものではなく、昭和一〇年五月には、新たにA140Gという設計が立案されている。これは軍令部要望案（Gは軍令部の意とも言われる）とされ、速力を二八ノットまで引き下げる妥協の一方で、戦闘力を維持しようとしたものである。一方で艦政本部側からの提案としては主砲を四一センチ三連装砲砲塔三基として船体規模を五万二〇〇〇トンまで縮小したA140Jなども提案されており、新型戦艦の設計は迷走を見せている。

だがこの後、第四艦隊事件という艦艇設計に関する不祥事が生じ、その原因として用兵者の過剰な要求が認識されるにおよんで、新型戦艦の設計は手堅くまとめられる方向に進んだ。昭和一〇年一〇月に立案されたA140F4は、福田造船官が提案したA140Fの改正案であるが、速力を二七ノットと軍令部要求よりも引き下げる一方で、攻防性能は高い水準を維持したものである。この案を元に昭和一二年三月に高等技術会議を通過したA140F6が、「大和」型戦艦となる。

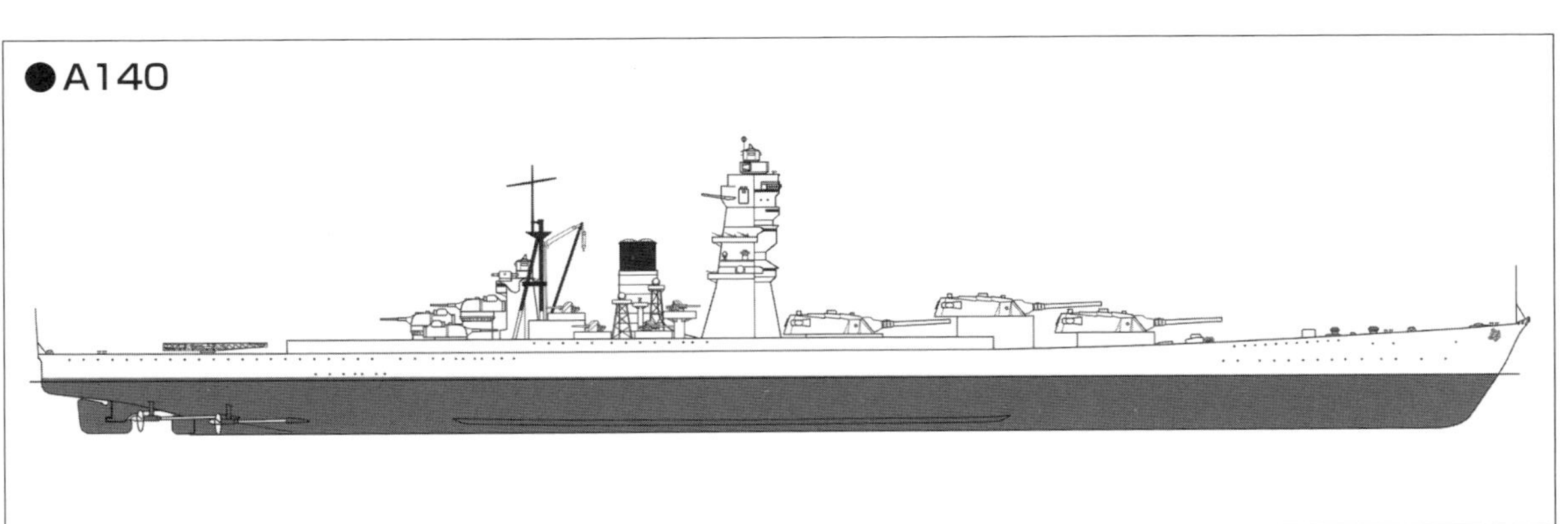

「信濃」型戦艦

●「大和」「武蔵」に続く四六センチ砲搭載戦艦二隻は一隻は建造中止、もう一隻は装甲空母に改装された！

「信濃」型諸元（推定含む）
基準排水量：6万4000トン
全長：263.0メートル
全幅：38.9メートル
速度：27ノット
航続距離：16ノットで7200浬
兵装
45口径46cm砲：3連装3基
60口径15.5cm砲：3連装4基
65口径10cm高角砲：連装6基
25mm三連装機銃
水上偵察機
舷側装甲：400ミリVH鋼鈑
甲板装甲：200ミリMNC鋼鈑

「大和」型の改正型

㊂計画で建造された「大和」「武蔵」に続き、㊃計画で計画された四六センチ砲戦艦が後に「信濃」となる「一一〇号艦」と「一一一号艦」である。「一一〇号艦」は横須賀海軍工廠で、「一一一号艦」は呉海軍工廠で建造されることとされたが、「大和」建造のために拡張した造船渠で建造できる「一一一号艦」に対して、横須賀での「一一〇号艦」の建造には新造された六号船渠が使用された。このドックは現在でも米空母などの大型艦用ドックとして稼働しており、米海軍の極東での活動を支えている。

「信濃」と「一一一号艦」は、基本的には「大和」型と同型の四六センチ砲戦艦として計画されており、戦艦として竣工した場合の外観上の差異は小さなものであっただろう。

「大和」型との最大の相違点は装甲配置で、建造中に「大和」型の舷側防御がやや過剰であったことが明らかになったために「信濃」型では舷側装甲を一〇ミリ削って防御設計を最適化すると同時に、磁気機雷などの実用化によって必要性の増した艦底防御の充実にリソースを割いている。これによって「信濃」型は弾火薬庫のみならず機関区画など艦底部の広い範囲を三重底にすることができた。

また艦内配置も「大和」「武蔵」の建造段階で明らかになった司令部施設配置の不具合の改正が実施される予定で、長官室や司令部幕僚の諸室配置は合理化されている。もっとも太平洋戦争開戦前の時点で、連合艦隊司令部を第一戦隊旗艦におくことは議論の対象となっており、独立旗艦の建造や陸上司令部の設置も検討されていた。したがって竣工後の「信濃」に連合艦隊司令部が置かれたかどうかは議論の余地がある。

機関構成は「大和」型と同様であり、主砲、副砲についても「大和」型と同様である。高角砲は、空母改装後の昭和一八年頃までの史料では九八式一〇センチ高角砲の搭載予定が見られるが、実際に空母「信濃」が搭載したのは八九式一二・七センチ高角砲であった。

昭和一五年五月に起工された「信濃」は建造が順調であれば昭和二〇年に竣工の予定であったが、太平洋戦争開戦によって戦艦としての竣工は諦め、ドックを空けるために船体のみの完成を目指して工事が続行された。ミッドウェー海戦後の空母増勢では「信濃」の船体を完成後に「雲龍」型二隻の建造が予定されたが、最終的には「信濃」の空母改装に決定された。なお呉の「一一一号艦」でも同様に空母改装を求める声が工廠側からあり、船体規模を縮小しての工事続行も検討されたが最終的には解体となった。

空母に改装された「信濃」は飛行甲板防御をもつ装甲空母として昭和一九年一一月一九日に竣工したが、横須賀への空襲が予想されるようになり、工事未了のまま呉に回航途中の一一月二九日、米潜水艦の雷撃を受けてあえなく沈没した。

●「信濃」型戦艦

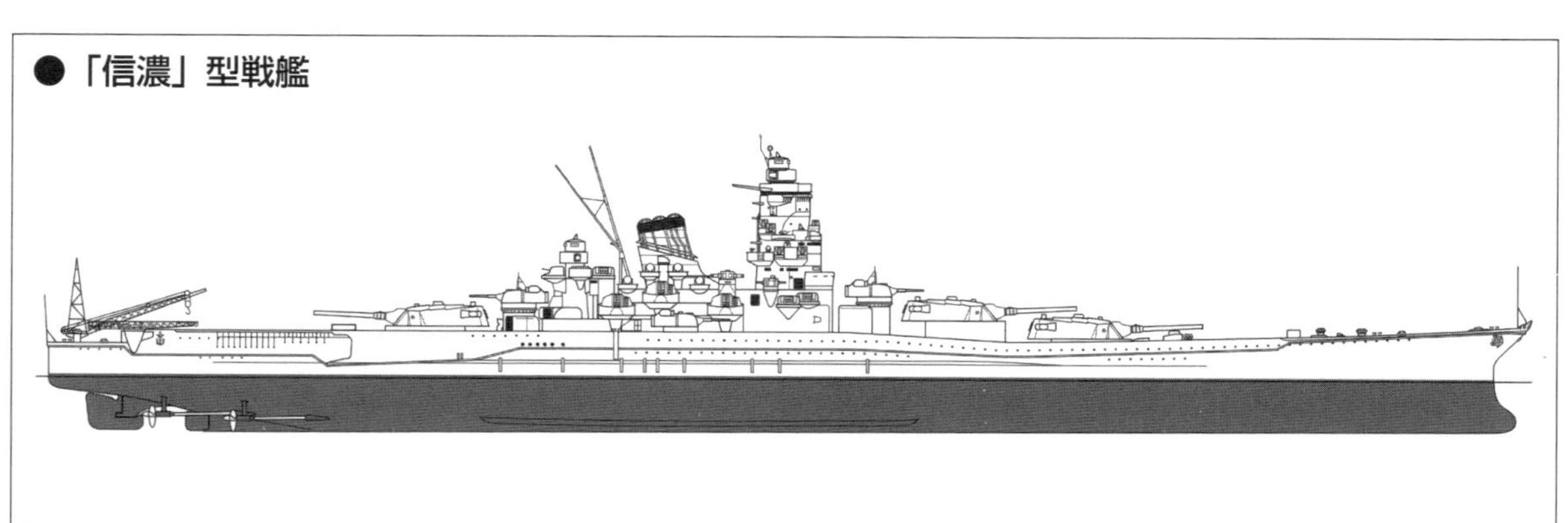

七九七号艦型戦艦

●「信濃」型二隻に続く七九七号艦型戦艦三隻は「大和」型より大幅に強化された水中防御力を誇る予定であった！

七九七号艦型諸元（推定含む）
基準排水量：6万4000トン
全長：263.0メートル
全幅：38.9メートル
速度：27ノット
航続距離：16ノットで7200浬
兵装
45口径46cm砲：3連装3基
60口径15.5cm砲：3連装2基
65口径10cm高角砲：連装10基
25mm三連装機銃
水上偵察機
舷側装甲：400ミリVH鋼鈑
甲板装甲：200ミリMNC鋼鈑

改善された水中防御力

㊃計画で計画された「信濃」型二隻に続き、㊄計画でも三隻の戦艦建造が予定された。これが七九七号艦、七九八号艦、七九九号艦と仮称された三隻である。七九七号艦以下の三隻の仕様については不明点が多いが、五一センチ砲戦艦三隻の建造が計画されたという菱川万三郎少将の回想があり、当初計画の七九七号艦型は五一センチ砲搭載が予定されていたようだ。しかし五一センチ砲の開発スケジュールや船体設計の遅れから、七九七号艦は四六センチ砲戦艦として建造されることになったようで、「大和」型の改良型として建造されることになった。このため、全体としては「大和」型以来の設計を踏襲したものとなった。

「大和」型と比較すると、舷側装甲は「信濃」型と同様に四一〇ミリから四〇〇ミリに削減される一方で艦底防御の充実が図られたはずだ。また「大和」型建造中に提案されたという艦前部非防御区画への水雷防御縦壁の追加（黛治夫は、戦後の回想で呉海軍工廠に申し入れを行なったが、工期の大幅延長を避けられないという理由から却下されたとしている）も実施される予定であったという。これが実現していれば、「大和」型と比較して水中防御は大きく強化された可能性がある。

機関構成は「大和」型、「信濃」型と同様で速力も二七ノットが予定された。「大和」型の管系は缶の蒸気条件よりも若干余裕をもって設計されており、七九七号艦型では「大和」型よりもやや高温、高圧の蒸気条件で機関を運転した可能性もある。燃料搭載量は「大和」型で過大であった点を見直してタンク配置や容量を改めた「信濃」型に準じたものとなったはずである。また「大和」型で就役後に問題となった舵の効きの悪さ、特に副舵のみで十分な操艦が出来ないという問題については、「大和」型でも追加が検討された艦首舵などの採用などを含めた設計変更があったかもしれない。

外観上の大きな変化は舷側の一五・五センチ三連装副砲が廃止され、高角砲に変更されたことだろう。「大和」型戦艦の計画時点で、砲術学校内では戦艦の副砲は全廃して片舷に連装高角砲六基一二門程度を搭載することが望ましいという研究もあったから、九八式一〇センチ連装高角砲五～六基を舷側に搭載する予定とされる七九七号艦型は、こうした研究を満たすものであったと言える。なお首尾線上の副砲は残されたとも言われるが、「最上」型四隻が軽巡時代に搭載した一五・五センチ砲塔二〇基は「大和」型、「信濃」型の四隻と「大淀」型軽巡二隻で使い切る計算となり、七九七号艦型では新造砲塔が搭載されたかもしれない。

七九七号艦型の建造予定は、七九七号艦一隻とも七九七号艦及び七九八号艦の二隻とも言われるが、史資料から判断するかぎり二隻建造の可能性が高い。二隻の建造は呉および横須賀の造船船渠となり、七九七号艦は最短で「信濃」進水後の昭和一八年一〇月以降に横須賀で起工、昭和二二年頃の竣工となったはずである。

●七九七号艦型戦艦

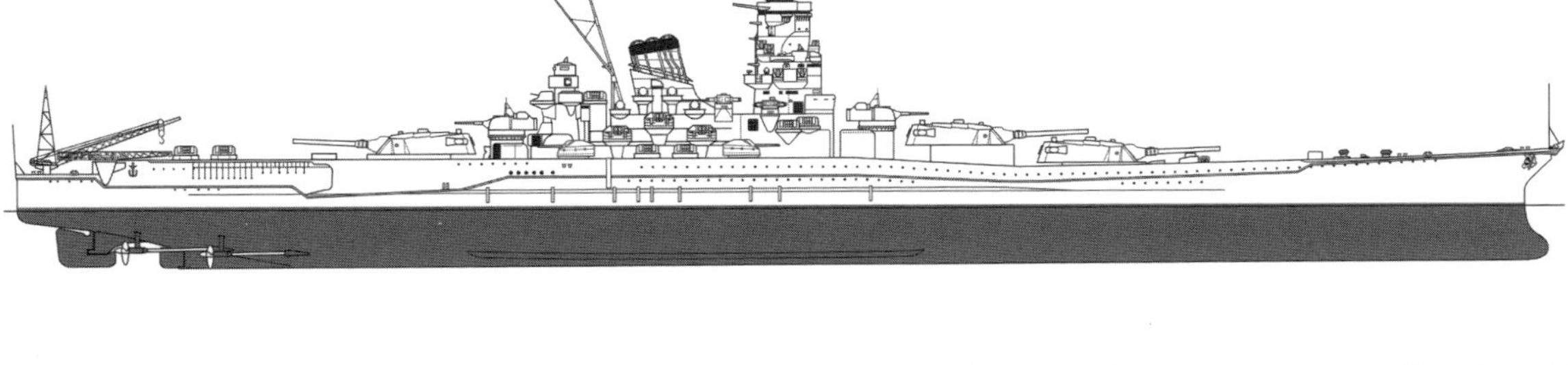

「超大和」型戦艦

●軍縮条約脱退後、個艦優位を保つため「大和」型を上回る五一センチ連装砲塔三基を搭載するA150計画案！

五一センチ砲をもつ最強戦艦

　ワシントン・ロンドン海軍軍縮条約を脱退した日本海軍の狙いは、自主軍備によって米海軍の七～八割程度の海軍力を整備することにあった。しかし日本海軍がワシントン海軍軍縮条約を脱退したのとタイミングを同じくして勃発した日華事変やその後に始まった第二次世界大戦によって米国内の世論は変化し、ヴィンソン案として知られる海軍増強が開始され、最終的に米海軍の戦力は東西両岸で仮想敵に対応出来るものにまで拡充されることになった。そしてこの結果、軍縮条約を脱退した日本海軍の対米戦力比は時間と共に急速に悪化することになった。

　戦わずして建艦競争に敗れつつあった日本海軍にとって、艦の性能優位は唯一の希望であった。㊄計画では「大和」型に続く五一センチ砲戦艦の建造が計画されたのはこうした理由からであった。当初の構想では七九七号艦以下の計画戦艦三隻は五一センチ砲戦艦として計画されたようであるが、最終的に七九九号艦のみが五一センチ砲戦艦とされたようである。

　当初構想された五一センチ砲戦艦は五一センチ三連装砲塔三基搭載の九門艦であり「大和」型を拡大したようなレイアウトだったようだ。しかし五一センチ三連装砲塔に対応した船体では基準排水量は九万トンを超えると試算され、現実的なものではないと判断された。このため主砲を五一センチ連装砲塔とした四砲塔八門艦案が立案された。これによって船体幅は「大和」型程度に抑えることが出来たが四砲塔化による砲塔重量の増大と船体長の増加のため、この案でも排水量は八万トン前後になり過大とみなされた。

　最終的に成立した設計は「大和」型と大差ない全長、全幅の船体に五一センチ連装砲塔三基を搭載した二七ノット戦艦であり、基本計画番号A150が与えられた。採用が予定された五一センチ砲の研究は昭和初期から四六センチ砲と並行して行なわれており、砲身設計に関しては砲身素材として二〇〇トン規模の鋼塊が必要となること以外に大きな問題はなく、昭和一七年六月の計画破棄の時点では二門分の砲身部材や砲架の一部の試作が進められていた。一方で砲塔設計については「大和」型よりも装薬量が増加し発射速度に影響が出ることが問題視された。このため火薬庫からの装薬運搬の機械が検討され、動作確認用模型が製作されている。

　なお主砲弾の大型化、装薬量の増大によって弾火薬庫面積が増大することもあって首尾線上の副砲は廃止される予定であった。

「超大和」型戦艦こと七九九号艦は起工すらしないまま太平洋戦争開戦によって建造中止となったが、建造可能な設備は限られていたから他艦との兼ね合いもあって起工は昭和二〇年頃となり、竣工は昭和二〇年代半ばとなっただろう。仮に太平洋戦争がなくとも航空機やミサイルの発達しつつあるなかで、本艦が実現した場合、日本艦隊の象徴以上のものとはならなかったかも知れない。

「超大和」型諸元
「大和」型に近似していたと推測される。
兵装
51㎝連装砲塔3基、
高角砲・機銃等不明
設計段階で中止

●「超大和」型戦艦

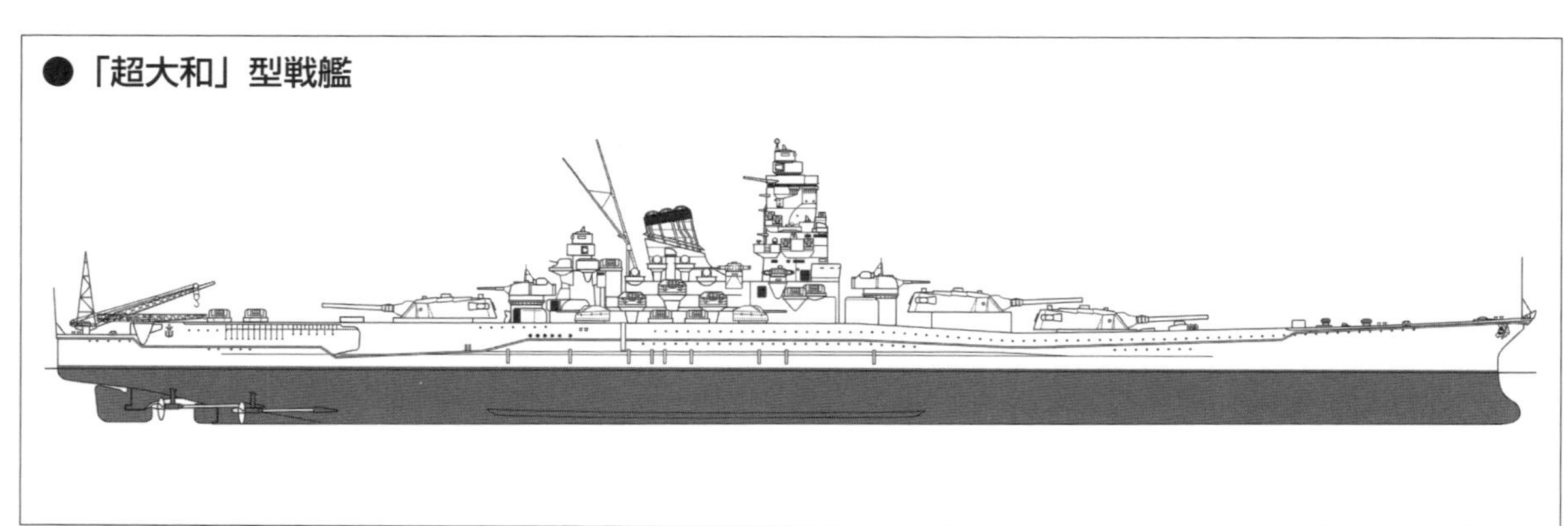

超甲巡（B65）

●三〇センチクラスの主砲をもち海外の重巡に必勝できる攻防走のバランスがとれた夢のスーパークルーザー！

超甲巡（B65）緒元
基準排水量：3万1400トン
全長：240.0メートル
全幅：27.5メートル
機関出力：17万馬力
速力：33ノット
航続距離：18ノットで8000浬
兵装
50口径31cm砲：3連装3基
65口径10cm高角砲：連装8基
25mm3連装機銃4基
13mm4連装機銃2基
水偵3機

三万トンの「ミニ大和」計画

㊃計画で建造が予定された「超甲巡」（基本計画番号B65）は、甲巡＝一等巡洋艦という名称にもかかわらず、基本計画番号に巡洋戦艦を意味する「B」を冠しているように、実質的には巡洋戦艦と見なされた軍艦である。実際に計画された「超甲巡」は、基準排水量三万トンの船体に三一センチ三連装砲塔三基を搭載した「ミニ大和」的な艦容の軍艦であり、ドイツ海軍の「シャルンホルスト」級に匹敵する小型高速戦艦である。

「超甲巡」すなわち超巡洋艦という発想は、ワシントン・ロンドン海軍軍縮条約下で建造された条約型巡洋艦が、バランスを欠いたものであったことに起因する。条約下で建造された重巡洋艦は建造が停止された戦艦にかわる準主力艦的な位置づけの水上戦闘艦であったが、主砲八インチ、排水量一万トンの制限内では攻防走をバランスさせることが出来なかった。つまり条約による制約を受けなければ各国の重巡に必勝できる軍艦を整備することが可能となる。こうした発想に基づき、軍令部では、軍縮条約の脱退にあわせて主砲換装を予定していた「最上」型軽巡洋艦（主砲一五・五センチ、基準排水量は対外的には八五〇〇トンと公表）の主砲を二五センチと出来ないか、艦政本部に打診しており、さらに進めて排水量一万五〇〇〇トン規模で二五～三〇センチ級の主砲を搭載する大型巡洋艦を構想した。これが当初の「超甲巡」である。この「超甲巡」は、米海軍の条約型重巡洋艦に対して攻防性能で上回ることで、前衛部隊同士の戦闘や水雷戦隊の夜襲支援という局面での活躍が期待されていた。

だがドイツ海軍の「ドイッチュラント」級装甲艦（実質的には二八センチ砲搭載巡洋艦）に対するフランス海軍の「ダンケルク」級戦艦、それに対抗する「シャルンホルスト」級戦艦と欧州で展開した条約型巡洋艦キラーとそれに対抗する小型高速戦艦の建造という流れは太平洋にも波及した。「超甲巡」の検討を「チチブ」級巡洋艦としてある程度まで把握していた米海軍は、大型巡洋艦「アラスカ」級を計画した。当初は一万五〇〇〇トン規模で構想されていた「超甲巡」が最終的には三万トン規模の大型艦として設計されたのは、このためである。この結果として「超甲巡」は第二次改装によって高速戦艦化された「金剛」型の後継として位置づけられ、大規模夜襲時の指揮統制を担う存在となった。従来の巡洋艦の延長上にある「アラスカ」級と比較した場合、「超甲巡」は日本海軍の艦隊決戦構想の中で明確な役割を与えられていたのである。また「超甲巡」は名称に反して、一二七ミリという諸外国の条約型戦艦に相当する中甲板装甲を持つなど、戦艦クラスとの砲戦にも耐えうる防御力を有しており、この点でも巡洋艦的防御しか持たなかった「アラスカ」級より優れた設計といえた。仮に「超甲巡」が建造された場合、「金剛」型に替わって夜襲部隊の指揮統括や空母機動部隊の直衛などに有効に活用されたかも知れない。

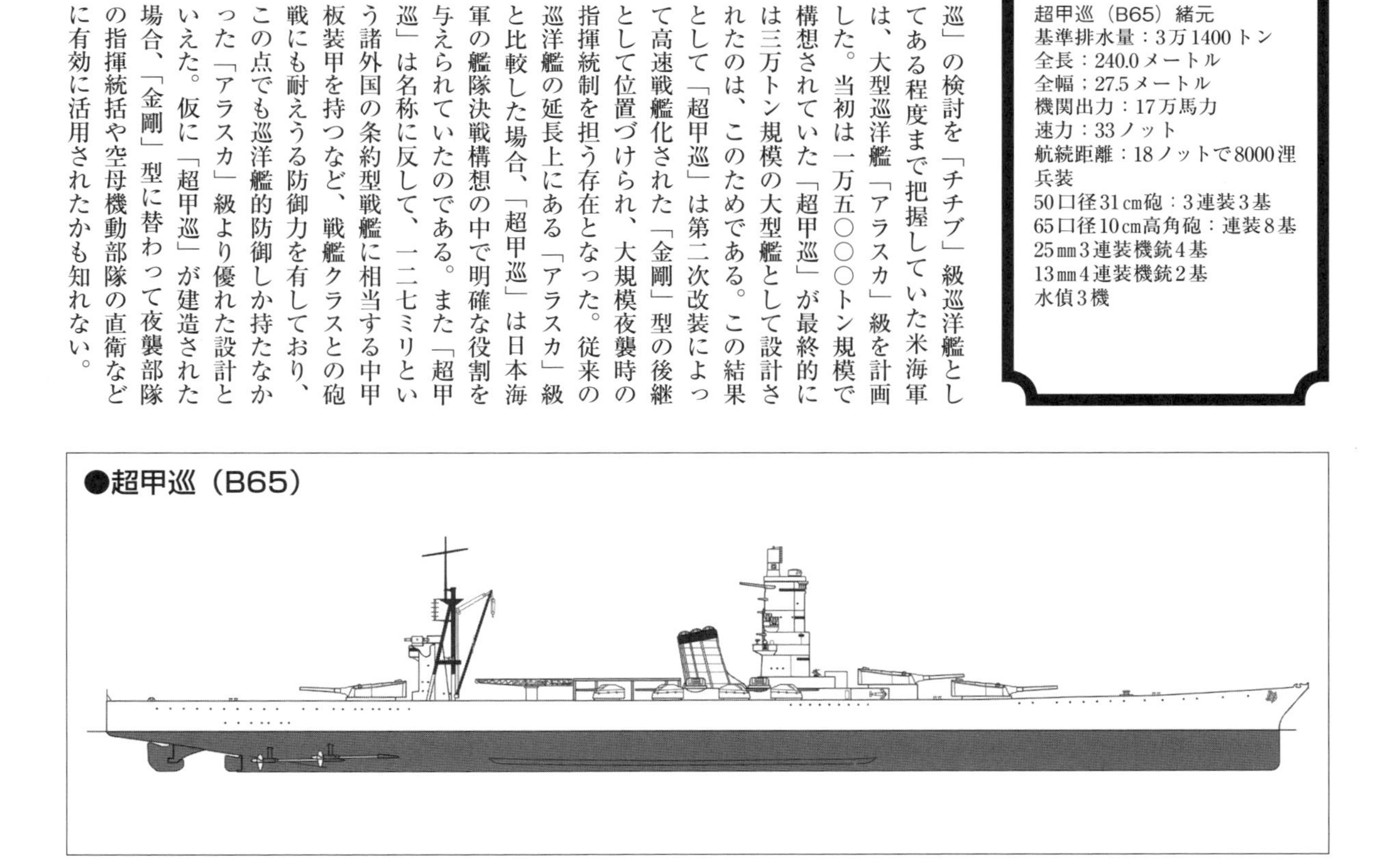
●超甲巡（B65）

前ド級戦艦からド級戦艦

「マジェスティック」級をベースに設計された「敷島」型戦艦「初瀬」

■海軍史研究家　勝目純也

前弩級時代(富士型　敷島型　三笠)

日本海軍は清国及びロシアの脅威に対して、戦艦の建造・整備に努力の限りを尽くした。当時、我が国の造船力、工業力では独自に戦艦は建造できず、イギリスに依存して戦艦六隻を保有、日露戦争を戦った。「富士」型二隻、「敷島」型三隻、「三笠」の六隻は当時の最新兵装と防御力を有したトップクラスの戦艦であった。

日本海軍に正式に戦艦が類別されたのは、明治三一年三月二一日である。海軍省達による各艦種内の類別等級が定められ、軍艦として戦艦、巡洋艦、海防艦、砲艦、通報艦、水雷母艦、駆逐艦（後に軍艦ではなくなる）が類別された。戦艦においては明治三八年一二月一二日まで、等級が定められ計画排水量が一〇〇〇〇トン以上を一等戦艦、一〇〇〇〇トン未満を二等戦艦とした。明治三一年に戦艦に類別されたのは、日清戦争に活躍し一度は「松島」と衝突沈没したが浮揚、近代化を施した二等戦艦初代「扶桑」、日清戦争で得た清国の戦艦「鎮遠」が二等戦艦として我が国の艦籍に入った。

この二隻が日本海軍で最初に戦艦として艦籍に入ったのである。しかし排水量や装備において本来の戦艦には及ばず、短い期間で明治三一年一二月に「鎮遠」が一等海防艦、「扶桑」が二等海防艦に類別変更されている。日露戦争後に戦艦の等級は廃止され、多くは第一線を退くと海防艦として再度各種任務に従事している。

「富士型」（「富士」「八島」）

明治二六年度計画でイギリスにて建造された戦艦である。しかしながら、議会における予算獲得で難航し、明治二一年から未決を繰り返し、遂には明治天皇が宮廷費用の節約と官史給与の一割を削減して建造費にあてる勅書を出したことでようやく議会の承認が得られた。この遅れにより日清戦争後の明治三〇年に完成することとなったが、結果的に日露戦争に活躍することとなった。

「富士」型は当時イギリスで建造中だった「ロイヤル・サブリン」級をタイプシップとし、主砲は更に強力なアームストロング式四〇口径一二インチ（三〇・五センチ）砲を搭載した。防御力にも優れ、装甲にハーヴェイ鋼板を採用し、実に最厚部四五七ミリの複合鋼板を装着した。設計はアームストロング社で行なわれ、「富士」の建造はテムズ鉄工所で行なわれ、明治二七年八月に起工。「八島」はアームストロング社で建造され、同年一二月に起工された。両艦とも正に日清戦争の最中に建造がスタートした。

「富士」は明治三〇年八月一七日に竣工、二番艦「八島」も同年九月九日に竣工した。ただし両艦の艦歴は明暗を分けた感がある。「富士」は竣工直後から華やかだった。竣工に先立ってイギリス・ビクトリア女王

明治四〇年度計画の我が国初の弩級戦艦である「河内」型戦艦「河内」

●清国及びロシア等の脅威に対抗して作り上げた前弩級から弩級戦艦を紹介！

即位六〇周年観艦式に参加するため、日本海軍に領収され軍艦旗を掲げて日本海軍の代表として観艦式に参加したのである。明治三〇年には大阪湾での艦隊運動天覧のためにお召艦として活躍している。日露戦争では良く知られている通り、黄海海戦、日本海海戦に「三笠」に続き活躍した。

大正元年には第一線を退き、一等海防艦、その後に練習艦として使用された。大正一一年にはワシントン条約の影響により兵装を撤去して特務艦、更には練習特務艦になった。

昭和になり「富士」は推進器を除き、海上校舎として使用され終戦まで現存した。

それに対して二番艦「八島」は日露戦争に主力戦艦の一艦として参加したが、開戦後三ヵ月目の明治三七年五月一五日、旅順港外で機雷に二度も触れ右に大傾斜してしまう。

応急処置を施し自力航行による擱座を試みたが、益々傾斜が激しくなり遂に軍艦旗を降下、総員退艦を命じた後に転覆・沈没をした。来たるべきロシア艦隊との闘いの前に、沈没しかも触雷による沈没という極めて不運と言わざるを得ない。

「敷島」型（「敷島」「朝日」「初瀬」）

明治二九年、三〇年に計画された一万五〇〇〇トン級戦艦で、イギリス「マジェスティック」級をベースに設計された。「敷島」がテムズ鉄工所で建造され、明治三三年一月二六日に竣工。二番艦「朝日」はジョン・ブラウン社で建造され、明治三三年七月三一日に竣工、三番艦「初瀬」はアームストロング社で建造され、明治三四年に竣工している。イギリス艦には珍しい三本煙突が特徴で、一二インチ砲四門、副砲に六インチ砲が一四門と当時、世界最強の戦艦であった。日露戦争では「朝日」「敷島」は「三笠」に続いて勇戦したが「初瀬」は思わぬ悲劇に見舞われた。「八島」同様、開戦三ヵ月後の明治三七年五月一五日、旅順港外老鉄山南東方海域で触雷し航行不能となった。巡洋艦「笠置」が曳航準備を進めている中、二度目の触雷を起こしわずか二分で沈没した。先の「八島」「初瀬」の沈没はロシア艦隊と戦わずして六隻の戦艦のうち二隻を失うという、わずか一日の痛恨事となったのである。

結局、日露戦争において黄海海

アームストロング社で建造された「富士」型戦艦「八島」

戦、日本海海戦で奮戦した戦艦は「富士」「敷島」「朝日」と後述する「三笠」で四隻。加えて装甲巡洋艦は八隻の四八艦隊であった。艦隊編成では第一艦隊第一戦隊戦艦四隻に装甲巡洋艦「日進」「春日」。第二艦隊第二戦隊に「出雲」「磐手」「浅間」「常盤」「八雲」「吾妻」となり。当初戦艦だった「扶桑」と「鎮遠」は第三艦隊で活躍した。

「敷島」は日露戦争後の大正一〇年九月に一等海防艦になり、大正一二年四月にはワシントン条約により武装を撤去され練習特務艦に転籍、最終的には佐世保海兵団の練習艦として終戦まで残存している。

イギリスの「マジェスティック」級をベースに設計された「敷島」型戦艦「敷島」

「朝日」は日露戦争後、第一次世界大戦では第三艦隊第五戦隊の旗艦として活躍し、大正一〇年九月に一等海防艦に種別変更された。大正一二年には「敷島」同様ワシントン条約により武装解除され、我が国初の潜水艦救難艦として改造された。昭和六年以降は工作艦として活躍し、実に太平洋戦争まで工作艦として任務に従事した。しかし、昭和一七年五月に北方作戦に転進する命令を受け、昭南島を出港したが、途中カムラン湾南東で潜水艦の襲撃を受け沈没した。その艦齢は実に四〇年にも及んだ。余談だが「朝日」の艦名は海上自衛隊に引き継がれ、二代目として米海軍から貸与され護衛艦として三二年活躍し、三代目は最新護衛艦に継承され佐世保に本年（平成三〇年）より配備されている。

【三笠】

「三笠」は日本海軍の軍艦の中で「大和」同様に有名な戦艦である。今日横須賀に記念艦として展示されており、往時の姿を実物として見学できる。

「三笠」は明治三二年一月二四日にイギリス、ヴィッカース社で起工され、明治三三年一一月八日に進水、明治三五年三月一日に竣工した。当時「敷島」型を上回る最強戦艦で、四〇口径三〇・五センチ砲が四門、四〇口径一五・二センチ砲が一四門で、特に主砲には揚弾機構が改良されて発射速度が二割増しとなっていた。また装甲も「敷島」型より三〇パーセント程強靭な装甲を要しており、建造国イギリスにも「三笠」と同等の戦艦はなく、如何に日英同盟が強固であったかが窺い知れる。

明治三五年三月六日（一五日の説あり）サザンプトン港を出港、地中海、スエズを経て同年五月一八日横須賀に入港した。そして六月一三日横須賀を出港し、本籍地である舞鶴を目指し七月一七日に舞鶴に到着。同月二一日に常備艦隊に編入されたのであった。同年一一月五日、常備艦隊旗艦となった。

日露戦争中は連合艦隊の旗艦として、黄海海戦に続いて日本海海戦での活躍は余りに有名である。明治三六年末から全艦戦時塗装が実施され、明治三七年二月四日、艦隊全艦の汽罐に点火、待機準備が完成した。「三笠」も連合艦隊の旗艦として六日に佐世保を出港、旅順港外に向かったのである。二月九日、旅順港外にてロシア東洋艦隊及び砲台を砲撃し「三笠」の戦いは始まった。八月一〇日、黄海海戦に参加。終始消極的なロシア旅順艦隊を追い詰めるのに苦労した。結局旅順艦隊旗艦「ツェサレーヴィチ」の艦橋に二発の砲弾が直撃し、操舵手が舵輪を左に巻き込んで倒れた上、舵機に故障を起こしたために「ツェサレーヴィチ」が左に急旋回して自艦隊の列に突っ込んだ結果、旅順艦隊は四散したが追撃も果たせず旅順港に逃げ戻られた。「三笠」は黄海海戦で損傷を受けたが呉で修理を実施して、佐世保経由で明治三八年二月二一日には鎮海湾に復帰している。

　そして鎮海湾における有名な猛訓練の後、運命の日本海海戦を迎えるのである。五月二七日、「信濃丸」より敵艦見ゆとの緊急信を受け「三笠」は鎮海湾を出港、別途加徳水徳を出撃していた艦隊に追い付き、午前六時三四分、全艦隊の先頭に立った。午前八時五〇分、「三笠」に戦闘旗掲揚。そしてバルチック艦隊を発見するのが午後一時五五分で有名なZ旗が掲げられたのである。

　日露戦争で戦った第一艦隊第一戦隊戦艦六隻の主砲は全てアームストロング社製であり、英国海軍の制式に準拠したものであった。全艦とも四〇口径三〇・五センチ連装砲で、二基搭載されていたが、ただしモデルナンバーが異なり「富士」型の「富士」「八島」がBⅡ、「敷島」型の「敷島」「初瀬」「朝日」がBⅣ、「三笠」がBⅥを搭載していた。「三笠」は分類上「敷島」型の四番艦として建造されているが、主砲の性能、副砲の装備方法、装甲の材質など大きな相違があることから、別型として扱われている。いずれにしても日露戦争当時、世界最大最強、最新鋭の戦艦であった。

「敷島」型より30パーセント程強靭な装甲を要した戦艦「三笠」

「三笠」の主砲は、モデルBⅥと称され、英海軍の戦艦に多数搭載されていた大砲で、アームストロング社製の優秀な砲で同社の自信作と言われた。特には固定角で全周揚弾となっており、大幅に弾丸装填時間が短縮されていた。揚弾方法に特長があり、弾庫から水圧で垂直に砲室の下まで揚弾され、そこから横に移動し固定装填角度に設定された装填機構に充填される方式をとった。これにより装填速度の向上、更に艦が損傷した際にも油圧や手動でも操作できるようになっていた。明治期の主力艦の艦載砲は基本的に英・独・仏から輸入されたものであったが、特にそのほとんどが英海軍の制式砲で設計され、製作されていた。

　これら日本海軍の主力艦の主砲類がほぼ英海軍の採用されている砲と同じ時期であることから、日英同盟の恩恵であることがわかる。「三笠」の船体で最も厚い装甲は、前部砲塔部と前部司令塔で、厚さ約一〇～一四インチの厚みがあった。使用された砲弾も英国製の榴弾で、通常榴弾、大容積榴弾、徹甲榴弾、半徹甲榴弾があった。炸薬は有名な下瀬火薬が使われた。これは日清戦争までは炸薬も輸入に頼っていたが、明治二六年になり海軍技師下瀬雅允が実用化したピクリン酸を成分とする炸薬で、破壊力の高さと焼夷性の高さから、非装甲部と乗組員に大きな被害を与えた。

　艦は洋上の波や風の影響を受けて常に上下左右前後に揺れており、さらに高速で走ればその動きは激しくなる。そんな中、敵艦めがけて発射される砲弾が、相手も同じように高速で動いている目標に命中させることは極めて困難であることは想像がつく。日本海軍はいかに迅速、確実に敵艦に命中させるかに心血を注いで来たと言っても過言ではない。当時のシステムでは、まず方位盤で目標の方向を補足する、これを方位角という。目標の針路と速力を的針、的速と言い、自分の針路と速力は自速、自針路と言っていた。またそれ以外に、測距儀で目標の角度と距離を測る。さらに風向や風力を考慮して主砲の左右の旋回角、上下の俯仰角を算出するのである。

　しかし、それにはたえず艦の動揺や移動による変化、弾道の風向や風

ロシア旧戦艦「ポルタワ」を改装した戦艦「丹後」

速の変化が修正されなくては命中も望めず、風に流される影響が大きくその場合「苗頭」と言って射弾の左右偏差を修正するための修正角を示す言葉がある。幕末の頃から使われた古い砲術用語で苗の頭が風になびく、大砲の弾がその風に影響される様を表している。

後に機械式計算機を伴う射撃指揮装置が開発された。しかしそれは、大正期に入ってからで日露戦争時は、主に測距儀による測距しか実施していなかった。実際の日本海海戦では、最初の測距試射は六千メートルと六〇〇〇に一〇〇メートルで発射され、それぞれ「近」と「遠」で弾着を修正していったのである。ただし各砲の判断の発砲にまかせる独立する撃ち方から、全艦砲を同じ照準に合わせて発砲する斉射戦術をとったため、高い命中率を発揮したのである。

「三笠」などから発射された砲弾は、直径が三〇センチ、長さ一・二二メートルもありロシア海軍の将兵からは「チェモダニ」（旅行鞄、雑のう）というニックネームを付けられ、その巨大な砲弾がはっきりと眼に見え、奇妙なすすり泣きのような音を立てて頭上に飛んできたという。しかも命中すれば、その破壊力だけではなく、鋼板が燃える姿に驚愕した。実際は鋼板が燃えているのではなく鋼に塗った塗料が燃えているのである。それだけ強い焼夷性があれば水に濡れたハンモックや木製品にも火がついた。戦闘開始からわずかな時間でロシアの艦艇は、破壊と火災の中で沈没していったのである。

戦艦「相模」（奥の戦艦は「富士」）

「三笠」は旗艦であるが故に、指揮官先頭の伝統から常に艦隊の先頭に立ち、奮戦したが、極めて武運が強かったと思わざるを得ない。旅順口攻撃では後部艦橋に命中弾を受け、黄海海戦では、後部砲塔に命中弾を受けても大事に至らず、日本海海戦に参加している。日本海海戦でも敵弾の集中砲火を浴び、三〇・五センチ砲弾一〇発。一五・二センチ砲弾二一発を受けた。死傷者一一三名を出したが、沈没はおろか戦闘行動に支障なく完全勝利の成すまで陣頭指揮に立って旗艦の役割を全うした。

しかし信じられない悲劇が「三笠」を襲う。あれ程武運艦であったが、日露講和条約締結直後の九月一一日未明、佐世保湾内で突如後部火薬庫が爆発・着底するという大事故が起こった。その詳細は一一日午前零時三〇分、後檣付近に小爆発が起こり、後部艦橋付近が火災となった。当然乗員はもとより在泊艦船や陸上からも応援を得て消火作業に従事した。ところが午前一時三七分、後部火薬庫が大爆発を起こし後部船体に大破孔が生じた。そのため浸水が急速に増え午前二時には着底、殉職者約三〇〇名、重軽傷者約二〇〇名と大惨事となった。着底した場所が水深一八メートルであったために引き揚げに成功、修理の後に明治四一年に再就役を果たした。

その後も第一艦隊旗艦、お召艦を務めるなど艦隊の中心として活躍した。第一次世界大戦時では、主に北方警備や内地などを行動した。大正七年にはウラジオストック、大正九年にはウラジオや樺太方面にも進出したが、大正一〇年九月にアスコルド水道で座礁事故を起こしてしまう。

「富士」「春日」の支援を受け自力で離礁、そのままウラジオに入り、ロシア海軍工廠の応急修理を受けた。よもやバルチック艦隊を撃破した「三笠」を修理するとは夢に思わなかったであろう。その年には一等海防艦に変更され第一線を退いた。関東大震災でダメージを受けたが、ワシントン条約により「三笠」は修理されることなく同年九月に除籍されることとなった。

当初標的艦としての最後を検討されたが「三笠」を標的にすることは耐えがたく、また国民から記念艦として保存されることを強く望まれた。結果として大正一五年一一月に記念艦として保存される工事が完成した。以来終戦まで記念艦として多くの見学者を迎えたが、終戦と同時に連合国が接収、上部構造物を取り払いダンスホールや水族館を造った。やがて朝鮮戦争がおこり訪れる人もなく荒廃の一途をたどった。

昭和三〇年代に入り「三笠」を復元しようとする機運が高まり今日まで続いている三笠保存会が発足。防衛庁が工事を担当し横須賀地方総監部が海上幕僚総監部の命を受けて予算を執行することとなり昭和三四年から工事の準備に入った。米海軍のニミッツ提督も募金に協力するなど多方面からの支援も受けて再び記念艦として改修、今日に至っており来場者は多く、展示内容も年々に充実している。

ロシアからの戦利艦

日露戦争の勝利により、捕獲し得た旧ロシア戦艦は六隻に及ぶ。四隻は旅順湾内に着底した状態で捕獲、残る二隻は日本海海戦で捕獲されたものである。六隻のうち小型戦艦の「壱岐」だけが二等戦艦に類別され、残り五隻は一等戦艦としたが結果として、イギリス戦艦「ドレットノート」の出現により一気に陳腐化し、更に軍縮条約により保有すらも困難となっていった。六隻の戦艦を日本艦籍に編入するための多大な労力と費用は必ずしも適切であったとは思えない結果となった。

「壱岐」

ロシア旧戦艦「インペラトール・ニコライ一世」である。ロシア艦隊では日露戦争当時、既に旧式艦であった。しかしながらバルチック艦隊に編入され、第三太平洋艦隊司令長官ネボガトフ少将の旗艦として極東にやってきたのである。日本海海戦では「富士」に命中弾を与えるなど奮戦したが、及ばず竹島沖で日本海軍に降伏している。

その後、佐世保で修理が行なわれているが、排水量が一万トン以下のため二等戦艦として日本海軍籍に編入された。ロシア艦時代には三〇・五センチ連装砲、二二・九センチ単装砲を四門装備していたが、日本海海戦で大きな損傷を受けたこともあり、日本海軍式の三〇・五センチ連装砲一基、一五・二センチ単装砲六基、一二センチ単装砲六基を装備した。戦艦としての在籍は短期間で明治三八年六月に我が国の艦籍に戦艦として編入されたが、同年一二月には一等海防艦に変更後に改装工事が終わり、大正四年一月には廃艦・除籍された。最後は同年一〇月の大演習で戦艦「金剛」「比叡」の実弾標的艦とされて沈没している。

「丹後」

ロシア旧戦艦「ポルタワ」である。日本海軍の三〇センチ砲に対抗するために建造されたとされる装甲艦である。日露戦争では黄海海戦に参加した後、旅順港内に逃げ込んでいた中で、日本陸軍の二八センチ砲の砲撃を受けて大破着底した。明治三八年七月に浮揚を実施し、応急修理の後に舞鶴、更に横須賀で修理を施した。改装工事は主缶や主兵装を変える大々的なもので、明治四〇年までかかっている。大正元年八月に一等海防艦になり、第一次世界大戦勃発によりロシア海軍に戦艦「相模」、巡洋艦「宗谷」（旧ロシア巡洋艦「ワリヤーグ」）と共に寄贈されている。

「相模」

ロシア旧戦艦「ペレスウェート」である。後述する「周防」と同型艦で揃って日本に鹵獲された。フランスの設計で戦艦としては優速で巡洋戦艦に近い。明治三五年六月に竣工し、太平洋艦隊に配備された。日露戦争では新鋭艦として期待されたが、黄海海戦で損傷。旅順港内に留まるうちに日本軍の砲撃により擱座・着底して敗戦を迎えた。旅順陥落後に引き揚げ作業を実施し、明治三八年六月に浮揚に成功。同年八月には佐世保に回航され、「相模」と命名された。その後横須賀に回航されて工廠にて本格的修理を行ない、明治四一年秋に完成した。しかし戦艦としての在籍は短期間で、大正元年八月には一等海防艦に変更され、前述したように「丹後」同様、ロシア海軍に寄贈されている。しかし「相模」の運命は過酷であった。ロシアへの引き渡しは五月四日、ウラジオストックで行なわれ、ロシア海軍によりスエズ運河を経由して欧州に向かった。しかしその途中、地中海のポートセッドに付近において触雷してしまい、あえなく沈没してしまったのである。

アーロストロング社エルジック工場で竣工した「香取」型戦艦「鹿島」

「周防」

ロシア旧戦艦「ポビエダ」である。「相模」の同型艦である。明治三五年六月に竣工している。日露戦争時には旅順艦隊に配備されていた。黄海海戦では「相模」同様、損傷を受け湾内に潜んでいた。しかし日本軍の砲撃を受け明治三七年一二月は沈没をしてしまった。明治三八年五月から作業に着手、一〇月中旬には我が国により浮揚に成功した。その後、佐世保に回航、「相模」とあわせて横須賀工廠において本格的な整備作業を行ない、明治四一年一〇月には完成することができた。しかしながら、やはり「周防」も戦艦としては短命で大正元年八月には一等海防艦に種別変更された。第一次世界大戦では他のロシアからの鹵獲艦艇で編成した第二艦隊に所属して活躍を果たした。その後、ワシントン軍縮会議で廃棄と判断され、大正一一年四月に除籍。雑役船となった。同年七月に呉港外で解体作業入った。ただ最後まで不運で同年七月一三日、解体作業中に浸水が起きる事故を起こし浸水転覆。最終的には呉港外、三ツ小島の護岸用として沈められた。

「肥前」

ロシア旧戦艦「レトヴィザン」である。アメリカ建造のロシア艦隊の主力艦で、「富士」型に対抗するために計画されたと言われる。バランスの取れた性能で、明治三五年三月にロシア海軍に編入された。日露戦争では旅順艦隊に配備され、黄海海戦で損傷を受け湾内に碇泊していた。その後、日本軍の砲撃により大破着底、旅順攻略後の明治三八年一月に鹵獲された。

九月には浮揚され、日本海軍に編入され「肥前」と命名された。佐世保に回航されて本格的修理を施し、明治四一年一一月に完成した。日露戦争で鹵獲したロシアの戦艦は長期間に渡る修理とそれに伴う莫大な費用が投入されたが、ほとんど功績なく処分や返還されているが「肥前」はその中で最も役に立った艦となった。第一次世界大戦では、旗艦「出雲」「浅間」と共にアメリカ沿岸に派遣され、ウラジオストックの警備艦としても活躍した。大正一〇年九月に一等海防艦に変更され、ワシントン条約によって大正一二年九月には除籍廃艦となった。その後、大正一三年七月二五日に豊後水道において連合艦隊の砲撃実験の標的として沈められた。

「石見」

ロシア旧戦艦「アリヨール」である。名前の由来は島根県を東西に別け、東が出雲、西が石見（いわみ）と呼ばれた。「ボロジノ」級の三番艦で明治三七年七月に竣工しているので、日露戦争開戦時は艤装中の最新艦だった。開戦により完成を急ぎ、その後、バルチック艦隊に編入された。リバウ港を出港した後も、工事が残っており工員を乗せての航海だったという。当時としてはロシア艦隊の最新型でかつ最大の戦艦として「ボロジノ」「アレキサンドル三世」「クニャージ・スヴォーロフ」と共にバルチック艦隊の主力艦として日本海海戦に臨んだ。東宝映画の「日本海海戦」で「三笠」の砲術長が海戦前に砲員にロシア艦隊の艦名は覚えにくいのであだ名をつけるシーンがあるが、「ボロ布」「国親父座ろう」などの巧妙なネーミングで印象が深い。

しかし海戦では「アリヨール」以外の三艦は沈没し、「アリヨール」も損傷が激しく降伏した。浸水が多く、沈没の危険があったため舞鶴に緊急入港して応急修理の後、呉に回航された。そこから呉工廠で五年もかけて修理を行ない、明治四三年に完成している。竣工当時の最新艦でも五年の歳月は大きく、戦艦としての活躍も期間も少なく、大正元年八月には一等海防艦に類別変更されている。それでも第一次世界大戦では第二戦隊に配備され「周防」「丹後」と共に青島方面に出撃している。

またシベリア出兵の警備艦としても任務に就き、皮肉にも日本艦としてウラジオストックに入港している。その後、ワシントン条約により廃棄となり大正一一年九月に除籍され雑役船となった。そして大正一三年七月一〇日、三浦半島城ケ島沖において横須賀航空隊の爆撃標的艦となり最期を遂げた。

準弩級時代（香取型、薩摩、安藝、河内型）

日露戦争直後から明治末年まで竣工した六隻の戦艦を紹介する。準弩級と称するクラスであるが、「香取」型以外はイギリスの支援を受けつつも、我が国の独自設計・建造によるもので、来るべき太平洋戦争で活躍し戦艦建造の自立に大きな貢献を果たした存在となった。

「香取」型（「香取」「鹿島」）

「香取」は明治三六年度計画で建造

横須賀工廠で建造された戦艦「薩摩」。大正13年9月、戦艦「金剛」「日向」の標的艦として東京湾外で沈没した

された戦艦で、「三笠」より中間砲を初装備することにより強化され、イギリスで建造された。イギリス戦艦「キング・エドワード七世」級をベースとして日本仕様に設計されたが、短期間での建造計画であったので基本性能のみの要求に留め、各部詳細は造船所であるヴィッカーズ社に委ねられた。従って二番艦の「鹿島」は造船所がアームストロング社のため主砲、副砲等の方式に相違がある。明治三九年五月に竣工しているので日露戦争後に竣工、戦艦に類別されている。主砲には日本海軍としては初の採用となる四五口径三〇・五センチ連装砲が二基、二四・五センチ中間砲が四門、副砲一五・二センチ砲が一二門装備されていた。前述したように各砲は「香取」がヴィッカーズ式（毘式）、「鹿島」がアームストロング式（安式）をそれぞれ採用したが、実際に使用するとヴィッカーズ式の射撃速度が速く、その後の日本海軍の砲類はヴィッカーズ式を採用されていく。

艦隊に配備されてからは明治四〇年に韓国を訪問する皇太子（大正天皇）のお召艦となり、続く大正二年の横須賀沖における観艦式でのお召艦を務めるなど活躍した。第一次世界大戦では単艦、南洋方面に派遣されているがドイツ艦隊との交戦はなく、トラック、ポナペなどの占領作戦に従事した。大正七年にはシベリア出兵、大正一〇年には皇太子（昭和天皇）のお召艦として欧州を歴訪している。それだけ華やかな艦歴ではあったが、ワシントン条約により大正一二年九月に除籍となり、大正一三年五月に舞鶴で解体されている。

続く「鹿島」は「香取」とわずか三日違いの明治三九年五月二三日、アームストロング社エルジック工場で竣工した。「鹿島」「香取」は神宮の名前で常に並び称される。両神宮とも武の神として古くから東国一帯の尊崇を集めてきた。両宮の名前は日本海軍で二代に渡り命名され、初代は本艦をふくむ「香取」型、二代目は練習巡洋艦として命名され、戦後は海上自衛隊の練習艦に使われている。初代「鹿島」は大正七年に第三艦隊第五戦隊に所属してシベリア出兵に従事し、大正一〇年には約半年、皇太子の欧州行幸に第三艦隊旗艦、供奉艦として参加している。

しかし華やかな活躍は少なく、大正一二年九月にワシントン条約に基づいて「香取」同様に廃棄除籍となった。比較的短命だったのもイギリス戦艦「ドレッドノート」の出現により主力戦艦としての価値が減じたことが大きな要因であろう。大正一三年一一月二四日、三菱長崎で解体が終了している。

「薩摩」

同艦は日本海軍の戦艦建造において歴史的な一艦といっても過言ではない。後の戦艦建艦技術の基礎とも言うべき、我が国初の国産戦艦となった。そもそも日露戦争開戦劈頭に「初瀬」「八島」を触雷で失い、急きょ建造を進めた初の国産戦艦である。イギリス戦艦「ロード・ネルソン」をタイプシップとし、排水量は一万九〇〇〇トン、三〇・五センチ連装砲が二基、二五・四センチ連装砲が六基と「三笠」を超える当時世界最大の戦艦として竣工する予定だった。建造は横須賀工廠、明治四三年三月に竣工した。

しかしイギリス戦艦「ドレッドノート」は既に明治三九年一二月に竣工していた。従って「薩摩」は竣工を前にして既に一世代前の戦艦となって産声をあげたことになる戦艦となった。竣工後は早速、常備艦隊旗艦となり、第一次世界大戦では、第一艦隊の主力艦として膠州湾封鎖の任についた。

その後、イギリスの要請を受け、第二南遣支隊の旗艦として南太平洋やオーストラリア方面で活躍した。

「安藝」の拡大改良型で、排水量が2万トンを超えた戦艦「河内」。日本海軍の戦艦として初の三脚マストを採用、連合艦隊旗艦にもなった

特にドイツ領となる南洋諸島への攻略作戦に従事した。しかしその後、ワシントン条約の影響で廃棄と決定されるに至る。大正一二年九月に除籍となった。当時最大でかつ国産初の戦艦として華やかな艦歴を期待されたが、わずか一三年で除籍となり、翌年の大正一三年九月には新鋭戦艦「金剛」「日向」の標的艦として東京湾外、野島崎南方に沈んだのである。

「安藝」

「薩摩」と同様、明治三七年度臨時軍事費で計画された国産戦艦二隻目である。呉工廠で建造され、「薩摩」より約一年近く計画が遅くなっているため、改正が図られた。特に大きな差異は主砲と中間砲は同一だが副砲が一二センチ砲一二門から、一五・二センチ砲八門に変わっており、当時新鋭艦だったイギリス戦艦「ロード・ネルソン」に匹敵する性能を求めた。明治四〇年三月に竣工したが「薩摩」同様、誕生した時点で「ドレッドノート」の存在により旧式艦となった。それでも第一次世界大戦では、第一艦隊の主力として膠州湾封鎖作戦などに従事した。しかしワシントン条約の影響により、大正一二年九月には除籍されることとなり、戦艦としてわずか一二年の現役だった。そして大正一三年九月に東京湾野島崎南方で戦艦「長門」「陸奥」の標的艦として沈められた。

「河内」型（「河内」「摂津」）

「河内」型は、明治四〇年度計画の我が国初の弩級戦艦である。「安藝」の拡大改良型で、排水量が二万トンを超え、主砲が三〇・五センチ連装砲六基を備えていた。これはひとえに「薩摩」「安藝」が我が国初の戦艦として建造されたが、「ドレッドノート」の存在で竣工時から旧式艦となったことへの対応策として急ぎ計画されたものである。

「河内」は横須賀工廠で建造され、明治四五年三月に竣工した。日本海軍の戦艦として初の三脚マストを採用した。竣工後は二番艦「摂津」と共に第一戦隊を編成し、艦隊の中心となり活躍し、時には連合艦隊旗艦として将旗をかかげたこともあった。大正三年、第一次世界大戦では第一艦隊の主力艦として膠州湾攻略作戦に従事した。

しかし、第一次世界大戦後に大き

呉工廠で建造された「河内」型戦艦「摂津」。第一次世界大戦では第一艦隊の主力艦として活躍した

戦艦「摂津」はワシントン条約の締結により、無線装置を取り付け標的艦となった

な悲劇に見舞われた。大正七年七月一二日、徳山湾には「河内」の他に「摂津」「山城」「扶桑」「伊勢」などが停泊していた。その日は天候が悪く視界も限られていた。そんな中、一五時五一分突如、一番砲塔から発火わずか三分で大爆発が起き、たちまち右に大傾斜して転覆・沈没した。乗員約一〇〇〇名のうち、艦長は「山城」に救助されたが実に六二一名が殉職するという大惨事となった。船体は引き揚げ・修理はとても困難でそのまま解体された。この時期「三笠」「松島」「筑波」と相次いで火薬庫爆発で沈没が相次いでおり、「河内」の爆発沈没は、当時大問題となったのであるが、明確な事故原因がわからないままとなった。

姉妹艦「摂津」は呉工廠で建造され、明治四五年七月に竣工した。要目は「河内」「摂津」とも大きな差異はないが艦首の形状が異なり「河内」は垂直型、「摂津」は曲線型である。第一次世界大戦では「河内」と共に第一艦隊の主力として活躍し、膠州湾封鎖に従事した。大正八年一〇月には横浜沖の大演習観艦式でお召し艦を務めるなど華々しい活躍をしていた。

しかしワシントン条約の締結により、主力艦の座を追われ戦艦「陸奥」を存在させるため武装を撤去して、特務艦となった。標的艦として長きに渡り艦隊に協力し、昭和一二年には無線装置を取り付け、無線操縦標的艦として活躍した。標的艦としての活躍では水上艦の砲撃訓練では標的艦を曳航し、航空攻撃に関しては特殊な爆弾で、「摂津」に直接投下して訓練効果を大いに高めたのである。昭和一四年には再度装甲を強化して中口径の実艦標的として訓練を支えていた。太平洋戦争では実戦とは無縁で、終戦間際の昭和二〇年七月に、江田島に繋留中アメリカ空母艦載機の空襲を受け着底、そのまま引き揚げられることなく昭和二二年に解体処分を受けている。華やかな活躍はなかったが長きにわたり艦隊の砲爆撃訓練を支えたことは功績が大きい。

この後、日本海軍の戦艦は大艦巨砲主義全盛期の中で「金剛」型、「扶桑」型戦艦と続々と建造されていく。やがて究極の超弩級戦艦「大和」「武蔵」に至る。その中でイギリス海軍によりもたらされて装備した戦艦で日露戦争を戦い、弩級戦艦に至るのが本稿に紹介した一二隻（ロシア戦艦を除く）そして、その後超弩級戦艦として太平洋戦争を戦った戦艦が偶然にも一二隻である。

その中で本稿に掲げた戦艦は、イギリスから戦艦を購入し日露戦争を戦い抜き、更には国産戦艦建造に心血を注いだ一二隻である。しかし、結果として竣工時には時代遅れの戦艦になるなど栄光と挫折の戦艦史でもあった。しかし、その苦節は無益ではなくその後の戦艦建造に大きな橋渡しをしたと言えよう。

12戦艦艦長たちの太平洋戦争

「比叡」艦長・西田正雄。第三次ソロモン海戦で生還

■軍事ライター
堀場亙

●戦艦「金剛」から「武蔵」にいたるまで、太平洋戦争を戦い抜いた日本海軍の一二戦艦の著名な艦長を一挙紹介！

※

太平洋戦争を戦い抜いた日本海軍の一二戦艦。その艨艟たちを御した歴代艦長たちについて語っていこう。なお、この項では練習戦艦や「金剛」型の巡洋戦艦時代もふくめて述べていきたい。

「金剛」

一二戦艦中、唯一国外で建造された「金剛」。その「金剛」の艤装員長に補されたのが中野直枝大佐で、そのまま初代艦長も務めた。中野はその後も要職を歴任し、第三艦隊や第二艦隊の司令長官も務めている。

それからずっと下って第一六代艦長に着任したのが吉田善吾で、山本五十六や嶋田繁太郎とは海軍兵学校（海兵）の同期である。吉田は連合艦隊司令長官も務めたが、どちらかというと指揮官より軍政家としてのほうが有名だろう。日独伊三国同盟の締結前後に海相を務め、結果的には同盟に賛成している。しかしそのことから精神的に追い詰められていったとも言われ、その後昭和一五年に辞任している。吉田の海相就任の際に山本は次官留任を申し出ているが、不穏な情勢から連合艦隊司令長官となった経緯は有名である。もしこの時、山本が次官に留任していたら、あるいは歴史は違う方向に動いていた可能性もあっただろう。

その三国同盟で日本が揺れていた頃、軍令部次長の要職にあったのが近藤信竹で、「金剛」の二〇代艦長を務めた。近藤は太平洋戦争開戦時の第二艦隊司令長官でもある。軍人としての近藤の評価はあまり芳しいものとはいえないが、海兵首席のエリートで、有能であったことは間違いない。また、第三次ソロモン海戦で指揮を執ったのも近藤である。

近藤はミッドウェー海戦の折り、第二艦隊を率いてミッドウェー島攻略を担当したが、その際に第七戦隊を指揮していたのが栗田健男だ。栗田は「金剛」の二五代艦長を務めた生粋の水雷屋、いわゆる「車曳き」である。

栗田と言えばレイテ沖海戦が有名だが、そのせいか「優柔不断」「消極的」というイメージが植え付けられているように思う。ただ、指揮官としての栗田は筆者には無能とは思えず、レイテ沖海戦時の「謎の反転」も、敗戦故の生け贄にされた感が強い。どちらかというと、栗田の使いどころを間違えた海軍そのものの責任のほうが強いのではないだろうか。

水雷屋といえば田中頼三も「金

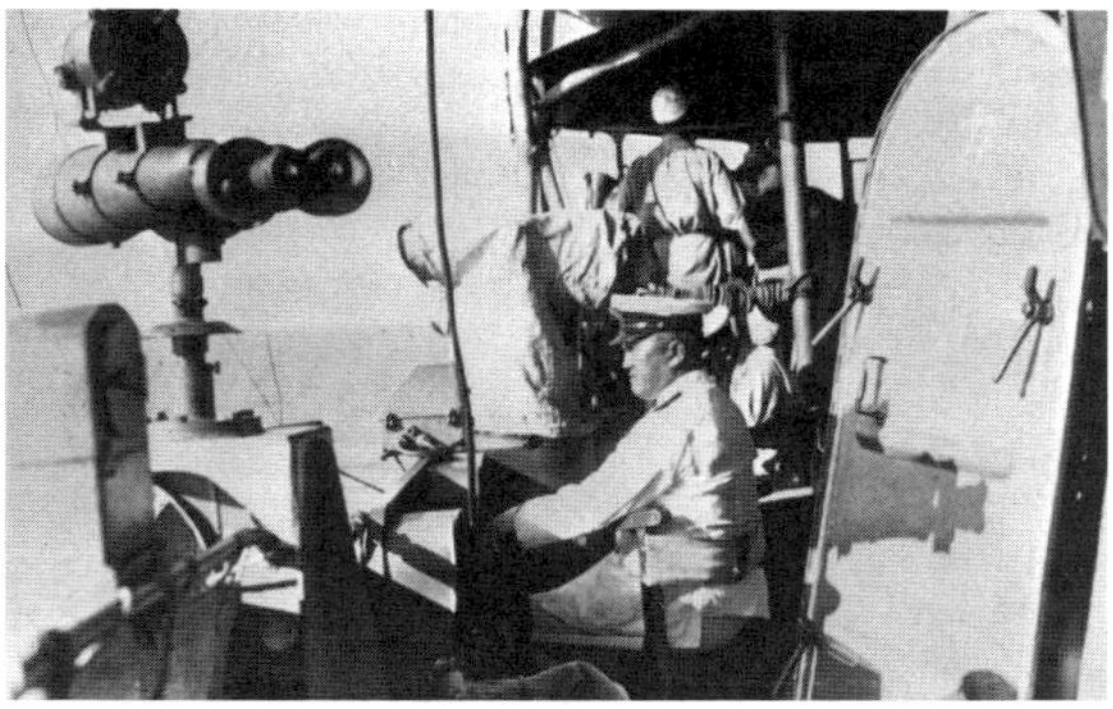

剛」の艦長と務めた。対米戦を睨んだ漸減邀撃作戦では「金剛」型は重巡を率いて夜襲を敢行、さらに決戦では戦艦としての砲戦力も期待されていた。そういう意味では生粋の水雷屋が艦長を務めるのは適任と言えるだろう。

　とはいえ、田中と言えばスラバヤ沖海戦での消極的な指揮がどうしても取り沙汰される。また、ルンガ沖夜戦は勝利に終わったものの、やはり「指揮官先頭」でなかったことを咎められ、その後、第二水雷戦隊司令官の職を解かれてしまう。

　その田中の後に第二水雷戦隊司令官となったのが小柳冨次で、太平洋戦争開戦時の「金剛」艦長だった。レイテ沖海戦では第二艦隊参謀長を務め、戦後は米軍の戦略爆撃調査団の調査に協力し、貴重な証言を残している。

第二艦隊司令長官時代の近藤信竹中将（重巡「愛宕」、1942年2月28日）

　その小柳の後を継いで「金剛」艦長に着任したのが伊集院松治で、この人もやはり水雷屋だ。「金剛」艦長の後に第三水雷戦隊司令官となり、ブーゲンビル島沖海戦を戦うも旗艦「川内」が沈没。救助されて生還したのち、第一護衛船団司令官となる。その後、船団護衛中に乗艦「壱岐」が米潜に撃沈されて戦死した。そしてそれから半年後、「金剛」もまた米潜に沈められたのだった。

【比叡】

「金剛」型の中で唯一練習戦艦となり、その後戦艦に復帰するも第三次ソロモン海戦で沈没。初めて失われた戦艦となり、どことなく不運さを感じさせる戦艦「比叡」。

　その一五代艦長となったのが嶋田繁太郎だ。嶋田は太平洋戦争の直前に東條内閣で海相となり、昭和一九年には軍令部総長も兼任。一見すると海軍の大物のようにも見えるが、「東條の副官」と揶揄されるなど、海軍内部での評価は低かった。

　ところで「比叡」が沈んだ時に艦長を務めていた西田正雄は、艦と運命を共にせずに生還した。自身も艦長を務めた「比叡」に対する思い入れがあったかどうかはわからないが、嶋田は西田に対して懲罰人事を行なったとされる。こういうところも不人気の理由の一つかもしれない。

　嶋田は塩っ気の少ない軍政家だったが、二一代艦長を務めた井上成美もまた軍政家だろう。とはいえ、塩っ気は少なくとも血の気が少なかったわけではなく、海軍省軍務局第一課長時代に軍令部条例の改定案を巡って南雲忠一と一触即発だったのは有名な話だ。その時のいざこざが尾を引いて井上は「比叡」艦長になったという経緯がある。もっとも、本人的には「比叡」艦長時代がもっとも穏やかで、もっとも充実していたようだ。

「金剛」二五代艦長・栗田健男

　その井上の後任の艦長に着任したのが海兵同期の大川内傳七である。井上とは対照的に艦隊勤務が長く、練習航海に四度も参加している異色の人物である。また、第二次上海事変の際に海軍陸戦隊を指揮したことでも知られ、指揮官先頭を地で行くような人物であった。

　開戦直前まで「比叡」艦長を務めたのが有馬馨で、「比叡」を降りた後に「武蔵」の艤装員長となり、そのまま初代艦長に着任した。そして有馬の後任として着任したのが前述した西田である。

　結果的に「比叡」は自沈する形となったが、西田はもともと艦と運命を共にする覚悟であった。しかし本人の強い意志に反して周りは説得を続け、半ば強引に退艦させている。それだけ西田が有能で貴重な人材だった証でもあろうが、生き残ったことは本人にとって果たして良かったのか、難しいところである。

【榛名】

「榛名」は大破着底状態とはいえ、

沖縄戦時の第二艦隊司令長官を務めた伊藤整一

「金剛」型の中で唯一生き残った戦艦である。太平洋戦争開戦時には「金剛」とともに南方作戦支援に赴いたが、その南方作戦で南遣艦隊司令長官を務めたのが小澤治三郎である。小澤は「榛名」の二七代艦長を務めている。

小澤と言えばマリアナ沖海戦やレイテ沖海戦における機動部隊の指揮が想起されるが、もともとは水雷屋で水雷艇の艇長や駆逐艦長、「金剛」の水雷長なども経験している。車曳きと言えば気性が荒いものだが、小澤も相当喧嘩っ早かったようで、中学時代には度々事件を起こしている。これで頭が悪いと単なる不良だが、小澤はもちろんその真逆で、海兵はもちろん海軍大学校（海大）にも進んでいる。また、新戦術を考案するなど戦術家としての才幹もあり、開戦時から機動部隊の指揮を執らせていたら、と考えるのは筆者だけではあるまい。

その小澤の後任艦長として着任したのが伊藤整一である。沖縄戦の時に第二艦隊司令長官として「大和」と運命を共にした人物というのはあまりにも有名だろう。

伊藤は少佐時代に渡米しているが、その時に米海軍のスプールアンスと親交を結んでいる。「大和」に対する攻撃を指揮したのはそのスプールアンスであり、歴史の皮肉と言うほかない。伊藤は作戦的合理性のない「大和」の特攻には反対していたが、軍人として命令には従い、己の使命を果たしたわけである。

無理な作戦と知りつつも、黙って任務を遂行することが軍人にとっての美徳であるとするならば、スリガオ海峡に散った西村祥治もまたそういう人物だろう。西村は「榛名」の三二代艦長を務めた生粋の水雷屋で、軍人生活の大半を海のうえで過ごしている。老朽艦とはいえ「扶桑」「山城」の二戦艦を率いて戦地に赴いた西村は、果たして何を思っただろうか。

「霧島」

じつは「霧島」の歴代艦長は、他艦に比べて有名人が少ない印象を受ける。たんなる偶然と捉えることもできるが、そういえば他の姉妹艦に比べて「霧島」はどことなく印象が薄い気がしなくもない。

その歴代艦長の中で名前が知られている人物と言えば三川軍一であろう。第八艦隊司令長官として、第一次ソロモン海戦を勝利に導いたことは有名だ。しかしガダルカナル戦が終結し、戦いの焦点が中部ソロモンへと移行した後の三川の足跡はあまり知られていない。他の提督に比べても、フェードアウトした感じが強いのだ。もちろんソロモン戦の後も各艦隊司令長官職を歴任してはいるのだが、戦史上にはあまり名前が出てこない。挙げ句、終戦になる前の五月に予備役編入となっている。第一次ソロモン海戦の立役者としてはあまりに寂しい引き際と言える。

その他の艦長としては三川の二代前、二三代艦長を務めたのが高橋伊望で、吉田善吾、永野修身、山本五十六という三人の連合艦隊司令長官を参謀長として補佐した人物である。開戦後は第二南遣艦隊司令長官、南西方面艦隊司令長官などを歴任し、その後、呉鎮守府司令長官。その時に「陸奥」の爆沈事故が発生している。やはりどうにもパッとしない。

もう一人、三一代の艦長を務めた白石萬隆も紹介しておきたい。太平洋戦争開戦時には近藤信竹のもとで第二艦隊参謀長を務め、その後、海大教頭職を経て第七戦隊司令官に補された。第七戦隊は重巡戦隊の一つで、マリアナ沖海戦ののち、レイテ沖海戦にも参加。そしてサマール島沖海戦では「ガンビア・ベイ」撃沈に戦功があった。

とはいえ、旗艦「熊野」は損傷のため追撃ができず、白石は「鈴谷」に移乗するもこれまた空襲により損傷。結局活躍したのは隷下の「利根」と「筑摩」だった。しかも「筑摩」と「鈴谷」は沈没。やはりパッとしない。

そういえば「霧島」の最期も夜戦で「ワシントン」から不意打ちを食らったのが原因であった。

「扶桑」

「扶桑」とは日本の別称であり、その名を冠するだけあって竣工当時は期待の新鋭戦艦だった。また、日本初の超弩級戦艦でもある。

その「扶桑」の歴代艦長の中でのちに有名になる人物というと米内光政が挙げられる。もっとも、米内は「扶桑」在任わずか四ヵ月足らずで「陸奥」艦長として転任している。

あるいは草鹿任一、阿部弘毅あたりも有名だ。

草鹿はもともと砲術専攻の鉄砲屋だったが、ソロモン方面での戦いが激しさを増す中で第一一航空艦隊司令長官に補され、さらにその直後に南東方面艦隊司令長官となって同方面の海軍作戦を指揮した。

そのソロモンで「比叡」「霧島」の第一一戦隊を率いたのが阿部だ。第二次ソロモン海戦や南太平洋海戦ではパッとせず、挙げ句第三次ソロモン海戦では二戦艦を失ってしまう。その結果、予備役編入となってしまった。ちなみに「信濃」艦長を務めた阿部俊雄は実弟である。

「山城」

南雲忠一、角田覚治というと機動部隊指揮官の印象もあるが、南雲は本来車曳き、角田は鉄砲屋だ。南雲はどうしてもミッドウェー海戦での敗北の印象が強いが、両人とも猛将であることは疑いない。そういう意味では「鬼の山城」にはもってこいの艦長だったと言える。ちなみに南雲は硫黄島で、角田はテニアン島で戦死している。どちらも陸の上で果てたのは、軍による懲罰と見えなくもない。

「龍驤」艦上の角田覚治中将（1942年7月13日）

角田の後に艦長に着任したのが五藤存知で、「陸奥」艦長との兼任であった。もっとも、五藤の「山城」兼任艦長時代はわずか二ヵ月ほどで、第二水雷戦隊司令官に栄転している。

五藤と言えばサボ島沖海戦における「ワレアオバ」の発光信号のエピソードが有名だが、結局それが元で艦橋に直撃弾を受けて戦死している。軍歴の大半を海上で過ごした生粋の水雷屋で、指揮官としても間違いなく有能だったと思われるが、混戦の中ではこういう誤謬も起こるということだろう。

「伊勢」

山本五十六の戦死に伴い、連合艦隊司令長官となったのが古賀峯一。古賀は大艦巨砲主義ながら、部内の反対を押し切ってロンドン海軍軍縮条約締結に尽力した理性的な将校だった。海軍省勤務が長く、重巡「青葉」に続いて「伊勢」艦長になったのも、将官に上がるためのステップということだろう。

古賀の連合艦隊司令長官就任は、該当者の中から見れば的を射た人選だったと言えるだろうが、あくまで艦隊決戦にこだわっていたあたり、過去の呪縛から逃れられていなかったのかもしれない。

それに対して、古賀が「伊勢」を去ってちょうど五年後に艦長に着任した山口多聞は現場の指揮官として内外で評価が高い。惜しくもミッドウェー海戦で命を落としたが、「多聞丸が機動部隊の指揮を執っていたら……」という声はよく聞くところだ。その多聞丸こと山口はもともと水雷、そして潜水艦専攻で、航空畑の人間ではなかった。それでも門外漢としての自覚から、航空の人間に対して敬意を払い、わからないことは一々確認していたところが並の人物ではないということだろう。そういう指揮官の下でなら、部下も思う存分自分の才幹を発揮できるというものだ。

一方、山口の二代後に着任した大森仙太郎も水雷畑だが、こちらは駆逐艦長や駆逐隊司令を歴任。しかし

戦艦「大和」の最後の艦長・有賀幸作

指揮を執った昭和一八年一一月のブーゲンビル島沖海戦では惨敗を喫した。その後水雷学校校長などを経て海軍特攻部長に就任し、「震洋」や「回天」など、水上・水中特攻の責任者となった。

その大森の後任として着任したのが高柳儀八で、太平洋戦争開戦時には「大和」艦長を務めていた。また、終戦により自決した大西瀧治郎に代わり、大森は最後の軍令部次長に就任している。

「日向」

「伊勢」艦長を務めた古賀はのちに連合艦隊司令長官となったが、「日向」艦長を務めた豊田副武は殉職したその古賀の後任としてGF司令長官となった。また、最後の軍令部総長でもある。

豊田は海兵時代の成績もまずまずだが、海大は甲種首席で卒業し、以後順調に昇進を重ねた。古賀とは同年生まれながら海兵入校は豊田が一年早く、そのこともあってか古賀の後任として連合艦隊司令長官となるのには抵抗があったようだ。

もっとも、豊田が着任したのは昭和一九年五月であり、「今更どうしろというのか」という気持ちも強かったかもしれない。結局、マリアナ沖に続いてレイテ沖海戦も惨敗。「大和」の水上特攻を裁可した後の五月に軍令部総長となった。この人事に昭和天皇は反対したといわれるが、危惧したとおりに豊田は大西瀧治郎と共に徹底抗戦を主張している。

「戦前と戦後で豊田の評価は一八〇度変わった」とは井上成美の弁だが、多くの海軍関係者が頷くところかもしれない。

豊田から六年後、二三代艦長に就任したのが宇垣纏である。太平洋戦争開戦時の連合艦隊参謀長であり、昭和二〇年八月一五日のポツダム宣言受諾後に部下を引き連れて航空特攻を決行した。

軍人としての死に場所を求めたことは理解できるものの、そのために多くの若者を同行させたことが批判の対象となることも少なくない。元来生真面目な性格で、付いたあだ名も「鉄仮面」。優秀ではあっただろうが、戦時に前線に出すべき人物ではなかったのかもしれない。実戦は、図上演習をやり直すようにはいかないということだろう。

その他、「日向」の艦長には先述した西村祥治のほか、松田千秋もいる。松田については「大和」の項で触れることにしよう。

「長門」

連合艦隊司令長官としての古賀について度々触れているが、その時に参謀長だったのが福留繁である。福留は「長門」の二二代艦長を務めている。

福留は海大を首席で卒業しており、戦術には一家言あるとされた。それもあってか太平洋戦争開戦時には軍令部第一部長の要職に就き、作戦面の責任者であった。もっとも、本来国家戦略を見据えて的確な作戦を立案するのが軍令部の役割だったはずだが、ややもすると作戦面では連合艦隊司令部に主導権を握られていた感がある。ただ、福留自身は旧態依然とした艦隊決戦思想から抜けきれておらず、航空戦が主体となった太平洋方面の作戦についてはヘタな口出しはしなくてよかったかもしれない。

ところが山本が戦死して古賀が連合艦隊司令長官になると、請われて参謀長に就任する。古賀としては用兵家としての福留に期待していたのだろう。しかし前述の通り、急速に変化する戦況に対応できず、期待する艦隊決戦も起こりそうにない。

そんな状況下で「海軍乙事件」が勃発。古賀は殉職し、福留は不時着後にフィリピンゲリラに捕まってしまった。この時に作戦計画書など重要書類一式を奪われたとも、捨てたとも言われるが、今のところ真相は

闇の中だ。はっきりしているのは、ゲリラとの交渉の末に戻ってきた時には書類を持っていなかったと言うことだけである

このあと連合艦隊司令長官となる豊田にしてもそうだが、平時には能吏でも、戦時に評価を下げる人物はいるものだ。なまじ期待が大きいだけに落胆も大きくなるのかもしれない。

もう一人、「長門」艦長を務めた人物として早川幹夫も紹介しておきたい。第一次ソロモン海戦時の旗艦「鳥海」艦長で、その後九ヵ月のあいだに「山城」と「長門」の艦長を歴任。昭和一八年末に第二水雷戦隊司令官に就任したが、翌一九年にオルモック湾海戦で戦死した。福留とは対照的に、戦時における有能な前線指揮官であった。

戦艦「武蔵」の二代艦長・古村啓蔵

「陸奥」

歴代の「陸奥」艦長には米内光政、吉田善吾、五藤存知など、すでに述べた著名人が多いが、ここでは堀悌吉を取り上げたい。

山本五十六や吉田と同期であり、軍政畑を歩いた逸材である。山本は言うに及ばず、後輩ではあるがうるさ型の井上成美からも信頼されていた、当時の海軍きっての人材といっても言い過ぎではないだろう。しかし艦隊派と条約派の派閥抗争の巻き添えを食う形で現役引退を迫られ、中将に昇進した翌年に予備役編入となった。

それからほどなくして日本はワシントン・ロンドン海軍軍縮条約から脱退、再び軍備増強への道を歩み始める。「堀がいれば……」と思うのは、当時の山本だけではないだろう。

「大和」

歴代「大和」艦長は六名、うち戦死したのは最後に艦長を務めた有賀幸作だけである。

「伊勢」の項で二代艦長高柳儀八については触れたが、その後任が松田千秋だ。松田は「大和」建造当時から関係があったが、それは松田が砲術専攻だったこととも関係があるだろう。「大和」艦長の後には第四航空戦隊司令官となって北号作戦を成功させている。

松田の後任は大野竹二、さらにその後任が森下信衛だ。松田が砲術の専門家なら、森下は操艦の神様で、実際「大和」の危機を巧みな操艦で度々救っている。その森田の後任が有賀だが、森下は第二艦隊参謀長としてそのまま「大和」に残留した。

有賀が「大和」に着任したのは昭和一九年一二月のことであり、もはや活躍の機会はほとんどなかった。それでも車曳きとして現場一筋に軍歴を重ねてきた有賀にとって、「大和」艦長就任は相当嬉しかったものとみえる。

だが、連合艦隊司令部は「大和」の水上特攻を推し進め、その結果有賀は第二艦隊司令長官の伊藤整一とともに「大和」と運命をともにした。なお、同乗していた森下は辛くも脱出し、この時の貴重な証言者となっている。

「武蔵」

日本海軍最後の戦艦「武蔵」の二代艦長が古村啓蔵で、森下とは海兵の同期である。「武蔵」を降りた後には第三艦隊参謀長、第一航空戦隊司令官を歴任し、昭和二〇年一月に最後の第二水雷戦隊司令官となる。そして「大和」の水上特攻にも二水戦を率いて同行し、旗艦「矢矧」が沈められると漂流しながら「大和」の最期を看取ったという。

その古村の後任が朝倉豊次、さらに後任が猪口敏平で「武蔵」最後の艦長となった。猪口もまた砲術の大家と知られ、「武蔵」艦長はまさに適任だったといえる。しかしシブヤン海で待ち受けていたのは敵戦艦ではなく、大量の航空機であった。結局「武蔵」は敵艦にその巨砲を発することもなく沈み、猪口もまた運命を共にしたのであった。

戦艦用語集ガイド

「長門」と共にビッグセブンの１隻として日本国民に愛された「陸奥」

●「弩級戦艦」「八八艦隊計画」等、日本戦艦に関する用語集！

■軍事ライター　堀場亙

◆弩級戦艦

今でも飛び抜けて凄いことの形容として「ド級」という言葉を用いるが、その由来は「弩級戦艦」、すなわち「ドレッドノート級戦艦」にある。ただし、「ドレッドノート」に同型艦はなく、ここでいう「ドレッドノート級」とは「ドレッドノート」と同程度の能力を持つ戦艦全般を指す。

ではなぜこの言葉が今に至るまで使われ続けているかといえば、それは「ドレッドノート」が当時としては他の戦艦と比べて隔絶した性能を持ち、従来の戦艦を一気に旧式に追いやったことによる。つまり、「ドレッドノート」は登場当時、唯一無二の強力な戦艦であり、それだけ列強各国に与えたインパクトが強烈だったからだ。

「ドレッドノート」が竣工したのは一九〇六年だが、その前年まで行なわれていた日露戦争で、日本の最新鋭艦である「三笠」の主砲は三〇・五センチ連装砲二基四門、速力は一八ノットだった。これに対して「ドレッドノート」は三〇・五センチ砲五基一〇門、速力は二一ノットである。片舷斉射力では「三笠」の二倍、速力は三ノット速い。

単純に言えば「ドレッドノート」一隻で従来の戦艦二隻分ということになる。そして三ノットの優速は、自ら望む戦闘は行ない、望まない戦闘は避けることができる。つまり戦闘のイニシアチブを完全に握れることを意味する。

この「ドレッドノート」の性能が公にされた時、驚愕しない海軍関係者はいなかった。なぜなら自国の戦艦がもはや役に立たないことを認めざるをえなかったからである。

こうして列強各国は「ドレッドノート」を建造した英国に遅れじと、競って弩級戦艦の建造に邁進することになったのである。

◆超弩級戦艦

ところがこの「ドレッドノート」の登場は、すでに行なわれていた建艦競争をよりエスカレートさせる結果となった。そして各国は次々に強力な新型戦艦を建造し始めたのである。その結果、「ドレッドノート」を上回る性能を有する戦艦が登場することになった。これが超弩級戦艦である。

超弩級の定義はいくつかあるが、もっとも的確でわかり易いのは主砲口径だろう。「ドレッドノート」の主砲口径は三〇・五センチだが、これを上回る口径の主砲を搭載した戦艦は概ね超弩級といってよい。

ちなみに「金剛」型は超弩級巡洋戦艦で、日本初の超弩級戦艦は「扶桑」型ということになる。

◆口径

戦艦に限らず、大砲の口径には二種類がある。一つは砲口の内径、もう一つは砲身長である。砲口の内径とは「砲の太さ」であり、砲弾の直径と同じだ。「大和」型戦艦であれ

大砲の口径には、「砲口の内径」及び「砲身長」の二種類がある（写真は戦艦「鹿島」）

ば四六センチである。

一方、砲身長は「口径長」とも呼ばれ、砲身の長さを砲口の内径で割った値を指す。逆に言えば、口径と口径長がわかれば砲身長もわかるわけである。

一般的に言って、同口径の場合は口径長が大きいほうが威力が増す。ただし口径長が大きいということは砲身重量が増すことを意味する。単純に口径が大きければ良いとか、口径長が大きいほうが優れているというだけで主砲の性能は比較できないのである。

◆大艦巨砲主義

戦艦とは大口径の主砲を複数搭載し、主として砲撃力によって敵艦を撃破することを目的とした軍艦である。したがって敵艦より強力な主砲を搭載し、敵の主砲を跳ね返す装甲を有する艦であれば戦闘に勝利する可能性が高まる。

この考え方は、敵国より高性能な戦艦を数多く配備するという発想にたどり着く。そして海を制するものは世界を制するというわけだ。

こうして列強各国は敵国より有利になるように、さらに大きな船体により強力な主砲を搭載した戦艦を希求した。これが大艦巨砲主義である。

しかし、やがて航空機が登場し、恐竜的進化を遂げた戦艦は、その座を航空母艦に取って代わられることになるのである。

◆帝國国防方針

日露戦争において日本はロシアに勝利したが、その後、日本は世界の中で国家としてどうあるべきかと考える必要があった。そこで軍は「帝國国防方針」を定め、これを国家戦略の根幹とした。この「帝國国防方針」には戦略方針の他、それを達成するために必要な戦力と、それをどう用いるかの概略が定められていた。

そして海軍は仮想敵国をアメリカと定め、これに対抗できる戦力整備を目指していくことになる。

◆八八艦隊計画

かつて明治期の日本海軍は、戦艦六隻と装甲巡洋艦六隻からなる戦力によってロシアに対抗したが、さらに強大なアメリカに対抗するためには戦艦八隻、巡洋戦艦八隻を基幹戦力とする必要があると考えた。これを八八艦隊計画という。

しかし海軍の軍備というものはたんに主力艦のみを建造すればいいというものではない。それに見合った補助艦艇や施設、人員も揃えなければならないのである。

また、八八艦隊計画では八年ごとに主力艦を更新し、それまで一線級だった戦艦を二線級として運用することを考えた。つまり合計二四隻の主力艦が現役ということになる。

当時の日本の国力を考えると途方もない計画のように思えるが、驚くべきことにそのための予算が国会の承認を得たのである。

これにより、日本は未曾有の戦艦建造を開始することになった。

◆ワシントン海軍軍縮条約

主力艦の大規模建造は日本のみならず、程度の差こそあれ当時の列強各国で行なわれた。しかし、それは膨大な国家財政を消費することに他ならない。しかも欧州各国は第一次世界大戦の結果、経済的に大きな打撃を受けていた。

そうしたことを背景に、主力艦の建造に歯止めをかけるべくアメリカが動き出した。そして大正一〇年にワシントンで軍縮会議が開催され、翌一一年に締結されたのがワシントン海軍軍縮条約である。

当時の戦艦の様々な概念を一変させた英戦艦「ドレッドノート」

もっとも、軍縮となるとどこの国がどれだけ削減するかが問題となる。一方的な戦力削減は自国の優位性を損ねるため、他国より少しでも有利になるように、どの国も激しい交渉を行なう。

日本は軍縮には賛成だが、主力艦の対米英比率七割という数字にこだわった。しかし結果として、議論の末に日本は対米英比六割を飲まざるをえなかった。

これはむしろ日本経済にとっては朗報だったのだが、軍部、ことに海軍にとっては敗北に等しい。そして主力艦が制限されたのなら、それ以外で戦力を充実させていこうと動き始めるのである。

◆排水量

ところで、せっかく条約によって各国の主力艦の保有量を決めたのに、その算定方法がまちまちでは意味がない。

そこで艦艇の重量、すなわち排水量をベースにしたわけだが、これまた各国によって定義がまちまちだった。

そこでワシントン海軍軍縮条約では「基準排水量」を定義した。これは満載排水量から燃料と予備罐水を引いた排水量である。

また満載排水量とは艦艇に乗員や弾薬・食料など、搭載すべきものの計画値をすべて盛り込んだ値、常備排水量は満載排水量の三分の二の値となる。

ちなみに排水量は実際に船を巨大な水槽に入れて溢れた水を計測する……わけではなく、設計図をもとにあくまで机上で計算して算出している。

◆ビッグセブン

ワシントン海軍軍縮条約では、建造途中の主力艦は原則として廃棄することとなった。この時問題になったのが日本の「陸奥」である。

軍縮会議の時点で「陸奥」はほぼ完成に近かったが、完全に完成していたわけではなかった。しかし、対米英比六割に押さえ込まれた日本としては、なんとかして「陸奥」は死守したかった。というのも、この時点で主砲に四〇センチを備えていたのは「長門」の他、アメリカの「メリーランド」だけだったからだ。

そのため、すでに就役していると見せるために、わざわざ病床患者を乗り込ませるなどの工作を行なった。こうした結果「陸奥」の保有はなんとか認められたものの、代わりにアメリカとイギリスもそれぞれ新艦二隻の建造を認められることになった。

そのことの是非は置くとして、こうして日米英で合計七隻の四〇センチクラスの主砲を搭載した戦艦が存在することになった。軍縮条約によって新艦の建造は禁止されたことから、この七隻が世界最強戦艦となったわけである。

そしてこれらを「ビッグセブン」と呼び、「長門」と「陸奥」は戦前の日本国民にもっとも愛され、誇りとされたのだった。

◆標的艦

ビッグセブンともてはやされ、親しまれた艦がある一方で、廃棄されて鉄くずとなった艦もある。あるいは、進水までしていた艦はそのまま捨てるのはもったいないとばかりに、標的艦となった艦もある。「加賀」型の「土佐」がそれである。標的艦とは要するに射撃訓練の的となる艦だ。

戦うために作られたはずなのに、味方の標的にされるとはなんとも虚しいが、むしろこの「土佐」のおかげで日本海軍はいくつもの貴重な知見を得ることができた。なにしろ「加賀」型戦艦は「長門」型に次ぐ最新鋭戦艦になるはずだった艦である。当然、装甲についても最新鋭の技術と知見が盛り込まれている。

そして実験を重ねるうちに発見されたのが砲弾の水中弾道特性だ。要するに、至近弾がそのまま沈下せずに標的の水線下で爆発して被害を与えることがわかったわけである。この貴重な知見を生かして作られたのが「九一式徹甲弾」で、艦隊決戦時の秘密兵器として期待された。

また、これ以外にも数多くの貴重な実測データを残し、「土佐」はその名にちなんだ高知の沖合で自沈処分された。

「長門」の他に40センチ砲を搭載していた「メリーランド」

◆ネイバル・ホリデー

ワシントン海軍軍縮条約が締結されたことで、列強各国はどうにか財政破綻から逃れることができ、世界はかりそめの平和を手に入れた。そして続いて締結されたロンドン海軍軍縮条約が効力を失うまでの期間をネイバル・ホリデー、別名「海軍休日」と呼ぶ。

もっとも、その名に反して日本では「月月火水木金金」を合い言葉に猛烈な訓練を実施して「量より質」の態勢をより一層先鋭化させていった。戦艦の数が足りないなら兵員の質や兵器個々の性能で勝るしかない、という発想である。

そして来たるべき条約失効時代に備えて新戦艦の検討を重ね、休日を謳歌することなく雌伏の時を過ごしたのだった。

◆砲艦外交

戦艦の役割とは何か。

言うまでもなく、敵艦と戦ってこれに打ち勝つことである。そして海戦の勝利を戦争の勝利に結びつけることにある。

しかし戦艦（あるいは主力艦）にはもう一つの役割がある。すなわち「抑止力」である。

敵を圧倒する戦力を保持していれば、相手は戦争を仕掛けることを躊躇する。一九世紀末から二〇世紀前半にかけては、まさに戦艦がその役割を果たした。

そしてそれは外交においても有効である。

要するに、相手国の領海（あるいは大河）に自国の艦艇を派遣して、外交的圧迫を加えて自国に有利な条件を強いることである。

むろん、砲艦外交においても最強の軍艦である戦艦の威力は絶大であった。また、強大な戦艦を建造・維持できるということは、それだけの国力があることを内外に示す意味もあったといえる。

◆ロンドン海軍軍縮条約

ワシントン海軍軍縮条約によって列強各国の主力艦建造には一定の歯止めがなされたが、代わりにその穴を埋めるべく準主力艦やその他の艦艇の整備に力が注がれる結果となった。ことに主力艦の比率を自らの要求以下に抑えられた日本は、戦艦の不足を巡洋艦で賄おうと考えた。

こうした動きを制するため、またさらなる軍拡を抑えるために開かれたのがロンドン海軍軍縮会議で、その条約内容は主力艦以外の補助艦艇の保有量を定めるものだった。そして日本は対米比率で重巡六割、軽巡・駆逐艦は七割、潜水艦は同率となった。また、併せて巡洋艦の定義もなされている。

この条約締結を巡っては海軍部内が大きく割れ、後々多くの禍根を残すことになった。もっとも、外交的に見ればロンドン海軍軍縮条約は日本にとってそう悪い内容ではない。ただ、国内的にはワシントン海軍軍縮条約以来くすぶっていた火種に燃料をぶちまける結果となった。

これにより日本海軍は「決戦海軍」としての性格を一段と強めていくことになる。

「加賀」型戦艦「土佐」。標的艦として数多くの貴重な実測データを残した

◆漸減邀撃

帝國国防方針によって日本海軍の主敵はアメリカと定められたことにより、戦力整備の基本方針は八八艦隊計画をベースとしたものになった。その一方で、不足する部分は兵員の質によって補おうとした。その結果、日本海軍の艦艇は個艦性能を追求し、兵員に過大な訓練を課した。

こうした背景には、対米戦を睨んだ作戦計画があった。それが「漸減邀撃」と呼ばれるものである。

その計画はかなり複雑精緻なもので、時代によって数々の修正が加えられ、最終的には芸術的なまでの計画に仕上げられていった。

概略としては、来寇する米艦隊を迎え撃ち、最終的には主力艦同士の砲戦によって雌雄を決するというものである。ただし主力艦の隻数に差があることから、本決戦以前に少しでも敵主力艦の戦力を削いでおこう（漸減）という数段構えの戦策である。

この漸減作戦の主役となるのが巡洋艦と駆逐艦である。夜襲による水雷戦を敢行して翌日の決戦を有利にしようというわけである。

これを遂行するためには高性能な巡洋艦と駆逐艦が多数必要になる。ところがロンドン海軍軍縮条約によってこれら補助艦艇にも制限が課せられたことで、この漸減邀撃計画を信奉していた者たちから猛反発をくらったわけである。

しかし、保有枠が決められた以上はその中でなんとかしなければならない。そこで排水量の制約の中で強武装の搭載を試みた。その結果、バランスの悪い艦艇となり、友鶴事件をはじめとする事故を度々引き起こすことになったのである。

◆第一戦隊

その漸減邀撃作戦構想の中で、もっとも重視されたのは戦艦部隊である。大雑把に言えば、艦隊の構成は決戦の主体となる戦艦部隊を中心とした第一艦隊と、夜戦を実行する第二艦隊とに分かれる。

その第一艦隊も複数の部隊に分かれるが、なかでも最新鋭の戦艦によって構成されるのが第一戦隊である。つまり第一艦隊第一戦隊とは、日本海軍におけるもっとも重要かつ優秀な部隊ということになる。少なくとも、空母機動部隊にその座を奪われるまではそうであった。

◆ジュットランド沖海戦

第一次世界大戦で行なわれたジュットランド沖海戦は、その後の戦艦建造に大きな影響をおよぼすことになった。というのも、それまでの防御方法を根本から見直す必要が出てきたからだ。

それまでの戦艦は舷側装甲、つまり垂直装甲を厚くして水平方向からの砲撃に耐えるように作られていたが、半面、甲板すなわち水平装甲は軽視しがちであった。

ところがジュットランド沖海戦では主砲の射程の延伸により、砲弾が目標の上から着弾するようになった。つまり、垂直装甲に比べて薄い水平装甲に命中して船体内で爆発、大きな損害が出ることになった。とくに速度を重視して水平装甲が薄かった巡洋戦艦は影響が大きかった。

この戦訓を取り入れて建造された戦艦を「ポスト・ジュットランド

型」とも呼ぶが、軍縮条約の結果ほとんどは廃艦の運命となったため、実質的にはビッグセブンのみということになる。

◆ヴァイタル・パート

ジュットランド沖海戦の戦訓により、水平装甲も厚くしなければならないことははっきりしたが、かといって垂直装甲なみに水平装甲も厚くしたのでは重量過多になってしまう。そこで考え出されたのが艦にとって重要な部分だけを集中的に防御しようという方法であった。これを集中防御方式といい、その防御されている部分のことを「ヴァイタル・パート」と呼ぶ。

具体的には前部主砲から後部主砲までの区画を指し、ここをどれだけ無理なくコンパクトにまとめられるかが設計の腕の見せ所となった。

◆蜂の巣甲鈑

艦艇にはいくつか弱点があるが、その一つが煙路である。どれだけ重装甲の戦艦でも、艦底にある機関部から、艦上にある煙突まで巨大な穴を通さなければならない。遠距離砲戦で敵の煙突を狙ってこれに当てられるものではないが、多数の砲弾が降り注げばそのうちの一発が煙路に命中しないとも限らない。もしそうなったら艦内部に大きな被害をおよぼすことになる。

そこで考案されたのが蜂の巣甲鈑である。あるいは防御格子とも呼ばれる。

甲板にある煙路の穴の部分を巨大な一つの穴にするのではなく、蜂の巣のように多数の小さな穴にすることで、命中弾に対する抗堪性を高めたのである。

◆衝角（ラム）

かつて、有効な飛び道具が存在しない古代時代には、軍船は自らの艦首を敵艦の側面にぶち当ててこれを破壊した。これをさらに有効にするために艦首下部に取り付けられたのが衝角（ラム）という突起物である。かつては木材だったが、のちには鋳鋼材などが用いられている。

衝角による攻撃は原始的とも思えるが、じつは日露戦争のころまで戦艦にはこの衝角が取り付けられていた。当時の最新鋭艦だった「三笠」にももちろん衝角があった。

しかし主砲の射程が伸びたことで戦艦が肉弾戦を行なう機会はほぼなくなり、それとともに衝角も姿を消した。

しかし、攻撃方法としての衝角は姿を消したが、今でも艦艇の艦首下部には巨大な出っ張りがある。これは武器ではなく「バルバス・バウ」といい、造波抵抗を抑えるためのものだ。ちなみに「大和」型には巨大なバルバス・バウがあるが、ここにはソナーが搭載されていた。

◆バルジ

船は水の中を進む乗り物である。したがって、喫水線下はできるだけすっきりしていた方が水の抵抗を受けずに速く進むことができる。

しかしその真逆に、戦艦の舷側下部には巨大な出っ張りがある。これをバルジという。

バルジにはいくつかの効用があるが、一つは排水量を増大させ、かつ船体の復原力を向上させる。また本来の装甲の外側にもう一つの外板を取り付けることで水線下の防御力を向上させる。さらに、そのバルジによって生じた空間に燃料などを搭載することで航続力が増すなどいいことずくめである。ただし、先述のように速度や運動性能とはトレードオフの関係にある。

日本でもワシントン海軍軍縮条約の締結後、各戦艦の近代化改装の際に取り付けられ、また新造戦艦には最初から装着されていた。

◆砲身命数

戦艦に限ったことではないが、軍艦に搭載されたすべての砲には寿命がある。大は主砲から小は機関銃の銃身に至るまで、すべてである。この砲身の寿命のことを砲身命数という。

なぜ砲身に寿命があるかといえば、発射のたびに巨大な圧力が加わり、砲身内部のライフリングが摩耗していくためである。摩耗が進むと砲身と砲弾の間に僅かな隙間が生じ、弾道が安定しなくなる。つまり命中しづらくなるわけである。また、最悪の場合は腔発、すなわち砲身内部で爆発してしまうことになる。

こうしたことを防ぐため、主砲の発射回数は正確に記録されていた。というのも、主砲は発射ごとに装薬量を変えることがあるからだ。また、発射した砲弾の種類も重要な要素である。

戦艦の砲身命数は意外と少なく、「大和」が搭載した九四式四六センチ砲だと二五〇回であった。

「大和」46センチ砲を命中させる方法

■元「大和」副砲長・海軍少佐
深井俊之助

巨弾を高くより遠くへ！

もともと、海上砲戦の目的は、敵艦に命中弾をあたえてこれを撃破、撃沈するためにあるが、敵に命中弾をあたえるには、大砲を操作する砲員の技量、そして兵器精度などいろいろな要素があるけれども、もっとも肝要とされていることは、目標の至近距離まで肉薄して、短時間内にできるだけ多数の弾丸をあびせるということである。

たとえばいまある目標に、命中弾をあたえようとすれば、二〇〇〇メートルの距離から射つよりは二〇〇メートルの距離で射つ方がはるかに容易であるし、また一定の時間内に三発射つよりは三〇発射った方が、その時間内に命中弾をうる率ははるかに高いということは、どなたでもわかっていただけることである。

ところが、このように砲戦が至近距離で行なわれるばあいには、自艦の攻撃の効果もあがるかわりにまた、相当の被害をうけることも覚悟しなければならない。そこでなんとかして、自艦に被害をうけずに敵を撃破する方法はないかと考えたあげく、敵弾のとどかないところから敵に有効な射撃を行なう（アウトレンジ戦法という）ことがもっとも賢明な策であるという結論になり、それいらいこの発想のもとに、主力艦の主砲の射程（弾丸の到達する距離）を延長することに全力がつくされたのである。

このことはとりもなおさず大砲の大型化を意味し、これに関連して一艦に何門の大砲を搭載すればいいか、大型化した大砲を自由自在に操作して、射撃の速度を向上するにはいかにするか、大型弾丸とこれを発射する装薬はどこに格納しておけばよいか、射撃のやり方はどうすればよいかなどなど——多岐多様にわたる幾多の問題を提起し、とうぜんの帰結として、これらの要求をみたすためには巨大な船体を必要とするという結論に到達したのである。

第一次大戦後、各国は「海を制するものは世界を制する」という考え方から、さきをあらそって海軍力の拡張にのりだし、前述の理由によりついに大艦巨砲時代を招来したのである。日本においても当時は、造船躍進の時代と称せられるように、朝野をあげて大艦巨砲の建造に協力した時代で、こんにち我が造船業界が世界に冠たる地位を持しているのも、そのよってきたるところが、この時代にあったことはうたがいない事実である。

このような状況下にあって、当時の国力を結集し、そしてまた祖国防衛の夢をたくして建造されたのが、「大和」「武蔵」であったのである。

戦艦「大和」は、前述のいろいろな戦術的要素を全部満足させてくれた、空前絶後の〝逸品〟であったことは、全世界がひとしく認めているところであり、すなわち「大和」の主砲は、四二キロの射程をもち、米国の最新型戦艦の主砲の射程が三六キロ前後であったのにくらべれば優に五キロ以上もしのいでおり、いわ

深井俊之助(ふかい・としのすけ)氏プロフィール
大正３年、東京出身。海軍兵学校62期卒業。専攻は砲術で「比叡」「初雪」「大和」「鳳翔」などを乗り継ぐ。昭和１４年に南支作戦、太平洋戦争開戦時は駆逐艦「初雪」砲術長。以後、南方作戦やソロモンの戦いを経て、レイテ沖海戦では「大和」艦橋で「謎の反転」の現場に居合わせる。第三航空艦隊参謀として少佐で終戦を迎える。平成30年12月現在104歳。

●〝戦艦を主兵とする艦隊決戦〟を夢みて登場したバトルシップ・「大和」の艦対艦の激しい砲戦はどのようなメカニズムをへて行なわれるのだろうか——元副砲長が解説する、体験的砲術講座！

〈上〉「大和」の同型艦「武蔵」に搭載された46センチ主砲

ゆるアウトレンジ戦法にぴったりの能力をもっていたし、速力においても最高二七ノットで米戦艦にくらべ、ひじょうな高速であった。

また防御面においても、あらゆる方面において完璧と思われるほどの配慮がしてあり、もしその使用目的と方法を誤らなければ、まさに不沈艦であったことにまちがいはない。

しかし、いかんせん運命のいたずらといおうか、「大和」建造中の昭和一四年（「大和」竣工は昭和一六年）ごろから航空機の発達がじつに目ざましく、これに関連していままでより考えられていた「戦艦を主兵とする艦隊決戦」という戦術思想に対し、航空兵力を主兵とする新しい戦術思想、すなわち航空兵力主戦主義が有力となり、軍備計画もしだいに航空兵力の増強に力をそそぐようになっていったのである。

だが、皮肉にも、世界に比類なき優秀戦艦をもち、米英の戦艦艦隊に対し絶対的に勝利を確信していた日本艦隊が、太平洋戦争開戦へき頭のハワイ攻撃、そしてマレー沖海戦において航空兵力をもって、みごと米英の不沈艦を攻撃、撃沈したことにより、近代海戦の主兵は航空兵力であることを実証したのである。

かくして太平洋戦争中においては、この大艦巨砲時代に想定されていた日米両艦隊が堂々の陣を張り、砲戦をもって雌雄を決するというような場面は一度もなく、日本海軍誕生いらい幾多の海戦においてはなばなしい戦果をあげ、日本艦隊の主役として君臨してきた、戦艦の主砲も、その王座を航空機にゆずらなければならなくなり、巨額の費用を投じ、全国民の期待をになって登場した戦艦「大和」「武蔵」も、宝の持ちぐされになってしまうのである。

航空機をはじめとしてレーダー、コンピューターと機械文明の画期的な発展をとげた今日における未来戦の様相は、私の理想のおよばないところであり、いまここに七〇年も昔の砲戦の話をするのもいかにもアン・タイムリーかとも思われたが、むかし宮本武蔵が剣にささげた一生を、いかに生き抜いたかということに、いまなお深い興味と感銘をおぼえるのと同様に、かつてのあの勇名をはせた日本の連合艦隊の乗員が、国防の重責を一身ににない、そしてその青春のすべてをかけて精進した海上の砲戦とは、どんなものであったかを、御了解いただければ、幸甚である。

〝射撃指揮所〟と〝発令所〟

太平洋戦争当時の海上砲戦について、その概要を説明するためには、まず、射撃法の原則と、射撃に関連するいくたの装置について、御理解をいただかなくてはならない（本文においては戦艦の主砲が、水上艦艇を攻撃するばあいについて略述することにして、副砲については主砲とほとんど同様であり、また高角砲、機銃についてはその操縦性をとくに重視してある点で、多少の差異はあるが、原則的には大差がないものと考えていただきたい）。

まず一連の射撃で目標に命中弾をあたえるためには、一斉射撃をおこなって夾叉（きょうさ）弾をうることである。

いまかりに一〇門の大砲で一目標を射撃するばあいに、射撃の方法として、一門、一門自由に射撃をおこなわせる方法と、またたとえば五門の二群にわけて、一群あて統一して発射する方法、あるいはまた一〇門全部をいっせいに発射するばあいと、いろいろの発射法が考えられるが、射撃学理上、多数の大砲をいっせいに発射するばあいが命中弾をうる公算がもっともおおいとされている。

そして、この斉射撃は水面に落下するときは、あたかもツメのようなタテ軸のひじょうにながい長楕円形の範囲に落下し（この着弾の範囲を散布界と呼ぶ）、そしてこの着弾範囲内に目標があれば命中弾をうける公算は非常に高いのである。

このように一斉射撃の着弾範囲内に目標を捕捉すること、すなわち何発かが目標より遠く、また何発かが目標よりちかいような斉射撃を夾叉弾と呼んでいた。遠距離射撃においては、小銃のように一発一発をねらって打つのではなく、多数弾をいっせいに発射して、この散布界（着弾の範囲）内に目標をとらえること、すなわち夾叉弾をうることをもって終結の目的としていた。

というのは、夾叉弾においては命中弾をうる公算が非常に高いので、数斉射夾叉弾をつづければ、かならず一発以上の命中弾があるからである。また理論上散布界内の弾丸のかずは多い方が、そしてまた散布界は小さい方が命中弾をうる公算が多い（日本海軍においては砲の種類、艦種、そして砲員の訓練の度合によってことなるが、この散布界はおおむね三〇〇メートルから六〇〇メートルくらいであった）。

つぎに、この射撃関係の装置が艦上のどのへんにあって、どんなふうなはたらきをしていたか、ということについて説明しよう。

射撃関係装置はこれを大別すれば、前檣楼頂上にある射撃指揮所と測距儀、その真下で船体の防御された区画内にある発令所、および各砲塔の三つの主要部分にわけることができる。

射撃指揮所というのは、射撃指揮官（砲術長）がおり、射撃全般を指揮統率するところで、前檣楼頂上（「大和」のばあいは水面上四七メートル）にあり、ここからは三十数キロの目標をみることができた。また、ここには方位盤という装置があって、発令所、砲塔と電気的に連絡されていた。

方位盤というのは、目標を照準する超大型望遠鏡と、この望遠鏡が目標を照準したとき、その方向を各砲塔にこっこくつたえる電気装置、そしてここで引き金をひけば各砲塔の弾丸をいっせいに発射することのできる発射装置とを一つにした装置で、この装置には、旋回を受け持つ旋回手と、俯仰と発射を受け持つ射手との二名が配置されていた。

前述のように砲戦距離が漸次増大して二〇キロから二五キロくらいになると、目標は甲板上や砲塔上からは水平線のむこう側になるので全然みえない。したがってこのような、遠距離の目標を射撃するためには、方位盤の超大型望遠鏡で目標を捕捉照準して、その方向をこっこく電気的に各砲塔につたえるという方法がとられていた。

たとえばいまかりに、目標が艦首から右舷六五度の方向にあるばあい、方位盤でこの目標を照準すると、各砲塔にある受信器の指針が右六五度を指示するので、砲塔の方向をこの指針にあわせることによって、方位盤の望遠鏡と砲塔とは、正確に同一目標に指向することになるので、砲塔側からみえない目標に対してでも、正確に砲を指向することができるのである。

また前述のように射撃の効果をあげるためには、全砲の一斉射撃がもっとも有利であるから、方位盤射手が方位盤に装備されている引き金をひくことにより、全砲がいっせいに発砲するようになっていた。

発令所というのは船の防御区画内にあって、射撃に必要な諸要素を計出する頭脳の役目をしており、また、一斉射撃をおこなうために砲塔の状況をチェックして、方位盤射手に発射の時機を通報する連絡係の役目をするところである。

すなわち発令所内には、射撃盤という大型の計算機があって、目標までの距離、目標の針路、速力、自艦の速力など各種のデータを計測して注入すれば、自動的に射撃に必要な要素（射撃諸元という）を算出して、これを指揮所と各砲塔に電気的に返信することができるようになっていた。

さらにまた発令所においては、円滑に一斉射撃をおこなうために、各砲塔から弾丸、装薬を装填し、方位目標によって砲を正確に目標に指向して、射撃準備を完了したむねの報告をうけ、これがそろったところで、そのむねを方位盤射手に通報して、引き金をひかせ、いっせいに発射するよう、発射時機を管制する大事な仕事を分担していたのである。

命中への四つのテクニック

さて砲塔の構造は、御存知のことと思うが、甲板上にひじょうに分厚い鋼板で防御された大砲と、その真下の地下一階に弾丸を格納する弾庫、そして地下二階に装薬を格納する火薬庫があり、この三者はひとつの塔となっており、大砲が旋回すると弾庫も火薬庫も一しょに旋回するようになっていたのである。

なお、砲の旋回俯仰（ふぎょう）から弾薬装薬の移動、上げおろしはすべて強力な水圧機械で操作されるようになっていたが、この砲塔の重量は「大和」のもので一基二二〇〇トン、三基で計六六〇〇トンとおどろくほどの重量があったのである。

以上のことをかんたんに要約すると、方位盤射手が射撃指揮官の命令により目標の照準をはじめると、この方向が電気的に各砲塔につたえられ、この指示目盛によって各砲塔は、砲を目標に正確に指向する。

方位盤射手は各砲の準備の状況をみて適時引き金をひき、正確に目標に指向している砲だけを発射させる——という段取りになっており、このような装置を総称して、方位盤射撃装置とよんでいた。太平洋戦争開戦時には、駆逐艦以上の艦砲には多少の構造の差はあったが、全艦この装置を装備していたのである。

いままでのべてきたところで、方位盤により目標を捕捉照準して、各砲塔を目標にむけ、発射準備完了の状態になるまでの仕組みがおわかりいただけたと思うが、このまま弾丸を発射しても、決して命中はしない。というのは射撃指揮官は、つぎの必要なデータを考慮して、砲の指向する方向を修正して命中弾をえ、砲戦の目的を達成するように努力しなければならないのである。

砲戦は自艦も敵艦も戦闘速力（最大速力）でばく進しながら戦われるのがふつうで、いまかりに三〇キロの距離にある目標にむかって発射された弾丸は、水面に落下するまで約一分くらいの時間がかかるので、自艦の速力による偏位、弾丸の飛行中におこる目標の移動、風向・風速による影響などなかなか複雑な要素をはらんでいるのである。

つまり発射された弾丸を目標に命中させるためには、射撃諸元（命中弾をうるために必要な射撃の諸要素のこと）を計測し、修正をくわえなければならない。つぎにその射撃諸元について説明しよう。

◆弾丸を左右に偏位させる諸データについて。

(イ)自速による弾丸の偏位＝汽車の窓から物を投げると、なげたものがしばらくついてくるように感じるのとおなじ理くつで、航行中に発射された弾丸は、その速力に応じて、直角分力だけ左右に偏位する。

(ロ)風向・風力による偏位＝弾丸は飛行中風向・風力に応じて左右に偏位する。

(ハ)敵の移動による偏位＝前述のとおり弾丸の飛行中に、目標が左右に移動するためにおこる偏位であって、いまかりに三〇ノットの速力で真横に走っている目標に三〇キロの距離から弾丸を発射したばあい、目標は三〇ノットで走っているのであるから、弾丸が水面に到着するときには、もとの位置から約九〇〇メートル左右にうごいている計算になる（弾丸は三〇キロ飛行するのに約一分かかる）。

戦後米軍が撮影した戦艦「長門」艦内の射撃盤計算装置（写真提供・原　勝洋）

㈡地球自転による影響。

以上の諸要素は、自艦の速力・風向・風力、敵の針路・速力をはかって、発令所内の射撃盤に注入すれば、自動的に計算されて、修正すべき上下左右の角度に換算され、電気的に各砲塔の方位盤よりの受信器目盛に合算されるようになっているので、方位盤の射手は、終始目標を照準していれば、目標の方向を正確に砲塔につたえることになるし、砲塔においては受信器目盛を忠実に追従すれば、修正された角度に大砲をむけることになり、いつ発射しても、弾丸は目標に命中する状況にセットされるわけである。

天下一品だったわが測距儀

さて、前項の射撃盤に調定注入するデータのなかで、自艦の速力、風向・風力、についてはかんたんに、しかも正確に測定することができるが、目標までの距離、目標の針路、速力の測定（測的という）は難事中の難事であって、またこれらの諸要素の正否は、命中弾をうるかいなかの分岐点になるので、射撃上もっともたいせつな事項のひとつであった。

ところで、どの戦艦をみていただいてもわかるように、その前檣楼の頂上に、むかしのおいらんがさしていたクシのように両側につき出た細い棒状のものがあるが、これが目標までの距離を計測する測距儀であって、「陸奥」「長門」に装備してあったものは、全長一〇メートル、「大和」のものは全長一五メートルであった。

この機械は、最近のカメラにとりつけてある距離計とまったくおなじ原理のもので、ふたつの像をかさねることによって、目標までの距離を計測することができるようになっており、その精度は、基線長（全長）に比例するので、「大和」装備のものはその主砲の射程にあわせて四十数キロで、かなりの精度をもっていたのである。

この測距儀で、計測された目標までの距離は、ただちに発令所内の射撃盤に注入され、大砲の仰角に換算されて、各砲塔に電気的に送信され、距離に応じて必要な仰角を大砲に調定するいっぽう、他のデータと合算されて、自艦と目標との距離の変化するわりあい（変距という）を算出して、このわりあいから数十秒さきの目標の位置を計算し、その点にむかってた弾丸を発射する仕組みになっていたのである。

すなわち、いま一分間に三〇〇メートルのわりあいで近接する目標に対して、距離三万メートルで発射するとすれば、弾丸の飛行する時間が一分であるので、二万九七〇〇メートル（大砲に調定する距離で照準距離という）の地点に着弾するように仰角をかけて、うっておかないと命中しないということである。

また敵の針路、速力は前述のとおり命中弾をうるための絶対必要な要素であるが、これを自艦上から測定する装置はまったくなく、飛行機観測によるものが、もっともてきとうであると考えられていたが、その精度はまだじゅうぶんでなく、とくに敵機の妨害のあったばあいには、まったく正確を期しがたいので、砲戦を指揮するものとしてはいちばん苦労したもののひとつであった。

すなわち水平線より手前の目標に対しては、甲板上の構造物などのむきによってだいたいの針路を、そしてまた艦首や艦尾の水面上の白波の状況から、その速力を推測することができるように、日夜訓練にはげんだものであるが、三十数キロの遠距離目標はその大部分が水平線のむこう側にあり、マストくらいしかみえないので、この針路速力は、飛行機

戦艦「長門」の艦橋頂部に搭載された10メートル測距儀

の観測を採用するか、周囲の状況から推定するよりほかなかったのである。

太平洋戦争の末期になって、各艦にレーダーが装備され、夜間やスコール中のようにみえない目標に対する射撃も実施されるようになったが、このレーダーによって計測された各データ（方向、距離など）は測距儀のそれとは精度において雲泥の差があり、米軍がレーダーを使用して、まことに有効な射撃を実施していたのに反し、わが軍においてはまだ実用の域にはほど遠い状況で、われわれ砲戦関係のものの連日連夜の猛訓練にもかかわらず、発射した弾丸がとんでもない方に飛んでいったりする、笑えないハプニングがたびたびあり、対水上艦艇に対するレーダー射撃は、ぜんぜんものにならなかったことを申しそえておく。

かくて砲戦準備は完了す

さて以上で射撃の装置と弾丸を発射するまでのいろいろな操作について概略の説明をおわったので、つぎに砲戦がどのようにしておこなわれたか、ということについてお話ししてみたいと思う。

この太平洋戦争中、筆者の経験したマレー沖、バタビヤ沖、そしてソロモン諸島における数度の砲戦は、いずれも夜戦であったし、最後に「大和」乗組員が遭遇した、レイテ沖の海戦は、早朝からの戦闘ではあったが、きわめて特殊な状態でおこった砲戦であったので、これらの史実にもとづいて、海上砲戦の推移を説明することはむずかしいので、話をわかりやすくするために、われわれがつねに想定し、訓練をつづけてきた艦隊同士の砲戦について説明しよう。

飛行機、潜水艦などの索敵によって発見した敵艦隊に対しては、ただちに飛行機または潜水艦をもって触接（尾行すること）し、これらの飛行機または潜水艦からの敵情報告と、誘導によって、会敵時にはもっとも有利な態勢を獲得できるように接敵運動をしなければならない。

このことは黄海海戦、日本海海戦をはじめとし、世界の海戦史上であきらかなとおり、終始戦闘の主導権をとり、勝利への第一関門であることは疑いのない事実であるが、これは艦隊の最高幹部の担当する重要課題であるので、ここでは割愛することにする。

ところで砲戦開始の第一段階は、目標艦隊の態勢、陣形、針路、速力など敵情をくわしく観測することであるが、数十キロもはなれた敵艦隊は艦上からみることもできないし、また必要なデータを測定することもできないので、ここで艦載機を使用することになる。

艦載機はふつう巡洋艦以上の大艦には一機から数機搭載されており、その任務も索敵、偵察、触接、測的、弾着観測などひじょうに多岐にわたっていたが、戦艦の搭載機は、砲戦のための測的を任務とする測的機と、主砲弾の落下地点を観測する

サマール沖海戦で「大和」以下栗田艦隊の砲撃をうける米護衛空母

弾着観測機にこれをあてるたてまえになっていた。

すなわち戦艦においては、砲戦開始前になるとまず艦載機をカタパルトから射出して、うち一機は、敵情を偵察し、また敵の針路・速力を測定し、必要なデータを送信する、測的任務につかせるのが常道であった。

砲戦の第二の段階は、敵が射程内にはいり、有効な射撃のできる距離になりしだい、ただちに射撃を開始できるように諸般の準備をととのえることである。

射撃指揮官は飛行機からの報告により、体勢を判断して、まず射撃の目標を選定し、これに対して、測定可能な各種のデータ（自艦の速力、風向、風速、敵針、敵速、距離など）をできるだけ正確に測定して、発令所内の射撃盤に注文し、計算された射撃の諸元を各砲塔に伝達させ、砲の旋回、俯仰角度を決定する。各砲塔においては、弾丸、火薬を装填し、砲を指示方向に旋回俯仰して、発射準備を完了した状態で待機しなければならない。

第三の段階は、いよいよ目標に接近して目標がみえだしてから、初弾発砲までのあいだである。目標に接

近していくうちにまず目標艦のマストが、さらに接近するにつれて檣楼、上部構造物とつぎつぎに水平線上にあらわれてくるが、この時機になると檣楼の頂上にある測距儀による、目標までの距離の測定が可能になり、その測定値をこっこく射撃盤に注入することによって、あらかじめ計出されていた射撃の諸元も、いっそう正確に修正されてくる。

　いっぽう、方位盤の射手も方位盤装置を使用して、目標を捕捉照準できるようになるので、各砲塔においてもこれらにあわせて正確に目標に指向し、射撃の準備を完了することができるのである。砲戦の性質上、敵よりもはやく砲撃を開始して、一刻もはやく命中弾をうることが強く要求されていたので、この第三段階における各部の操作は、ひじょうに迅速で、かつ正確でなくてはならないが、猛訓練の結果、これらの操作はじつに手ぎわよく、短時間に完了することができたのである。

　砲撃は艦長の命令によって開始されるが、このように必中を期して準備された初弾であっても、かならずしも夾叉弾をうるとはかぎらないので、初弾の弾着後は、この弾着を観測し、いちはやく夾叉弾をうるように、射撃を指導していくのが射撃指揮官の任務である。

サマール沖の“初弾命中”

　着弾観測機の利用できる遠距離射撃においては、着弾時に目標と散布界（一斉射弾の着弾範囲）の中心との距離を観測機から通報させて、第二斉射時の照尺距離（じっさいの距離に必要な修正をくわえ大砲に調定する距離）を決定して発射し、すみやかに夾叉弾を期待することができるが、観測機の利用できないばあいまたは中近距離の射撃においては、弾着時の水柱と目標との関係から射弾の状況を判断して、すみやかに夾叉弾をうるように射撃を指導していかなければならない。

　第1図のように照尺距離三万五〇〇〇メートルで初弾を発射してのような弾着があったばあい、観測機はさっそく散布界の中心と目標との距離（第1図でℓm）を測定して射撃指揮官に報告する。射撃指揮官はこれにより初弾の照尺距離をℓm修正して発射することにより、図のように夾叉弾をうることができるわけであるが、じっさいにおいては、観測機の測定誤差をはじめ、各種の誤差がかさなりあって、そうかんたんに夾叉弾をえられるものではないが、この要領をくりかえすことによって、比較的すみやかに目的をたっすることができたのである。

　観測機の利用できない射撃においては指揮官は前述のように着弾時にあがる水柱と目標との遠近を判読して、あらかじめ学理的（数学確率の計算）に研究案出された一連の射弾の指導法によって、つぎつぎと射弾を指導して、夾叉弾をうるように努力するのである。

　かんたんにその射撃の指導法を説明するとつぎのとおりである。
　①照尺距離二万メートルで初弾を発射し、第2図のような弾着があったばあいは、第二弾は(−)六〇〇メートルすなわち一万九四〇〇メートルの照尺距離で発射する。
　②第二弾が実線のように目標よりもちかい弾着であったばあいには、(+)三〇〇メートル、すなわち一万九七〇〇メートルで第三弾を発射することにより、夾叉弾をうることができる。

〔第1図〕飛行機観測を利用したときの射撃の推移

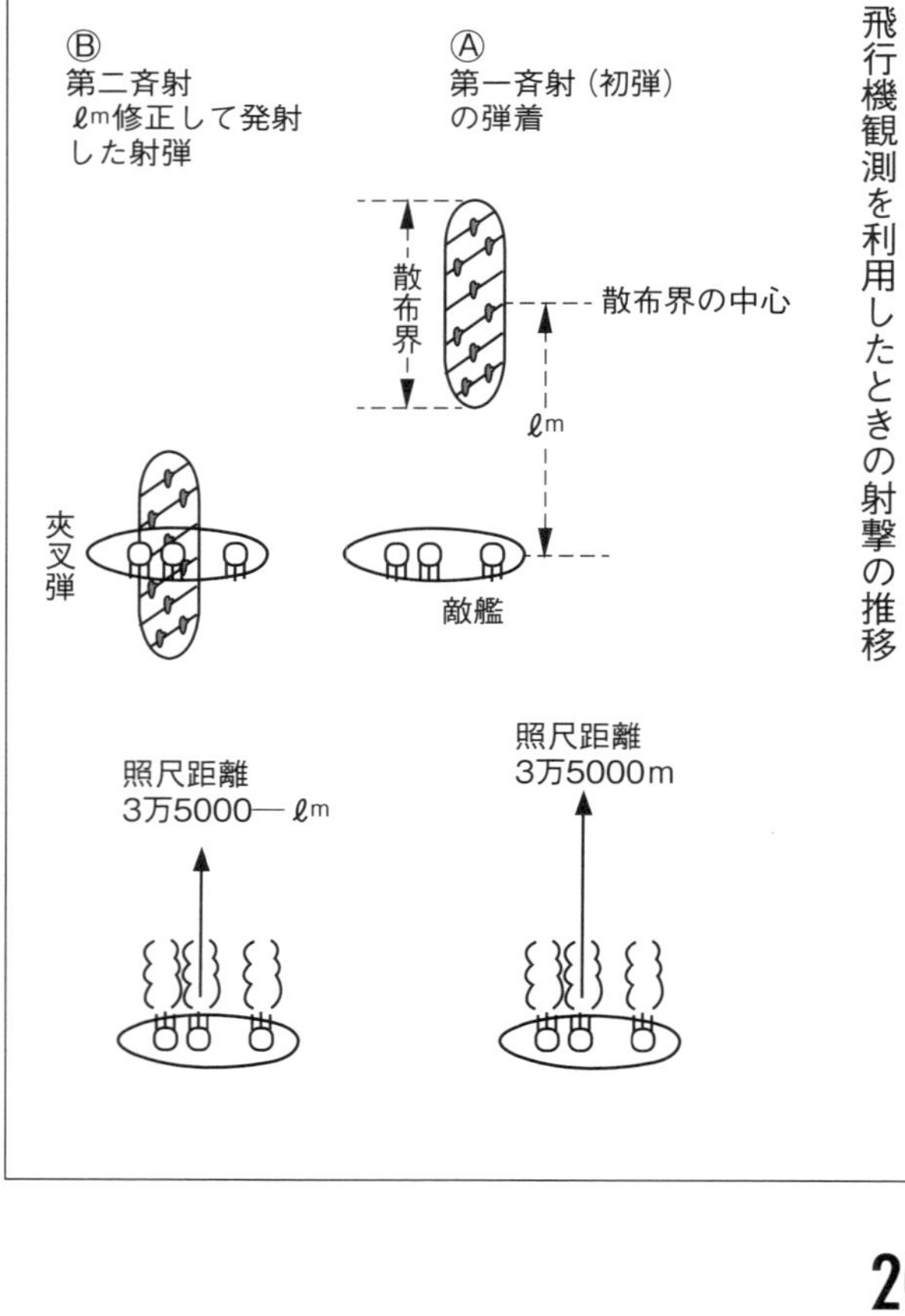

作図・佐藤輝宣

③第二弾が線のようにふたたび遠弾であったばあいには、さらに㈠六○○メートルにて第三弾を発射する。

④第三弾が点線のように遠弾から近弾になったら、㈩三○○メートルで第四弾を発射すれば、おおむね夾叉弾をうることができる。

この原則を適宜応用することによって特別の錯誤のないかぎり数斉射めにはかならず夾叉弾をうることができるのである。

戦艦「大和」がレイテ沖海戦中、サマール島沖で遭遇した、敵空母群との砲戦は日の出直後、敵潜水艦攻撃に対し、厳重な警戒をしていたときに、まったく思いがけなく水平線上に四本のマストを発見し、この遁走する敵に対し全速力で追撃しながらおこった砲戦で、「大和」主砲発射時は、敵空母から飛行機の発進するありさまが手にとるようにみえる距離（約三万メートル）であったが、初弾からみごとに命中弾をえて、敵空母一隻が黒煙をあげ、大傾斜して撃沈していくのを目撃している。その後不幸にしてスコールにみまわれ、また敵駆逐艦のみごとな煙幕展張のため以後射撃の効果をあげることはできなかったのである。

が、筆者は当時副砲長として副砲を指揮して、この煙幕展張運動をおこなっていた敵駆逐艦（「ホール」）を砲撃して距離約七○○○メートルで沈没させ、溜飲をさげたことを記憶している。

このサマール島沖海戦は前述のように砲力のまったくない敵空母に対する追撃戦で、約一時間後にはあびるほどの敵爆弾の洗礼をうけたが、砲戦中はまったく攻撃をうけておらず、したがって指揮官以下きわめて冷静に、平素修得した技量をじゅうぶん発揮できたものと思う。

さて通常、砲戦においては自艦にもまた被害があるのがふつうであって、砲戦関連装置の故障に対する応急措置についても、平素からじゅうぶん研究準備しておかなければならないことは申すまでもないことである。

前檣楼の頂上にある射撃指揮所は、射撃指揮装置が完備しており、また方位盤が設置されているので、遠距離射撃を行なうためにはもっとも肝要なところであるので、射撃指揮所が破壊されるといかに有力な砲塔をもっていても、射撃効果がいちじるしく低下することは自明の理であり、そうなっては戦艦ほんらいの戦力を発揮できなくなるので、これとまったく同一の装置を有する、予備指揮所が後部マスト頂上に準備されており、また人員損傷の事態も考慮にいれて、射撃指揮官にかわるべき予備指揮官と、予備の方位盤員など必要な人員も常時配備されていた。

そして有事のばあいには即刻、射撃指揮を継承して一刻といえども、射撃の効果が低下しないように準備がしてあったものである。

不幸にして、これら前後部の射撃指揮所が破壊されたばあいには、もはや方位盤による一斉射撃は不能となり、各砲塔ごとに砲側にて目標を照準して射撃を行なう、砲側照準射撃に転換せざるをえない状況となり、至近距離でなければ射撃の効果も、いちじるしく低下するものと思わなければならない状態であった。

以上が海上砲戦についての概要であるが、はなしはひじょうに専門的であり、またみじかい紙面ではじゅうぶん説明しきれない点が多々あるので了解に苦しまれたことと思うが、賢明なる読者諸兄の御判読を期待してこの項をおわりたいと思う。

（「丸」昭和四八年四月号掲載）

〔第2図〕艦上で弾着を観測する射撃の推移

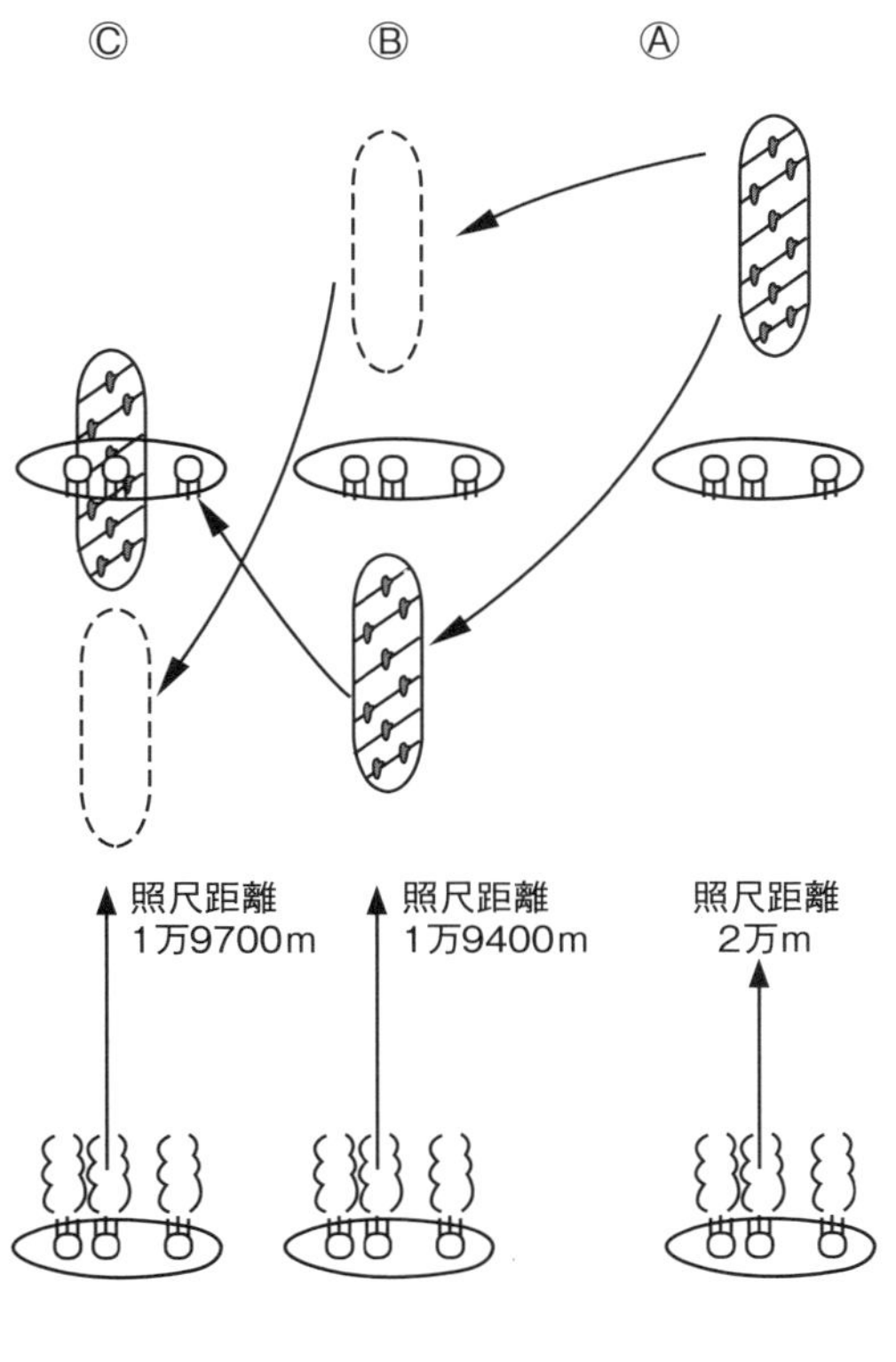

Ⓐ Ⓑ Ⓒ

照尺距離 2万m

照尺距離 1万9400m

照尺距離 1万9700m

作図・佐藤輝宣

こがしゅうとの「伊勢」型戦艦

「伊勢」型戦艦…十二隻近代戦艦のうちで最も色々と言いたいフネたちだ。

ここで筆者のその想いをぶちまけたいと思う。「伊勢」型は試行錯誤の中、実験的要素が強かった「扶桑」型で発覚した悪所を改善、『戦艦』という目的では及第点となった。しかし『フネ』という面では居住性は相変わらず悪いままであったのだが。そんな「伊勢」型に転機が来る。いや来てしまった。それは「伊勢」型戦艦の「日向」に砲塔爆発、六つある砲塔の一つが多くの砲手達と共に吹き飛んでしまった事故だ。これにより破壊した砲塔を撤去、応急処置として井戸のように艦底まで達するバーベッド上に装甲を敷き、そこに機銃を配置した。これをこのまま使っていれば良いものを度重なる航空母艦亡失の穴埋めとして改造されることになった。折角、戦艦として及第点のフネだったのにドックへ入渠したら図のような容姿になってしまった。具体的に記すなら六基ある砲塔、後部五・六番の砲設備を撤去、そこに箱を被せ飛行甲板とし四番砲塔横に長大な射出機を二基設置した。この追加した格納庫内には資料によって差違があるのだが二〇機程の艦上機を搭載、両舷に追加された射出機で次々と発艦させる…という戦艦であり、航空母艦でもあるフネとした。ここまでが事故に遭った「日向」の顛末だ。以下からは筆者の想いを述べることにするのだが本改装が最悪なのは、この改装を施したのが「日向」だけでなく無傷である姉妹艦の「伊勢」まで施した、ということだ。

図は昭和十八年九月、改装直後の「日向」全体像。

何故、こんな無駄でバカなことをしたのだろうと筆者は釈然としない。

この改装で生まれ変わった「伊勢」型航空戦艦で敵艦艇を何杯も撃沈し占領されてしまった島嶼を鮮やかに奪回したら評価はガラリと変わり「大和」型戦艦にも同じ改装を施せ！　と考えを改めていただろうが、現実としては昭和二〇年年頭の「北號作戦」では搭載航空機の無いデッドスペースとなったこの格納庫を貨物庫として使い強行輸送を成就させたが、これは戦艦の強さと航空母艦の役割を合わせ持つスゴイフネにする！　と目論んでいた形ではない活躍であり、筆者はこの改造を思うと腹立たしく悔しい思いだけだ。

…この形への改装期間、「伊勢」型二艦を預かる工廠は新造すべき艦艇等も、また満身創痍の補助艦艇等も叩き出し持てる能力の大部分を注ぎ込むことになった。

…拙い我が国の工業能力、数少ない限られた施設だ。こんな貴重な施設、他にやることが沢山あっただろうに！　具体的に記すなら一等輸送艦や二等輸送艦の量産もしくは「海防艦」の大量産。…これが無理というのであれば「伊勢」型に施した鋼材を全て係維式機雷に注ぎ込んで数万発量産し日本近海に敷設、暗躍し腹立たしく被害を齎す敵潜水艦に入ってこれないような機雷堰を作るということをしてもらった方が遥かに意味があったと筆者は強く思う。個人的には「甲標的」や小型の潜水艦をドックから溢れるくらいに作って欲しいと思う。

戦艦二隻を改装する／しないで戦局は変わりはしないと判ってはいるのだが…どうしても「伊勢」型に施したこの改装には筆者は怒り心頭に発する。「伊勢」型の改装工事が始まった頃は米潜水艦の暗躍が本格化を始めたころだ。この頃に膨大な数の機雷を量産しようという先見性がある人が居ればもう少しマシな運命が待っていたとも思うが、目の前の航空母艦不足で『やってしまった』改装をどうやって活かすか、というもう解体してしまったフネに対しムチ打つ事になってしまうが一言述べようと思う。

一にも二にも「伊勢」型に施した、図に描いた改装が駄目な理由は搭載した航空機を発艦したら再び母艦に自力では降着出来ないという点に尽きる。これが解決出来れば「伊勢」型の意味は大きく変わってくる。では具体的にどうするか。陸軍が実験的に使っていた「カ号観測機」、オートジャイロ機を運用するというのはどうだろうか。改装後の「伊勢」型には航空母艦と同等の格納庫も、新設された昇降機も「あきつ丸」のような上下昇降の度にギシギシと不穏な音が鳴りそうなヤワなものではない本格的なものだ。砲塔バーベッドを使った爆弾格納庫から飛行甲板まで揚弾する専用の昇降機まで備えてある。改装「伊勢」型でこれらオートジャイロ機を多数運用し上空哨戒に使い艦隊の対潜哨戒、叶うならば輸送船団の護衛旗艦に使え！と筆者は思う。

…戦艦を運用するには手間と金が掛かる。金が掛かるフネを使っての護衛なら既存の輸送船に「伊勢」型に施したような後部に飛行甲板を設けオートジャイロ機を運用した方が遥かに安価だし何よりも数が用意出来、濃厚な護衛・哨戒が可能で、やはり改装「伊勢」型は不要…と、いかん、どうしても「伊勢」型を攻撃してしまう。どうしてもこの妙な改装をやりたいならブッ壊れた「日向」だけをやれ！というのが筆者の譲れない思いだ。そう思って本記事を描いていた。

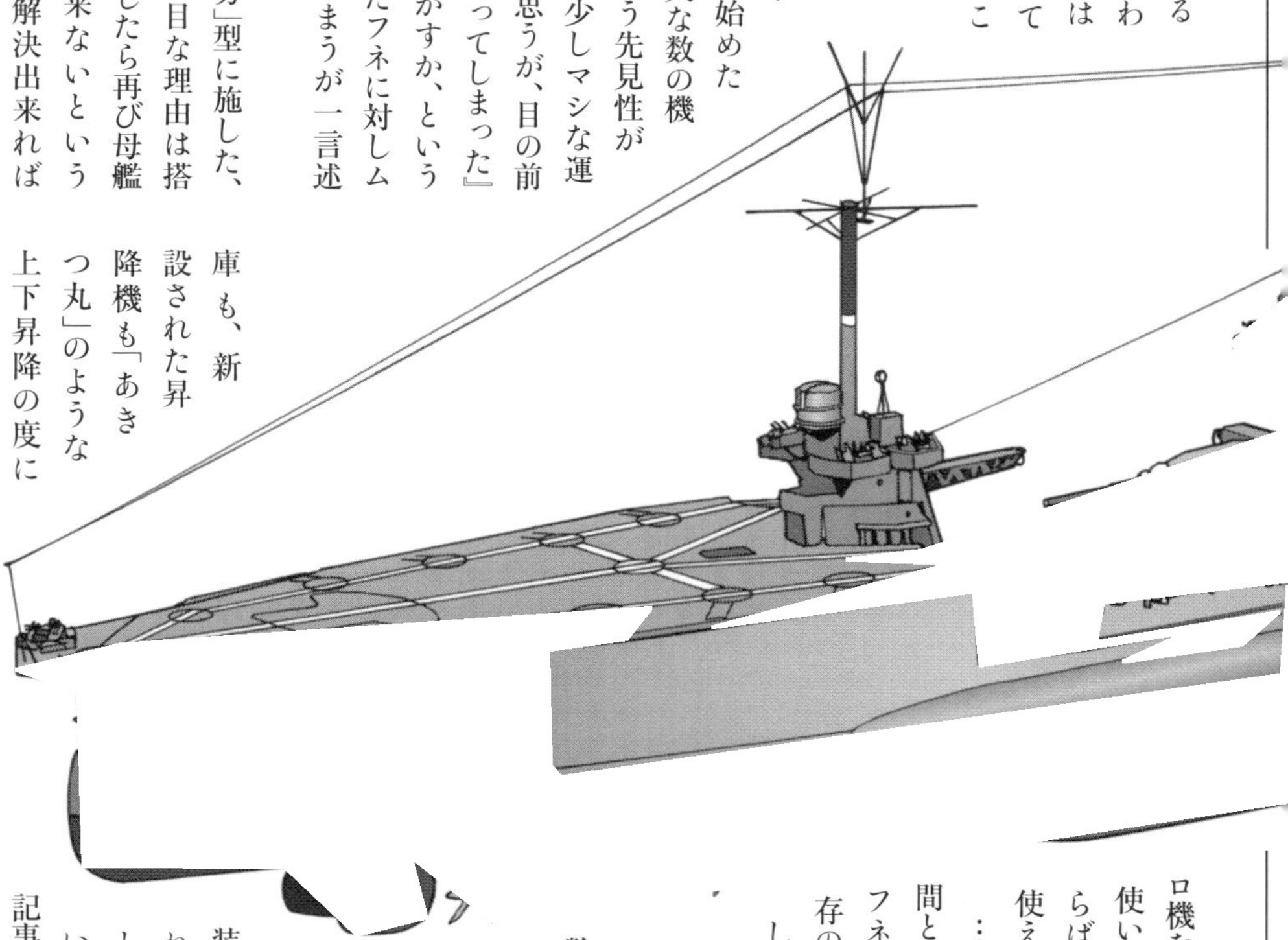

トコロがだ、別図（次ページ）に描いた飛行甲板周囲をぐるりと取り囲むだけでは飽き足らず軌条の間にも規則正しく設置された「九六式二十五粍単装機銃」群を見て、この増設対空火器らのお陰もあって聯合艦隊の墓場ともなったレイテ海戦でも、そして冒頭で記した北號作戦でも「伊勢」型二艦は生きて日本本土に辿り着き最終的には大破着底という不本意な形だが水面上に船体が有る状態で敗戦を迎える事が出来たのもこれら腹立たしい改装の副産物でもあるのだろうか…と思えてきたのも確かだ。欲張りな意見かもしれないが、図のように改装した「日向」と戦艦のまま対空機銃を増設した「伊勢」双方が先の大戦を生き残るさまを見たかったとも思える次第だ。

大改装した「伊勢」型。しかし実際に搭載機を使った実戦は遂になかった。代わりに本戦艦たちを輸送艦代わりに使った『北號作戦』時、改装で追加された格納庫が貴重な物資を積み込む場所として重宝した、と記せば苛立ちも少しは減るか。しかし航空戦艦化で追加された射出機は三・四番砲の旋回と射撃に邪魔だということで撤去された。限りある資材と場所と人的資源を注ぎ込むだけ注ぎ込んだ揚げ句に射撃の邪魔になるから撤去で戦艦へと戻るような工事を施すとは全く、何をやっているんだという悲しい気持ちになる。後知恵ながらオートジャイロ運用空母なら、本射出機は不要だったはずだ。

図は昭和18年9月、改装直後の「伊勢」飛行甲板周辺図
〔こがしゅうとの「伊勢」型戦艦・別図〕

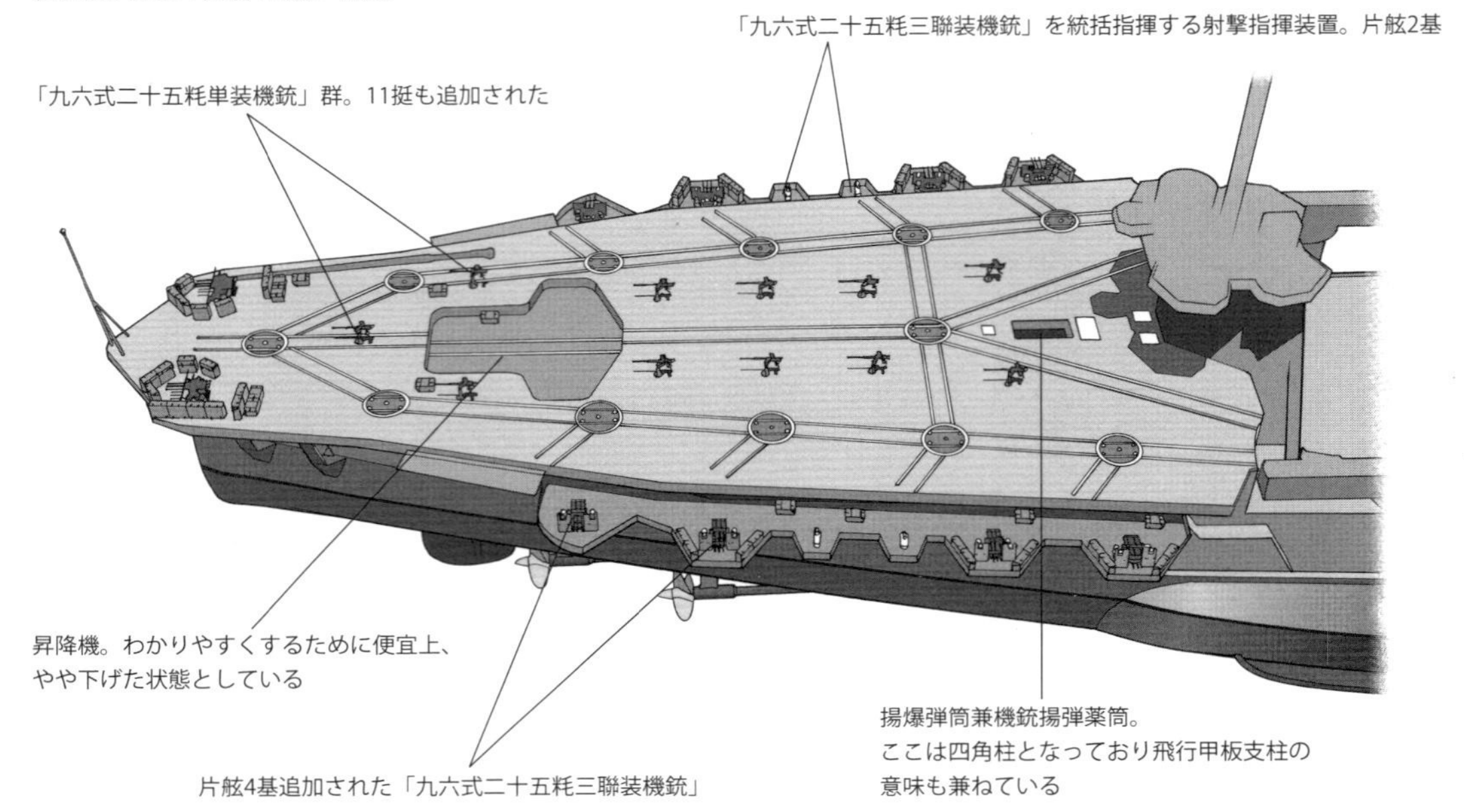

事故を起し航空戦艦に改装された「日向」の火器は飛行甲板後端部の三聯装機銃が二基のみ。同時期に改装された「伊勢」はここに操作フラットを追加、図にあるとおり各種対空火器を追加、対空戦闘能力が大幅に強化された。後日これと等しい追加工事を「日向」にも施した。しかしこれでも不足と考えたようで秘密兵器たる「十二糎二十八聯装噴進砲」も更に追加された。

太平洋戦争
日本戦艦全史 1913～1945
「金剛」型から「大和」型まで12隻の航跡

2024年10月23日　第1刷発行

編　者　「丸」編集部
発行者　赤堀正卓
発行所　株式会社　潮書房光人新社
〒100-8077
東京都千代田区大手町1-7-2
電話番号／03-6281-9891（代）
http://www.kojinsha.co.jp

装　幀　天野昌樹
印刷製本　サンケイ総合印刷株式会社

定価はカバーに表示してあります。
乱丁、落丁のものはお取り替え致します。本文は中性紙を使用

ISBN978-4-7698-1710-9 C0095

2019年 丸1月別冊
『第二次世界大戦「日本の戦艦」大百科』改題・改訂